わかる！ 身につく！

生物・生化学・分子生物学 改訂2版

元 千葉大学大学院理学研究科 教授 田村隆明 著

南山堂

改訂2版の序

2011年に刊行され，多くの読者に利用されてきた「わかる！ 身につく！ 生物・生化学・分子生物学」が，今般，改訂の運びとなった．

本書は生物学，とりわけ基礎生物学を土台にし，その上に生化学という柱を立て，さらにその上に現代生物学の主要領域である分子生物学をすえた3部構成からなっているともいえる．欲張り過ぎの感もあるやもしれないが，実はこのつくりこそ，生化学を中心に生物学全般を学ぼうとする読者のための最良のスタイルと自負している．そのような意図で初版を作成し，改訂2版でもそのスタイルを踏襲した．ほかに類例を見ない，ユニークなテキストではなかろうか．

本書を通して基礎レベルの生物学，生化学，そして分子生物学にかかわる必須項目を効率的に学ぶことができ，理学（生物学）・薬学・看護・保健・衛生・栄養といった領域の大学の教養課程，そして短期大学や専門学校で学ぶすべての初学者を対象にしている．内容の一定部分は高等学校の学習領域にもなっているため，高等学校の生物や化学の復習用としても適している．さらに，本書は病態にかかわる生化学など，医学的内容を比較的厚く扱っているため，医療関連分野にかかわる読者にとっては最良の一冊になるのではなかろうか．初版で好評だった点はできる限り踏襲しているため，改訂2版では章立てに関しての大幅な変更はしなかったが，記述においては「抗体医薬」，「ゲノム医療」，「ゲノム編集」，「再生医療」などを中心に最新の内容をこれまで以上に盛り込み，文章はより読みやすく，また図表もよりわかりやすいものにした．章末の設問により，理解度を自身でチェックできるといった工夫もなされている．

本書が，それぞれの読者にとっての最良の一冊になれば，著者としてこれに勝る喜びはない．最後に，本書の改訂作業を不断の熱意で進めていただいた南山堂編集部のスタッフ諸氏に対し，この場を借りて感謝の意を表します．

2018年3月

春一番から数日後のある一日

田 村 隆 明

初版の序

　生物学，生化学，そして分子生物学を対象にする教科書「わかる！ 身につく！ 生物・生化学・分子生物学」を刊行することになった．生物学の教科書が数多あるなか，新たなものを手がけることにためらいがなかったわけではないが，「生物学・生化学・分子生物学が盛り込まれたわかりやすいテキストを」と提案されたとき，"生化学と分子生物学という2本の柱を，がっしりとした生物学の土台の上に立てる"という新しい構想がひらめいた．これまでも生化学＋分子生物学という成書はいくつかあったが，生物学的内容はどれも導入的に触れているにすぎなかった．これまでにない良いものができるかもしれないと思い，引き受けることにした．

　本書は，多様な読者を対象にした生物学・生化学・分子生物学の入門書であり，また高校生物の復習の書でもある．なかには医療や健康に関する話題が多数盛り込まれているため，看護・衛生・保健・薬学といった領域の学生などの読者にとってはとりわけ有用にちがいない．さらに，一般生物学の内容も多いため，理学・工学などの学生にとっても格好の1冊になるはずである．本書は，「幅広い内容をシンプルに記述することにより，内容が自然に身につく」という方針で企画編集されたが，図表も豊富に配置され，まさにタイトル通りに仕上がったのではなかろうか．章ごとに学ぶべき内容を「Point」で記し，本文のなかに「疾患ノート」「健康ノート」「コラム」「余談・こぼれ話」を多数組み込んで，楽しみながら学べるといった工夫がなされている．章末には練習問題を載せてあるので，それぞれの章の内容をどこまで身につけたか習熟度を自ら確認することができ，目指した「豊富な内容が親切丁寧に解説されたテキスト」が出来上がったのではないかと自負している．

　本書が多くの読者にとっての必携の一冊になれば，著者としてこれに勝る喜びはない．最後になりましたが，本書をまとめるにあたり，さまざまな形で助けていただいた南山堂編集部スタッフにこの場を借りてお礼申し上げます．

2011年5月

震災復興の願いを新緑の風に乗せて

田 村 隆 明

目　次

第 I 部　生　物　編

1章　生物の種類……3

A 生物の特徴………3
- **ⓐ 生物は自己増殖する**………3
- **ⓑ 生物は細胞からなる**………4
  - 解説　リケッチアやクラミジアは生物………4

B 真核生物と原核生物………4
- POINT　古細菌………4
- Column　細胞内共生説………5

C 生物を5つに分類する………5
- **ⓐ 一般的な生物の分類法：五界説**………5
- **ⓑ 動物の分類**………6
  - こぼれ話　ヒトの腸管形成では口が最後にできる………7

D 動物の中におけるヒト………7
- **ⓐ 生物分類上のヒト**………7
  - 余談　種の定義………7
- **ⓑ ヒトの特徴**………8
  - Column　人類の系譜………9
  - こぼれ話　ミトコンドリア・イブ………9

発展学習 ウイルス：細胞内で増える病原性粒子………10
1. ウイルスとは………10
2. ウイルスの増殖………11
   - 余談　ウイルスの意味は病毒………11
3. ヒトに感染するウイルス………12

2章　細胞：構造，複製，機能………13

Ⅰ 細胞の構造………13

A 細胞は生物の最小単位………13
- **ⓐ 細胞の大きさ**………13
- **ⓑ 細胞の形**………14

B 真核細胞の構造………14
1. 細胞の構成要素………14
2. 細胞膜………15
3. 植物細胞………16
   - 解説　細菌の細胞………16

C 細胞小器官………17
- **ⓐ 核**………17
- **ⓑ 小胞体**………18
- **ⓒ ゴルジ体**………18
  - 解説　中心体………18
- **ⓓ ミトコンドリア**………18
  - 健康ノート　ミトコンドリア病………18
- **ⓔ その他の細胞小器官**………19

II 細胞の複製 …………… 19

D 細胞周期とその制御 …………… 19
1. 細胞増殖の周期性 …………… 19
2. 細胞周期を推進する仕組み …………… 20
疾患ノート がんと細胞周期とRb …………… 20
3. 細胞周期の異常を
チェックする …………… 21

E 細胞分裂 …………… 21
POINT 有糸分裂の過程 …………… 22

III 細胞機能 …………… 22

F シグナルの受容と伝達 …………… 22
1. 細胞外のシグナル（情報）を
受け取る場所：受容体 …………… 22

2. 受容体で受け取ったシグナルを細胞内に
伝える：細胞内シグナル伝達 …………… 22
POINT 細胞内シグナル伝達に
使われる因子 …………… 23
POINT セカンドメッセンジャー …………… 24

G 物質の取り込みと排出 …………… 24
1. 細胞膜に埋め込まれている輸送装置 …………… 24
POINT 輸送装置の種類 …………… 24
こぼれ話 胃の内部はなぜ酸性？ …………… 25
2. 膜の流動性で起こる物質移動 …………… 25

H 細胞運動 …………… 25
1. 細胞骨格タンパク質 …………… 25
POINT 細胞骨格タンパク質の種類 …………… 25
2. モータータンパク質と細胞運動 …………… 26
解説 筋収縮 …………… 27

3章 生殖，受精，胚発生 …………… 29

A 生 殖 …………… 29
POINT 生殖方式 …………… 29
1. 無性生殖 …………… 29
Column 体細胞クローン …………… 30
解説 核 相 …………… 31
2. 有性生殖 …………… 31
POINT 世代交代 …………… 31
解説 単為生殖 …………… 32
こぼれ話 なぜ有性生殖があるのか？ …………… 32

B 配偶子の形成 …………… 32
1. 減数分裂 …………… 32

POINT 減数第一分裂前期の過程 …………… 33
2. 精子形成と卵形成 …………… 33

C 受精から胚発生 …………… 34
1. 脊椎動物の受精 …………… 34
2. 胚の成長 …………… 34
解説 分化と幹細胞 …………… 36

D ヒトの発生 …………… 36
1. 性周期 …………… 36
2. 排卵から出産 …………… 36
疾患ノート ニンシン（妊娠）とニンジン？ …………… 38

4章 いろいろな組織と器官 …………… 39

A 組 織 …………… 40
ⓐ 上皮組織 …………… 40
POINT 上皮組織の種類 …………… 40
ⓑ 結合組織 …………… 41
ⓒ 神経組織 …………… 41

ⓓ 筋肉組織 …………… 41

B 血 液 …………… 41
1. 血液とは …………… 41
2. 血液の働き：ガス交換と免疫 …………… 42

3. 血液凝固 ………………… 43
解説 HLA ………………………… 43
Column 血液型 …………………… 44

C 器官と器官系 ………………… 44

5章 遺伝現象 ……… 46

A 生物には遺伝という現象が
見られる ………………… 46
POINT 遺伝に関する用語 …………… 46

B メンデル遺伝学 ……………… 47
1. メンデルの法則1：優性の法則 …… 47
解説 雑　種 ………………………… 47
2. メンデルの法則2：分離の法則 …… 48
余談 劣性の遺伝子がつくる
産物は？ ………………… 48
3. メンデルの法則3：独立の法則 …… 48
解説 集団遺伝のしくみ …………… 49

C さまざまな遺伝の様式 ………… 49
1. 1遺伝子が示す現象 ………… 50
疾患ノート 鎌状赤血球貧血の原因遺伝子が
なくならない理由 ………… 52
2. 2遺伝子の相互作用で現れる現象 … 52
解説 細胞質遺伝 …………………… 53

D 変　異 ……………………… 54
1. 環境変異と突然変異 ………… 54
解説 相変異 ………………………… 54
POINT 純系とクローン ……………… 54
2. 突然変異はDNAの塩基配列の変化 … 55
解説 体細胞変異 …………………… 56

第 II 部　生 化 学 編

6章 分子と生体成分 ……… 59

A 元素と原子 ………………… 59
1. 人体に含まれる元素 ………… 59
2. 原子の構造 ………………… 59
医療ノート 使える放射性同位元素 …… 60
3. 電子とイオン ……………… 61

B 分　子 ……………………… 61
1. 分子は原子が共有結合で
結合したもの ……………… 61
POINT モ　ル ……………………… 62
POINT ダルトン …………………… 62
これはぜひ覚えよう 分子構造式 …………… 63
解説 共有結合以外の結合 ………… 64
2. 分子は大きさや組成の違いで
分類できる ………………… 64

解説 基とは？ …………………… 65
余談 有機物は生命力によってのみ
つくられる？ ……………… 66
3. ヒトに含まれるおもな分子 … 66
POINT 混合物 ……………………… 67

C 水と溶液 …………………… 67
1. 水：最も大事な分子 ………… 67
2. 溶けるということ …………… 67
解説 界面活性と乳化 ……………… 68
POINT ゲルとゾル ………………… 69
便利ノート 量の大小を表す …………… 69
POINT 濃度表現 …………………… 69
3. 水溶液の性質 ……………… 70
疾患ノート 浸透圧とむくみ …………… 70

| 余 談 海の魚は塩辛くない …………… 71 | 解 説 生物と電気 ………………… 72 |

7章 生化学反応と代謝………73

A 化学反応の概要…………… 73
1. 化学反応と化学反応式 ……… 73
2. 化学反応の特徴と法則 ……… 73
　解 説 活性化エネルギー ……… 75
　解 説 律速反応 ………………… 77

B 化学反応でのエネルギー…… 77
　POINT エネルギー量と熱量 …… 77
　Column エントロピー増大の法則…… 78

C 生体内化学反応：代謝……… 78
1. 代謝：異化と同化 ………… 78
2. エネルギー代謝と反応の共役 …… 78
　解 説 二次代謝 ……………… 79
　解 説 脱共役 ………………… 80
　医療ノート 薬物代謝 ………… 80
　POINT 代謝式 ………………… 80
3. 代謝経路 …………………… 80

8章 酵素：反応速度を高め，代謝を調節するタンパク質………82

A 酵素の性質………………… 82
1. 酵素は生体触媒 …………… 82
2. 酵素反応の至適条件と特異性 ……… 82

B 酵素反応の理論…………… 84
1. 酵素反応の速度 …………… 84
　POINT 初速度 ………………… 85
2. 酵素反応の阻害 …………… 85
　解 説 活性中心 ……………… 86
　解 説 酵素活性測定法 ……… 87

C 酵素の種類と作用………… 87
　ⓐ 酸化還元酵素 ……………… 87
　ⓑ 転移酵素 …………………… 87
　ⓒ 加水分解酵素 ……………… 87
　ⓓ 脱離酵素 …………………… 88
　ⓔ 異性化酵素 ………………… 88

　ⓕ 合成酵素 …………………… 88
　POINT シンターゼ …………… 88
　解 説 酵素命名法 …………… 89
　POINT アイソザイム ………… 89

D 補酵素……………………… 90

E 酵素活性の調節…………… 91
1. 緩やかな結合による活性調節 …… 91
2. 共有結合の変化がかかわる
　　酵素の修飾 ………………… 92
　解 説 反応のカスケード ……… 92

F 医療と酵素………………… 93
1. 医薬と酵素 ………………… 93
　解 説 新しい抗インフルエンザ薬 …… 93
2. 酵素検査 …………………… 94

9章 糖質とその代謝………96

Ⅰ 糖質の種類………………… 96

A 糖質の構造的特徴………… 96
1. 糖質とは …………………… 96

　余 談 糖質か炭水化物か ……… 96
2. 糖は水中で環状構造をとる …… 97
3. 糖の異性体 ………………… 97
　解 説 光学異性体と不斉炭素 …… 98

余　談　糖の構造は簡略化して
　　　　表記される ……………… 99

B 単　糖 ……………………………… 99
1. 基本となる糖 …………………… 99
2. 単糖の誘導体 ………………… 100
健康ノート 糖アルコールは
　　　　　ダイエット向き …… 101
3. アルコールも糖に分類される … 101
POINT フェノール類 ……………… 102

C オリゴ糖 ……………………… 102
こぼれ話 甘みを人為的に高めた転化糖 …… 102

D 多　糖 ……………………… 103
1. ホモ多糖 …………………… 103
解　説 ヨウ素デンプン反応 …… 103
Column セルロースを食べる動物 …… 104
2. ヘテロ多糖 ………………… 104

E 複合糖質 ……………………… 105
1. プロテオグリカン ………… 105
2. 糖タンパク質と糖脂質 …… 105

II 糖質の代謝 ……………… 105

F 解糖系 ……………………… 105
1. 解糖系での反応 …………… 105
2. 解糖系の意義とエネルギー産生 … 107
3. 発　酵 ……………………… 107
POINT バイオエタノール ………… 108
健康ノート 飲酒で見られる代謝 ………… 108

G グリコーゲン代謝 ………… 108
1. グリコーゲンの合成と分解 … 108
健康ノート エネルギー貯蔵と肥満 ……… 109
2. グリコーゲン代謝の調節 …… 109

H クエン酸回路 ……………… 110
1. クエン酸回路はミトコンドリアに
　　ある ……………………… 110
解　説 クエン酸回路の調節 …… 110
2. クエン酸回路までのATP収支 … 111
Column 呼吸と燃焼 ……………… 112

**I 糖新生：グルコースを
　　再生する** ……………………… 112
1. 糖新生経路 ………………… 112
2. 糖新生の生理的意義 ……… 114
解　説 乳酸を介する個体内のグルコース
　　　　再利用：コリ回路 ……… 114

J ペントースリン酸回路 ……… 114
ⓐ 循環経路 …………………… 114
ⓑ 意　義 ……………………… 115

K グルクロン酸経路 ………… 116
健康ノート ビタミンCの摂取 …………… 116
解　説 ABO式血液型物質は糖鎖 …… 116
解　説 グルコース以外の単糖の利用 … 117
解　説 複合糖質の合成 ………… 117
余　談 血液型に関する都市伝説 ……… 118

L 糖代謝にかかわる疾患 ……… 118

---

⑩章 生体エネルギーとATP合成 ……… 120

A 生体内酸化還元 ……………… 120
1. 細胞内呼吸の概要 ………… 120
2. 酸化と還元 ………………… 121
3. 電位差はエネルギーを生む … 121
4. 補酵素を介する電子の移動 … 122
解　説 水素の多い有機物はエネルギー
　　　　含有量も多い ………… 123

B 高エネルギー物質：ATP ……… 123
ⓐ エネルギーの取り出し ……… 123
ⓑ エネルギー利用 …………… 123
解　説 ATP合成の3つの様式 …… 123

C 電子伝達系とATP合成 ……… 124
1. 電子伝達系 ………………… 124

2. ミトコンドリアにおける ATP 合成 … 125
解説 サプリメントにもなっている
補酵素 Q … 126
余談 プロトンの移動による酵素活性化と
胃酸との関係 … 127

Column 脳や筋肉では ATP 合成量が
2 mol 少ない?! … 127
解説 生命維持に酸素が必要な理由 … 127
こぼれ話 青酸カリの毒性の正体 … 127

11章 脂質とその代謝 … 128

I 脂質の種類 … 128

A 脂肪酸と中性脂肪 … 128
1. 脂肪酸の種類 … 128
健康ノート 中鎖脂肪酸とダイエット … 129
余談 油と脂 … 129
解説 脂肪酸の水溶性 … 129
解説 不飽和脂肪酸の ω 系列 … 130
Column トランス脂肪酸は
健康をむしばむ?! … 130
2. エイコサノイド … 131
3. 中性脂肪 … 131
余談 ロ ウ … 132

B 複合脂質 … 132
1. リン脂質 … 132
2. 糖脂質 … 133

C ステロイドとテルペノイド … 133
1. ステロイド … 133
2. テルペノイド … 136

D タンパク質結合脂質と
リポタンパク質 … 136

II 脂質の代謝 … 137

E 脂肪酸の分解 … 137
1. トリグリセリドの分解 … 137
2. β 酸化 … 138
解説 ペルオキシソームでの β 酸化は
熱発生にかかわる … 138

3. ケトン体の生成 … 139
疾患ノート ケトーシスとアシドーシス … 139

F 脂肪酸の合成 … 139
1. アセチル CoA の準備 … 139
2. 脂肪酸合成反応 … 140
健康ノート パントテン酸と脂肪酸合成 … 141

G ホスファチジン酸を経由するトリグ
リセリドとリン脂質の合成 … 141
ⓐ トリグリセリド合成 … 141
ⓑ グリセロリン脂質合成 … 141
医療ノート アラキドン酸カスケードと
抗炎症薬 … 142

H ステロイドの合成 … 142
1. コレステロールの合成 … 142
医療ノート 抗コレステロール薬 … 143
2. ステロイドホルモンの合成 … 143

I 生体における脂質の貯蔵と輸送 … 144
1. 食事で摂ったトリグリセリドの
運搬,利用,貯蔵 … 144
2. 血中リポタンパク質と脂質の動態 … 145
健康ノート LDL は悪玉
コレステロール?! … 145

J 脂質異常症 … 145
1. 脂質異常症 … 145
2. スフィンゴ脂質代謝異常 … 146
こぼれ話 悪役コレステロールに
助け船? … 146

12章 アミノ酸とタンパク質………148

Ⓐ アミノ酸………148
こぼれ話 プロテイン（protein）？
蛋白（eiweiss）？………148
1. アミノ酸の構造………148
2. アミノ酸の物理化学的性質………149
解説 アミノ酸の役割………151
POINT 紫外線によるタンパク質測定………151

Ⓑ ペプチド………151
ⓐ 結合様式………151

ⓑ 種類………152
余談 アスパルテーム………152

Ⓒ タンパク質………152
1. タンパク質の高次構造………152
こぼれ話 パーマ液はなぜ臭い？………153
2. タンパク質の変性………153
3. タンパク質の分類………154
解説 タンパク質の分離・精製………155
Column タンパク質の構造解析………156

13章 窒素化合物の代謝………157

Ⅰ アミノ酸代謝………157

Ⓐ タンパク質・アミノ酸代謝の意義………157

Ⓑ アミノ酸の分解………157
1. アミノ酸からの窒素の除去………158
医療ノート AST/GOTとALT/GPT………159
2. 除去したアンモニアの無毒化：尿素回路………159
余談 動物における窒素の排出………160
疾患ノート 高アンモニア血症………160
3. アミノ基が外れた炭素骨格の代謝：糖・脂質代謝経路への基質供給………160

Ⓒ アミノ酸の合成………161
1. アンモニア窒素の同化………161
余談 植物や細菌の窒素代謝………162
2. あるアミノ酸からのほかのアミノ酸の合成………162

Ⓓ アミノ酸からつくられる窒素化合物………163
ⓐ アルギニン，グリシンからのクレアチンリン酸合成………163
疾患ノート クレアチンリン酸代謝がかかわる疾患………163

ⓑ チロシンを前駆体とする物質………163
ⓒ メチオニンを前駆体とする物質………165
ⓓ アミノ酸からのモノアミン生成………165
ⓔ その他の経路………166

Ⓔ アミノ酸代謝異常症………166
ⓐ フェニルアラニンとチロシン………166
ⓑ その他のアミノ酸………166

Ⅱ ヌクレオチド代謝………167

Ⓕ ヌクレオチドの新生合成………167
ⓐ プリンヌクレオチド………167
ⓑ ピリミジンヌクレオチド………167
ⓒ デオキシリボヌクレオチドの合成………168
余談 呈味性ヌクレオチド………169
医療ノート ヌクレオチド合成阻害と抗がん剤………169

Ⓖ ヌクレオチドの分解と再利用………169
1. ヌクレオチド分解代謝………169
2. ヌクレオチド再合成経路………169

Ⓗ ヌクレオチド代謝にかかわる疾患………170
ⓐ 痛風………170
ⓑ HGPRTやADAの欠落………171

Ⅲ ポルフィリン代謝 ･･････････ 171

解説 ヘムタンパク質 ･･････････ 171

Ⅰ ヘムの合成 ･･････････ 171

POINT ヘモグロビン ･･････････ 171

Ｊ ヘムの分解とビリルビンの代謝 ･･･ 172

解説 鉄の貯蔵と代謝 ･･････････ 172

疾患ノート ビリルビンと黄疸 ･･････････ 173

Ⅳ 代謝系のまとめ ･･････････ 173

Ｋ 代謝の相互作用と全体像 ･･････････ 173

14章 ホルモンと生体調節 ･･･････ 176

Ａ ホルモンとは ･･････････ 176
- ⓐ 内分泌物質 ･･････････ 176
- ⓑ 作用機構 ･･････････ 176

**Ｂ それぞれの器官から分泌される
ホルモン** ･･････････ 177
1. 視床下部のホルモン ･･････････ 177
Column 睡眠を誘導するホルモン：
メラトニン ･･････････ 179
2. 下垂体のホルモン ･･････････ 179
3. 甲状腺ホルモン ･･････････ 179
4. 副甲状腺ホルモン ･･････････ 180
5. 膵臓のホルモン ･･････････ 180
6. 副腎のホルモン ･･････････ 181
医療ノート 合成ステロイド ･･････････ 181
疾患ノート クッシング症候群 ･･････････ 181
7. 性腺のホルモン ･･････････ 182
8. 消化管ホルモン ･･････････ 182

9. その他の器官や組織から分泌される
ホルモン ･･････････ 182

**Ｃ ホルモンおよびその関連物質に
よる生体制御** ･･････････ 182
1. ホルモン分泌の階層性と相互作用および
神経支配 ･･････････ 182
2. 血糖量の調節 ･･････････ 183
3. ホルモン様の生理活性物質：
オータコイド ･･････････ 184
4. 水分と塩分の調節 ･･････････ 184
5. 血圧の調節 ･･････････ 185
解説 レニン-アンジオテンシン系 ･･･ 186
疾患ノート ホルモン関連疾患 ･･････････ 186
解説 サイトカイン ･･････････ 187
健康ノート ビタミン ･･････････ 187
6. 脂肪細胞が分泌する生理活性物質 ･･･ 187

15章 栄養素の消化・吸収 ･･･････ 190

Ａ 栄養の摂取と生命維持 ･･････････ 190
1. 消　化 ･･････････ 190
2. ヒトの栄養摂取 ･･････････ 190
こぼれ話 体重あたりの必要熱量 ･･････････ 191
健康ノート 栄養指数 ･･････････ 192

Ｂ 消化系の構造と機能 ･･････････ 192
1. 概　要 ･･････････ 192
2. 口 ･･････････ 193
疾患ノート シェーグレン症候群 ･･････････ 193

疾患ノート おたふく風邪 ･･････････ 193
3. 胃 ･･････････ 193
Column 胃や腸の疾患とピロリ菌 ･･････････ 194
こぼれ話 キモシン ･･････････ 194
4. 膵　臓 ･･････････ 194
5. 肝　臓 ･･････････ 195
6. 小　腸 ･･････････ 195
こぼれ話 高分子の栄養はそのまま
身につくことはない ･･････････ 196
7. 大　腸 ･･････････ 197

C 栄養素の消化と吸収 ········· 198
  1．糖質の消化 ········· 198
  2．脂質の消化・吸収 ········· 198
  3．タンパク質の消化・吸収 ········· 198
  4．その他の物質 ········· 200

解説 水分の吸収と下痢 ········· 200

発展学習 生態系における食物の獲得 ··· 200
  1．生物群集と食物連鎖 ········· 200
  2．植物による光合成 ········· 201

第 III 部　分 子 生 物 学 編

16 章　遺伝子＝DNA ········· 205

I 遺伝子の探究 ········· 205

A 遺伝子の特徴 ········· 205
  1．遺伝子が備えるべき条件 ········· 205
  2．遺伝子の働き：遺伝子は
    タンパク質をつくる ········· 206
  3．突然変異 ········· 206
  Column タンパク質をつくらない
    遺伝子もある ········· 207
  健康ノート X線の浴びすぎに注意 ········· 207

B 遺伝子と染色体 ········· 208
  1．遺伝子は染色体にある ········· 208
  2．連鎖と染色体地図 ········· 208
  POINT センチモルガン ········· 209
  こぼれ話 メンデルの策略 ········· 210

C 遺伝子がDNAであることを
  示した実験 ········· 210
  1．肺炎球菌を使った感染実験 ········· 210
  POINT 形質転換 ········· 211
  2．ファージを使ったブレンダー実験 ··· 211

  3．鎌状赤血球貧血の解析から
    わかったこと ········· 212

II DNAの構造と性質 ········· 213

D DNAの構造 ········· 213
  1．DNAの化学組成 ········· 213
  2．DNAの化学構造 ········· 213
  POINT プリン塩基とピリミジン塩基 ···· 215
  解説 ヌクレオチドとヌクレオシドの
    呼び名 ········· 215
  POINT 環状DNA ········· 215
  3．DNAの立体構造：
    二重らせん構造の発見 ········· 215

E DNAの性質 ········· 216
  1．一本鎖になり，また二本鎖に戻る ···· 216
  解説 細胞からのDNA抽出方法 ········· 217
  2．紫外線を吸収する ········· 218
  3．場合により切断される ········· 219
  解説 核酸分解酵素 ········· 219
  Column DNA超らせん ········· 219

17 章　ゲノム，染色体とDNA複製 ········· 221

A ゲノムと染色体 ········· 221
  1．ゲノム ········· 221
  こぼれ話 散在性反復配列は増えて移る！ ··· 223

  2．染色体 ········· 223
  解説 染色体の3つの要素 ········· 224
  3．染色体異常と疾患 ········· 224

| 余談 一風変わった染色体を |
| もつ生物 225 |

B DNA複製の概要 225
1. 半保存的複製 225
2. 複製は複製起点から両方向に進む 227

C 複製酵素：DNAポリメラーゼ 227
1. DNA合成の特徴 227
2. 複製における合成の誤りを直す 228
3. 逆転写酵素：RNAを鋳型に
   DNAをつくる 229
   解説 DNAポリメラーゼⅠ 229

D 連続複製と不連続複製 230
1. 複製のフォーク 230

2. ラギング鎖の合成 231
   Column 細胞寿命と染色体複製の
   密接な関連 231
   解説 DNA塩基配列の解析 232
   解説 ミトコンドリアDNA 232

発展学習 プラスミドと薬剤耐性 233
1. プラスミドとは 233
2. 大腸菌のプラスミド 233
3. 耐性プラスミドと耐性菌 233
4. 耐性菌の出現と医療上の問題 234
   医療ノート 抗生物質 234
5. もっと深刻な問題：多剤耐性菌と
   院内感染 235
6. 抗生物質の適正使用の重要性 235

18章 DNAを元にRNAをつくる：転写 237

A RNA（リボ核酸） 237
1. RNAの構造 237
   POINT RNAの構造（DNAとの違い） 238
2. RNAの種類と働き 238
   Column かつて生命はRNAで支配されて
   いた：RNAワールド 239

B 転写反応 239
1. 真核生物のRNAポリメラーゼと
   転写機構 239
   POINT おもなRNAポリメラーゼの
   種類と性質 240
   解説 センス鎖，プラス鎖 241
2. ゲノムの転写 242
   解説 細菌の転写 242

C 転写調節 242
1. 遺伝子発現の特異性 242

2. エンハンサー（転写調節配列） 242
   POINT 遺伝子が機能するための
   2つのDNA要素 243
3. 転写調節にかかわる因子 243
4. クロマチンを介する転写調節 244
   解説 後成的遺伝 244
   Column ゲノム刷り込み 245

D 細菌に見られる転写調節 245

E RNAの成熟 246
1. 新生RNAの加工 246
2. スプライシング 246
   Column RNAi：RNAを使って
   遺伝子の働きを抑える 247

F 転写調節と疾患 248
   こぼれ話 性ホルモンと環境ホルモン 249

19章 タンパク質合成：翻訳……250

A 翻訳の概要……250

B 遺伝暗号……250
1. コドン……250
解説 コドン解読法……251
2. mRNAにある読み枠……252

C 翻訳機構……253
1. リボソームとtRNA……253

2. 翻訳の開始，伸長，終結……254
3. アミノ酸連結反応：ペプチドの生成…254

D タンパク質の加工，輸送，分解…255
1. タンパク質の成熟……255
2. タンパク質の移動……257
3. 不要タンパク質の分解……257
POINT タンパク質折りたたみ……257
Column プリオンと脳細胞の死……258

20章 DNAのダイナミックな側面 ─組換え，損傷と修復，突然変異─ ……260

A DNAの組換え……260
1. 相同組換え……260
疾患ノート 遺伝病と多因子疾患……261
Topics 組換えを利用して細胞から
遺伝子を消し去る……262
2. 非相同組換え……262

B DNAの損傷とその修復……263
1. DNA損傷の原因と種類……263
2. 損傷を受けたDNAは修復される……263
疾患ノート 修復機能の欠損が
原因の病気……265

こぼれ話 早期老化症の原因……265

C 突然変異……266
ⓐ 変異の種類と規模……266
解説 DNA傷害剤，変異原と
抗がん剤……266
ⓑ 変異原……267
解説 ゲノム多型……267
解説 突然変異と生物多様性，進化…267
Column 子孫に遺伝しない突然変異：
体細胞突然変異……268

21章 細胞のがん化……269

A 疾患としてのがんとその分類…269
1. がんは最も重要な疾患……269
2. がんとは……269
疾患ノート イボ（疣）やコブ（瘤）は
いずれがんになる？……270

B がん細胞の特徴……270
1. 高い増殖能……270
2. 変化した細胞特性……271

C がん化の原因……272
1. 遺伝子の突然変異……272
解説 アポトーシス……273
2. 発がん物質，発がん要因……273
疾患ノート ピロリ菌と発がん……273

D ウイルス発がん……274
1. がんウイルス……274
2. DNAがんウイルス……274
Column レトロウイルスの生活環……275

| 疾患ノート エイズとHIV1 | 275 |

3. RNAがんウイルス ………………… 276

E がんにかかわる遺伝子 ………………… 276

1. がん遺伝子 ………………………… 276
2. がん抑制のプロセスと
   がん抑制遺伝子 ………………………… 277
   POINT ヘテロ接合性消失 ………………… 277
   解説 DNAがんウイルスは
   がん抑制遺伝子を抑える …… 277

F がん進展のプロセス ………………… 278

1. がんの悪性度と突然変異の
   積み重ね ………………………… 278
   こぼれ話 がんの芽は早くから
   できている？ ………………… 278
2. 組織でのがん組織進展 ………… 278

22章 分子生物学的技術とその応用 ……… 281

A DNA組換え技術 ………………… 281

1. 制限酵素とDNAリガーゼで組換え
   DNAをつくる ………………… 281
2. 組換えDNAを細胞の中で増やす：
   クローニング ………………… 282
3. mRNAからつくったDNAを元に
   インスリンをつくる ………… 283
   POINT 遺伝子工学とタンパク質工学 … 283
   解説 細胞や個体にDNAを入れる … 284
   Column 遺伝子導入動物 ………………… 285
   余談 遺伝子組換え作物 ………………… 285

B PCRと遺伝子診断 ………………… 286

1. PCRの原理 ………………… 286
   解説 電気泳動 ………………… 286
2. PCRを応用した診断と検査 … 287
   こぼれ話 ツタンカーメンの死因 ……… 287
   Column DNA鑑定 ………………… 288

C ゲノム編集 ………………… 288

D 再生医療 ………………… 288

1. 再生医療とは ………………… 288
2. 万能細胞：ES細胞 ………… 288
3. 遺伝子を使った人工的万能細胞：
   iPS細胞 ………………… 290
   余談 ES細胞か，iPS細胞か ……… 290
   こぼれ話 ヒト型ブタ？ ………………… 290

E 遺伝子治療 ………………… 290

1. 遺伝子治療の目的 ………… 290
2. 治療の実際と問題点 ……… 290
   医療ノート RNA抗体とDNAワクチン …… 291

F 抗体医薬 ………………… 291

解説 分子標的薬 ………………… 292

章末問題：学習内容の 再 Check! の解答 ………………… 295
和文索引 ………………… 297
欧文索引 ………………… 308

第 I 部
生 物 編

**学習の
ねらい**

　生物は細胞を基本として遺伝という現象を示しながら増殖する．第 I 部では生物学のアウトラインを理解することを目標として学ぼう．

　はじめに生物にはどのような種類があり，それらにはどのような特徴・違いがあるかを学習し，同時に進化（ヒトを含む）についても学ぶ．学習の大きなポイントは細胞についてであるが，ここでは単に細胞の形態や細胞内の構造，細胞の増殖だけではなく，細胞内の種々の出来事や細胞 - 細胞間相互作用についても取り上げる．第 I 部ではさらに「殖える」という現象に焦点を当て，生殖，受精，発生，分化，形態形成という，個体が誕生するプロセスについても学ぶ．これらを学んだ上で，生物が示す遺伝という現象にふれてみよう．

▶ 第Ⅰ部の学習のポイント

1章 生物の特徴，生物と無生物の違い，生物の分類とその基準，とりわけ真核生物と原核生物の違いを理解し，進化や進化論についても学ぶ．また生物ではないが，医療で重要な対象であるウイルスについても学ぼう．

2章 細胞に関するさまざまな事柄，すなわち細胞膜や細胞小器官の構造と働きと，細胞増殖と細胞周期，細胞分裂についての理解を深めよう．細胞の機能としてシグナル伝達や細胞間相互作用にもふれてみよう．

3章 生物の増殖形態には有性生殖と無性生殖の2つがあり，前者では減数分裂や配偶子形成が起こることを学ぼう．

4章 受精，胚の発生，発生における形態の形成について学習しよう．ヒトの性周期，発生についてもふれ，さらには，ヒトの組織と器官の概要を学ぼう．

5章 メンデル遺伝と非メンデル遺伝について詳しく学び，遺伝現象や突然変異が起こる機構を理解しよう．

1章 生物の種類

Introduction

　生物は細胞から成り立ち，増殖能があり，遺伝という特徴を示す．細胞の構造と遺伝子の発現様式などにより，生物は核膜で包まれた核をもつ真核生物と，もたない原核生物に大別される．より詳しく見ると，生物界全体は5つに分類され，生物種は属名と種名を組み合わせた二名法で命名される．われわれヒトは，動物界＞脊椎動物＞哺乳類の中の霊長類に含まれる．ヒトは霊長類の祖先から長い時間をかけて進化し，今日に至っている．

はじめに

　生物と無生物とはどこが違うのか？　この問は，「生物はどのようにして生きているのか」という問いかけに通じる．地球上の生物は5つの界に分類されるが，大まかには真核生物，原核生物，そして古細菌に分けられる．本章では生物の特徴，分類，そしてヒトの生物学上の位置について述べる．

A 生物の特徴

a 生物は自己増殖する

　まず**生物**とはどのようなものかを考えてみよう（**図1-1**）．第一に生物は増えるという特徴がある．植物にしろ，動物にしろ，生物は生殖によって**増殖**するが，その増え方には特徴がある．その1つは，親と同じような子をつくる**遺伝**という現象を示すことであり，もう1つは**自己増殖**（**自律増殖**ともいう）する能力である．自己増殖とは自分自身で増えるという能力*である．ほかの生物に依存して生活する

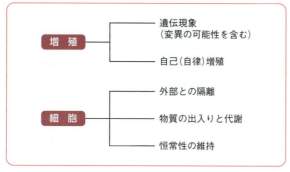

図1-1　生物の特徴

＊　ウイルスはこの性質を欠く．そのため厳密には生物とはいえない．また，「動く」や「体温がある」といった特徴はある特定の生物にあてはまることで，生物共通の性質ではない（たとえば長期貯蔵の穀物の種は休眠状態で何年も生き続ける）．

寄生生物も，栄養をとるために依存しているだけである．

ⓑ 生物は細胞からなる

　生物はどれも柔らかい．硬い殻をもつ貝やカニも，その内部には柔らかな組織があるが，これは生物が柔らかな小さな袋である**細胞**（さいぼう）から成り立っていることと関係がある．生物が細胞からなることは生物の重要な第二の特徴である．細胞をもつことによって外部から隔離された空間をつくり，膜を通して物質の出入りが可能になった．細胞内部では**代謝**（たいしゃ）（化学変化）が起こってエネルギーが産生され，内部環境は一定に維持されている（これを**恒常性の維持**（こうじょうせいのいじ）という）．

> **解説　リケッチアやクラミジアは生物**
>
> 発疹チフスやツツガムシ病の病原体は**リケッチア**，トラコーマやオウム病の病原体は**クラミジア**という生物である．これらは人工培養が困難で，生きた細胞内で増え，特にクラミジアには細胞もなく，多くの代謝酵素を欠いている．このようにウイルス的な特徴ももつが，実際は退化した細菌である．

B　真核生物と原核生物

　生物を大きく**真核生物**（しんかくせいぶつ）と**原核生物**（げんかくせいぶつ）に分けることができる．真核生物の細胞は核膜で包まれた核をもつが，原核生物は明確な核をもたない（**表1-1**）．原核生物にはいわゆる**細菌類**（さいきんるい）（**バクテリア**ともいう）が含まれ，ここに**真正細菌**（しんせいさいきん）と古細菌（下記のPOINT参照）が入る．真正細菌には一般的な細菌類（例：ブドウ球菌，赤痢菌，大腸菌）と，葉緑素をもち光合成をして酸素を放出する**ラン藻類**（そうるい）（**シアノバクテリア**ともいう）が含まれる（**図1-2**）．原核生物以外の生物（例：酵母，カビ，原虫，海藻，動植物）はすべて真核生物に分類される．真核生物と原核生物は核の有無だけでなく，染色体の構造，遺伝子の構造，細胞小器官の有無，複製や転写・翻訳にかかわる因子とその仕組みなどが大きく異なる．単細胞の菌類である**酵母**（こうぼ）も，実はヒトと同じ生命システムをもっている．

表1-1　原核生物と真核生物の比較

	原核生物（特に真正細菌）	真核生物
核（核膜）	ない	ある
細胞小器官	ない	ある
DNA存在様式	裸のDNA	タンパク質が結合したクロマチン
核相	一倍体	二倍体以上
DNA量	~0.01 pg*	0.05~10 pg
分裂方式	無糸分裂	有糸分裂
遺伝子数	500~5,000	5,000~30,000
RNAポリメラーゼ	1種類	3（~5）種類

* 1 pg = 1×10^{-12} g．

POINT　古細菌

　太古の地球環境（高温，高濃度のメタンや硫黄，高塩濃度）に棲む細菌に**古細菌**（こさいきん）という生物があり，古細菌は遺伝子構造，遺伝子発現機構の観点から真核生物と原核生物の中間に位置する．これにより，生物を大きく3つの領域（ドメイン）に分類する方法（**3ドメイン説**（せつ））が確立している．

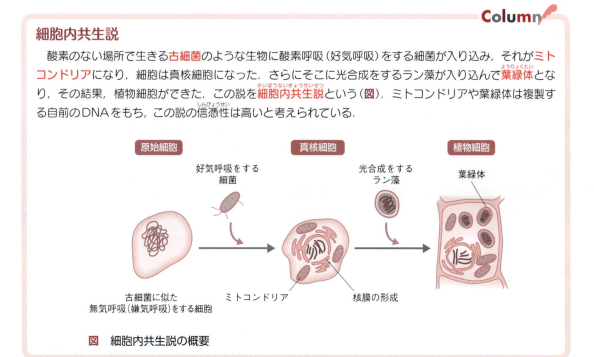

図 1-2　原核生物（特に真正細菌）の形態

> **Column**
>
> **細胞内共生説**
>
> 　酸素のない場所で生きる古細菌のような生物に酸素呼吸（好気呼吸）をする細菌が入り込み，それがミトコンドリアになり，細胞は真核細胞になった．さらにそこに光合成をするラン藻が入り込んで葉緑体となり，その結果，植物細胞ができた．この説を細胞内共生説という（図）．ミトコンドリアや葉緑体は複製する自前のDNAをもち，この説の信憑性は高いと考えられている．
>
> 図　細胞内共生説の概要

C 生物を5つに分類する

a 一般的な生物の分類法：五界説

　地球上には180万種以上の生物が存在するが，それらはどのように分類されるのだろうか．生物を5つに分類する方法があり，五界説といわれる（p.6，図 1-3）．五界とはモネラ界（原核生物あるいは細菌類が入る），原生生物界，菌界，植物界，そして動物界である．原生生物は単細胞生物で，ゾウリムシや病原性のマラリア原虫，トキソプラズマ，トリパノソーマ，赤痢アメーバなどが含まれる．原生生物で動物的なものは特に原生動物（原虫）という．菌界にはカビ，キノコを含むグループが入り，病原性のものにはアスペルギルス *Aspergillus*（コウジカビの仲間），カンジダ，白癬菌などが含まれる．細菌と区別するために真菌といわれる場合もあり，医学分野ではしばしば使われる．植物は光合成を行うので

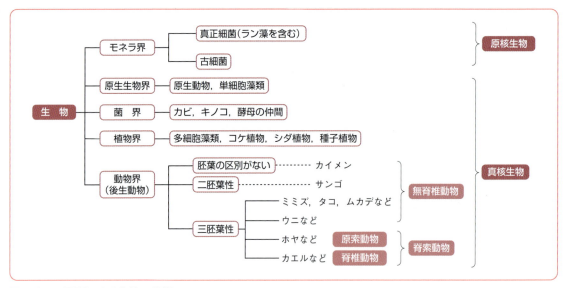

図1-3 五界説による生物の分類

緑色の葉をもち，藻類（例：コンブ，ワカメ），コケ植物，シダ植物（例：スギナ，ワラビ），種子植物が含まれる（注：ただし，多細胞藻類とある種の菌類を原生生物に入れる改良型五界説もある）．

b 動物の分類

動物は原生動物と対比させるために後生動物（多細胞で体制における前後の区別があり，発生の途中で胚を形成する）ともいう．動物には非常に多くの分類群があるが，進化的に未熟なものは脊椎をもた

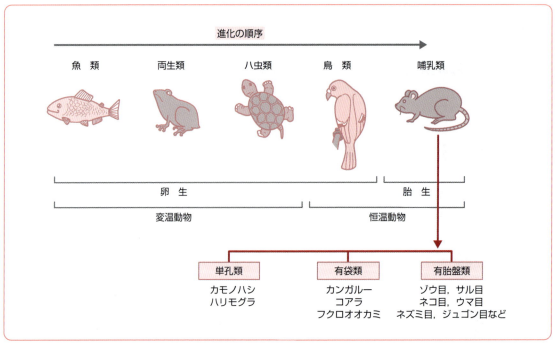

図1-4 脊椎動物の種類

ない**無脊椎動物**で，**環形動物**（例：ミミズ），**刺胞動物**（例：クラゲ），**棘皮動物**（例：ウニ），**軟体動物**（例：貝類，イカ），**節足動物**（例：昆虫類，カニ）など多くの種類がある．**脊椎動物**は進化の順に，魚類，両生類，ハ虫類，鳥類，**哺乳類**と分類される（**図1-4**）．前者3つは**変温動物**，後者2つは**恒温動物**であり，また哺乳類は**胎生**（子を出産する）だが，ほかは**卵生**である．脊椎の未熟な形態をもつ**尾索動物**（例：ホヤ）と**頭索動物**（例：ナメクジウオ）をあわせて**原索動物**といい，原索動物と脊椎動物をあわせて**脊索動物**という．

> **こぼれ話 ヒトの腸管形成では口が最後にできる**
>
> 動物発生の初期，胞胚の表面の細胞が内部に入り込んで**原口**ができ，陥入部分は腸管となる（p.35参照）．腸管が伸びて，やがて反対側に新しい出口ができるが，ヒトやウニは原口が肛門に，反対側の出口が新しく口になる．このような動物を**新口動物**という（**後口動物**ともいう）．これに対しミミズや昆虫などは原口がそのまま口になるので**旧口動物**という（**前口動物**ともいう）．

D 動物の中におけるヒト

a 生物分類上のヒト

生物分類の基盤となる基本単位を**種**といい，種の上位の分類学上の名称を**属**という（その上位を科＜目＜綱＜門＜界という．たとえば界ならば動物界がある）．生物種を学名で呼ぶ場合は属名と種名を組み合わせて使い，これを**二名法**という．**ヒト**は人間の動物名もしくは種名で，学名を**ホモ・サピエンス** *Homo sapiens*（「知恵のあるヒト」の意味）といい，脊椎動物＞哺乳類＞霊長類（広義のサルの仲間）中の真猿類（狭鼻猿類）に分類されるが，その中のヒト上科（類人猿）＞ヒト亜科＞ヒト科（例：ヒト，チンパンジー，ゴリラ）に含まれる（**表1-2**，p.8，**図1-5**）．

表1-2　生物の中におけるヒトの位置

ヒトの分類	ここに入るほかの動物
動物界	クモやヒトデ
脊椎動物門・脊椎動物亜門	ヌタウナギ・カメ
哺乳綱・真哺乳亜綱・胎盤下綱	カモノハシ・カンガルー・ウマ
サル（霊長）目・サル（真猿類）亜目	キツネザル・ニホンザル
ヒト上科（類人猿）・ヒト科	テナガザル・ゴリラとチンパンジー
ヒト属	ネアンデルタール人（絶滅したヒトの祖先）
ヒト（*Homo sapiens*）	―

> **余談 種の定義**
>
> 種とは互いに交配でき，ほかの集団とは生殖的に隔離された生物集団と定義される．有性生殖でき，その仔がまた有性生殖できれば1つの種といえる．ウマとロバから生まれた**種間雑種**のラバは交配して仔をつくることのできない不妊であり，したがってウマとロバは別種である．ある種に含まれる亜種，品種は1つの種であり，ヒトも人種といわれる多様性はあるが単一の種である．

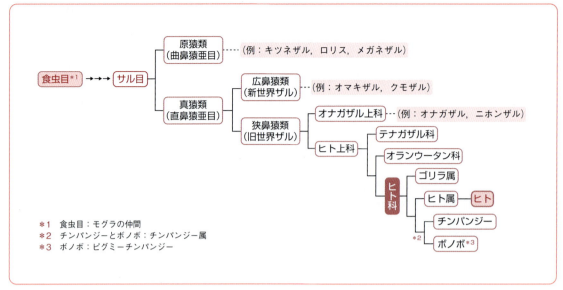

図1-5 ヒトの系統

b ヒトの特徴

ヒトと遺伝子レベルで最も近い動物はチンパンジーである．ヒトの特徴は巨大な脳と高い知能，そして直立歩行などである．ゾウやクジラはヒトより大きな脳をもっているので，高い知能は脳の大きさ（脳細胞の数）ではなく，脳細胞ネットワークの複雑性とその使われ方によると思われる（**表1-3**）．

表1-3 ヒトに関するデータ

最大寿命〔年〕	120	血中タンパク質〔%〕	4〜5　　（アルブミン）
染色体数	46		0.1〜0.2　（γ-グロブリン）
妊娠期間〔日〕	274		
水分〔%〕*	68	血液細胞〔個/mm³〕	$4 \times 10^6 \sim 5 \times 10^6$　（赤血球）
脂肪〔%〕	13		$5 \times 10^3 \sim 9 \times 10^3$　（白血球）
タンパク質〔%〕	14		2.5×10^5　　　　　（血小板）
筋肉組織〔%〕	36（女）	血液量〔L〕	6.5〜7.5
	42（男）	血糖量〔値〕〔mg/dL〕	60〜100
脂肪組織〔%〕	28（女）	肺活量〔cm³〕	3,000〜5,000
	18（男）	消化管の長さ〔m〕	7
骨〔%〕	15		
心臓〔g〕	300		
肝臓〔g〕	1,400		
脳〔g〕	1,300		
pH（血液）	7.4		
（胃液）	2.0		

＊　体重あたりの量．
Flindt R：Amazing Numbers in Biology, Springer（2006）を一部抜粋．

Column

人類の系譜

ヒトの祖先は約700万年前の霊長類の祖先から生まれた猿人である（図）．猿人は直立歩行をしたが，まだサル的要素が強かった．そこから火を使う原人（例：ジャワ原人）が生まれ，それを祖先に60万～25万年前にアフリカでホモ・サピエンスが生まれた．ホモ・サピエンスからは旧人とよばれるが，その1つの系譜にネアンデルタール人がある（数年前，別の旧人が発見されたとのニュースがあった）．旧人は3万年ほど前に絶滅し，それに変わって現生人類（ホモ・サピエンス・サピエンス）の直系の祖先である新人（例：クロマニヨン人）が生まれた．

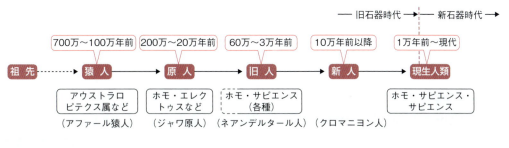

図　現生人類の系譜
猿人は新世代第三紀後期（～中新生）に存在．かっこ内は例を示す．

こぼれ話　ミトコンドリア・イブ

受精の際，大部分の細胞質は卵（すなわち母方）からくる．DNAを含むミトコンドリアも母方に由来するので，その遺伝子の分析から母方のルーツがわかる（図）．多くの人種の調査の結果，遺伝子には高い同一性が認められ，わずかな違いをたどっていくと，現生人類はアフリカの1人の女性（ミトコンドリア・イブ）を一番近い母方の共通祖先にもつと推測された．旧約聖書に登場する最初の女性，イブにちなんだ呼び名である．

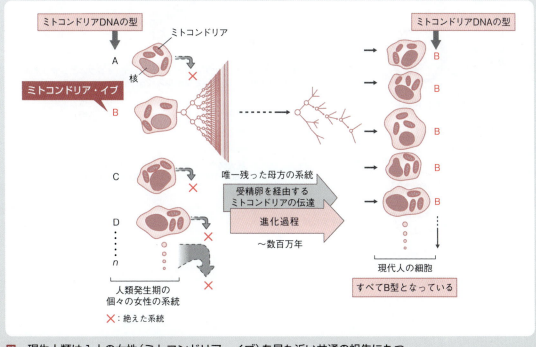

図　現生人類は1人の女性（ミトコンドリア・イブ）を最も近い共通の祖先にもつ

発展学習 ウイルス：細胞内で増える病原性粒子

ウイルスはタンパク質の殻の中にDNAかRNAを遺伝子にもつ．しかし生きた細胞内でしか増えることができず，細胞をもたないため，生物の定義を完全に満たしているとはいえない．

1．ウイルスとは

a ウイルスの実態

ウイルス virus は電子顕微鏡でしか見ることのできない小さな粒子で，生物に感染して増殖し，遺伝子をもって自身と同じ子ウイルスをつくる．この意味ではウイルスは生物に似ているが，増えるためには生きた細胞が必要である（つまり自己増殖能がない）．さらにウイルスは細胞をもたない．結局，ウイルスは生物の断片的な性質を示すが，厳密には生物とはいえない．

b ウイルスの形態

ウイルスは20〜200 nmのおもに球状の粒子で，内部にDNAあるいはRNAのどちらか一方を「ゲノム*」としてもつ．ゲノムの形態（線状か環状か，あるいは一本鎖か二本鎖か）はウイルスによりさまざまである．ゲノムはタンパク質の殻（カプシド）に包まれて保護されており，粒子の表面や殻の内部に感染やゲノム複製，あるいは遺伝子発現に必要な酵素を含む（図1-6）．

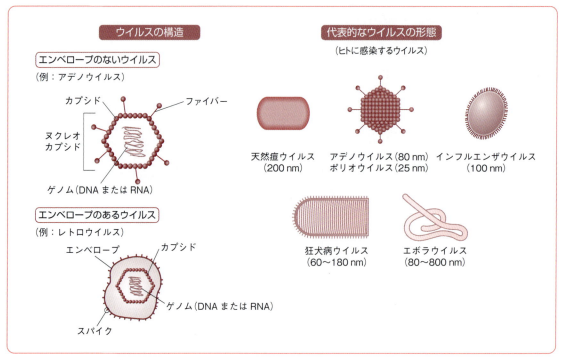

図1-6 ウイルスの形態

＊ 遺伝子 gene を含む核酸なので便宜的にゲノム genome といわれる．

2. ウイルスの増殖

　細かく見るとウイルスにより少しずつ異なるが，おおむね以下のようにまとめられる（図1-7）．まず細胞にウイルスが吸着・侵入するが，侵入後，殻が壊れて（脱殻して）ウイルスゲノムが働き始める．ウイルスがもつ酵素や細胞のもつ酵素によってウイルスゲノムが複製し，さらに転写・翻訳といった遺伝子発現が起こる．重要なことは，増殖に必要なほとんどの酵素や因子，そしてウイルス成分をつくるための素材はすべて細胞から供給されるということである．この時期まではウイルス粒子は見られない．やがてウイルスゲノムや殻タンパク質などが自発的に集合してウイルス粒子が形成される（この時期，細胞内にウイルスの集合塊である封入体が見られる）．感染後数時間で，数百個のウイルスが細胞を壊して（殺して）出てくる．

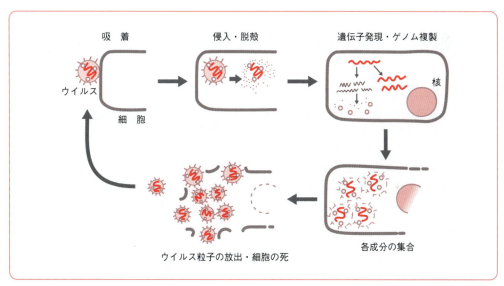

図1-7　ウイルスの感染・増殖過程

表1-4　ヒトに感染するおもなウイルス

種類	ウイルス名
DNAウイルス	天然痘（痘瘡）ウイルス，単純ヘルペスウイルス，水痘・帯状疱疹ウイルス，EBウイルス，アデノウイルス，パピローマウイルス，B型肝炎ウイルス
RNAウイルス	インフルエンザウイルス，ムンプス（おたふくかぜ）ウイルス，麻疹（はしか）ウイルス，狂犬病ウイルス，ポリオウイルス，A型肝炎ウイルス，手足口病ウイルス，ライノウイルス，ロタウイルス，風疹ウイルス，日本脳炎ウイルス，西ナイルウイルス，C型肝炎ウイルス，エボラウイルス，ラッサウイルス，コロナウイルス，SARSコロナウイルス，ノロウイルス，ヒト免疫不全ウイルス1（HIV1），ヒトT細胞白血病ウイルス（HTLV-1）

> **余談　ウイルスの意味は病毒**
> 　ウイルスは細菌でもない（細菌を通さないフィルターを素通りする）のに病気を起こすが，顕微鏡では見えない．このため病原体には，はじめ「*virus*（病毒）」という用語があてられた．

3. ヒトに感染するウイルス

ウイルスは種類が多く，細菌，植物，動物など，大部分の生物に対して存在する．おもなウイルスをp.11の**表1-4**に示した．**DNAウイルス**にはアデノウイルス，天然痘ウイルス，単純ヘルペスウイルス，B型肝炎ウイルス，パピローマウイルスなどがあり，**RNAウイルス**にはHIV1（ヒト免疫不全ウイルス1），日本脳炎ウイルス，インフルエンザウイルス，狂犬病ウイルス，麻疹ウイルス，ポリオウイルス（小児麻痺ウイルス），C型肝炎ウイルス，エボラウイルスなどがある．病原性の強さ，病状はさまざまで，エボラウイルスのように致死的感染を起こすものやパピローマウイルスのように腫瘍（がん）をつくるものなどもある（**第21章**参照）．腫瘍をつくるウイルスは一般に増殖速度が遅く，細胞は殺さず，むしろ増殖を促す．

☑ 学習内容の 再 Check! ▶ ▶ ▶ ▶ ▶ ▶ ▶ ▶ ▶ ▶

以下の文章が正しいか間違っているかを，○か×で答えなさい．

☐ 1. 生物は自己増殖，遺伝，細胞を特徴とする．クラミジアという病原体は細胞をもたず生きた細胞内でしか増えないので，ウイルスの一種として分類される．

☐ 2. 原核生物は核膜で包まれた核をもたず，そのほとんどが単細胞生物である．菌類に分類されるカンジダ（カンジダ症を起こす）や酵母なども原核生物に分類される．

☐ 3. 生物を大きく5つに分類する場合，単細胞で運動性をもち，動物的特徴を示すマラリア原虫やトリコモナス原虫などは寄生虫（例：回虫，条虫）の一種で，動物に分類される．

☐ 4. 細胞の形態，遺伝子構造，遺伝子発現様式で生物を3つのドメイン（領域）に分類した場合，その1つに古細菌という単細胞生物がある．太古の地球に生きた生物の特徴をもっている．

☐ 5. 植物は緑色の色素をもち光合成をする生物と定義される．この中には単細胞のミドリムシ，細い藻のようなラン藻も含まれる．

☐ 6. 動物は背骨の有無により進化度の低い無脊椎動物と高い脊椎動物に分けられ，この中間的な動物としてイカ（体の中心部に硬い芯をもつ）などの軟体動物がある．

☐ 7. ヒトは霊長類から進化したが，地球上のいろいろな場所でこのような進化が別々に起こり，結果的に見た目で同じヒトという現代の人類集団になった．

☐ 8. 細胞の中にあるミトコンドリアは太古の昔，酸素を使って呼吸する細菌が，無酸素状態で生きる生物（細胞）に入り込んだものである．

☐ 9. 生物学の分類群でいう種とは，ある生物群を代表する名称で，この下位の名称に属や科というものがある．二名法という命名法は種名の次に属名を並べる．

☐ 10. ライオンとヒョウからは繁殖能のないレオポンという種間雑種が生まれる．このような雑種がつくれることからこの2種類は同じ種であり，厳密には両者は変種の関係にあるといえる．

☐ 11. ウイルスが細胞に侵入すると，元のウイルス粒子から芽が出るように子ウイルスが増える．細胞が死ぬのは，ウイルスが細胞内にいっぱいになったからである．

☐ 12. インフルエンザウイルスやポリオウイルス，狂犬病ウイルスや日本脳炎ウイルスなどの典型的な病原性ウイルスはDNAウイルスに分類される．

2章 細胞：構造，複製，機能

Introduction

　細胞は生物の基本単位で，多細胞生物も多数の細胞からなっている．細胞は脂質二重層の膜で包まれており，内部にある核，ミトコンドリア，小胞体，ゴルジ体などの細胞小器官は細胞の生存と形質発現に必須の役割を果たす．細胞が増殖する場合，G_1期→S期→G_2期→M期を経過してG_1期に戻るという細胞周期を経るが，S期ではDNA合成が，M期では有糸分裂が行われる．細胞には，
　① 生存や活動のため，外部のシグナルを受け取って内部に伝えるシグナル伝達
　② 物質を取り入れたり排出したりするさまざまな物質移動
　③ 細胞骨格タンパク質やモータータンパク質が関与する細胞形態の維持や運動
といった現象が見られる．

はじめに

　細胞の形態や役割は目的に応じてさまざまだが，基本的な部分は共通である．細胞膜で包まれる細胞質内部には多数の細胞小器官が存在し，細胞が増える場合には，決まった過程が整然と進行する．本章では細胞の構築，増殖，そして細胞の基本的な働きについて述べる．

I 細胞の構造

A 細胞は生物の最小単位

a 細胞の大きさ

　細胞（英語でcell，もともと「小部屋」という意味）は17世紀半ば，フック R. Hookeにより発見され，その後すべての生物は細胞からなることが明らかにされた（ヒトは約37兆個の細胞を含む）．赤血球は

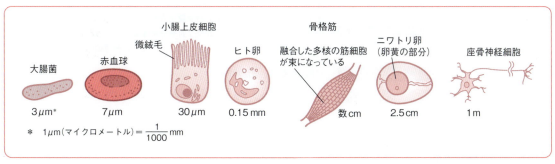

図2-1　細胞の形と大きさ

直径7μm ($\frac{7}{1000}$ mm) と小さいが，通常の細胞は数十マイクロメートル（μm）の大きさをもつ．ただ中には哺乳類の卵細胞のように1mmにも及ぶもの，神経細胞のように神経線維が数十センチメートル（cm）以上になるものもある（p.13，図2-1）．鳥の卵細胞（卵黄の部分）は数cm以上と巨大である．

ⓑ 細胞の形

多くのヒトの細胞は扁平，球状，紡錘状などの単純な形をとるが，中には小腸上皮細胞のように多数の毛（微絨毛）をもつもの，精子のように鞭毛をもつもの，神経細胞のように突起や線維をもつもの，白血球のように偽足を動かしてアメーバ運動するものなどもある（図2-1）．

B 真核細胞の構造

1. 細胞の構成要素

細胞は膜（細胞膜）で包まれており，その内部に細胞質（サイトゾルともいう）がある（図2-2）．細胞質には膜構造をもつ構造物である細胞小器官（オルガネラともいう）が多数含まれる．細胞膜，細胞質，そして細胞共通に存在する細胞小器官は細胞にとって必須で基本的な役割をもつが，細胞膜の内部に含まれるものを，まとめて（リボソームや中心体も含め）原形質ということがある．植物細胞は細胞質の周りに堅い細胞壁をもつ．

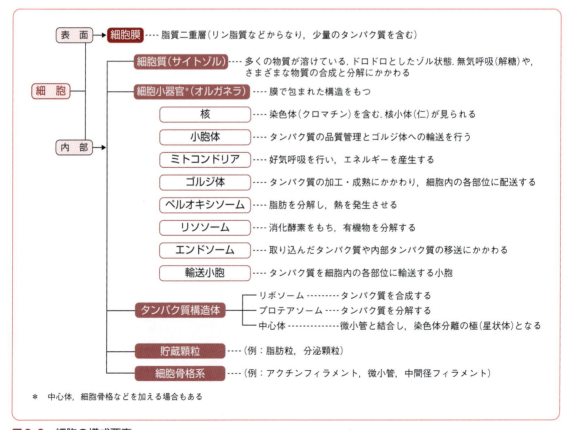

図2-2　細胞の構成要素
ここでは動物細胞について示す．細胞小器官や貯蔵顆粒は膜に包まれている．分泌顆粒は輸送小胞の場合もある．

2. 細胞膜
ⓐ 脂質二重層

　細胞膜（原形質膜ともいう）の主成分はホスファチジルコリンなどのリン脂質（第11章参照）である．リン脂質は親水性と疎水性の部分をもち，多数集まると分子が親水性部分どうし，疎水性部分どうしで横に並んで膜を形成する（図2-3）．この単層の膜が疎水性部分どうしで合わさって二重になった脂質二重層が細胞膜の基本構造である．細胞小器官を包む膜も細胞膜と同じ構造をもち，両者をあわせて一般的に生体膜といわれる．細胞膜にはリン脂質のほかにコレステロールも含まれ，膜に弾力と流動性を与えている．

ⓑ 流動モザイクモデル

　細胞膜は少量のタンパク質を含む（図2-4）．膜タンパク質の機能としては細胞の内外の物質の輸送，細胞外の物質が結合する受容体，ほかの細胞や細胞外マトリックス（細胞外基質）との結合などがある．タンパク質は脂質分子の中に埋め込まれ，しかも脂質分子には流動性があって，水に浮かぶ油のように水平方向に絶えず動いている．このような細胞膜の状態を流動モザイクモデルという．

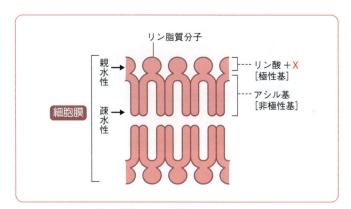

図2-3　細胞膜（生体膜）の分子構造
Xの違いにより，ホスファチジルコリンやホスファチジルセリンなど，いくつかの種類がある．

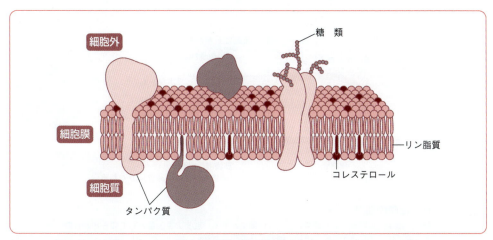

図2-4　細胞膜の流動モザイクモデルと脂質二重層に埋め込まれているタンパク質

3. 植物細胞

植物細胞の構造も原形質に関しては動物細胞と同じだが，中心体やリソソームはなく，他方，光合成を行う**葉緑体**（自前のDNAをもって複製する）がある．発達した**液胞**をもつものが多く，細胞によっては色素体や貯蔵顆粒が発達している（**図2-5**）．植物は細胞膜の外側に堅い**細胞壁**をもつが，細胞壁にはセルロースが含まれ，さらに木になる植物の場合は強度を保つためリグニンなどの多糖類も含まれる．細胞が死んで内部が空になっても，細胞壁は残る（木材はそのような状態にある）．

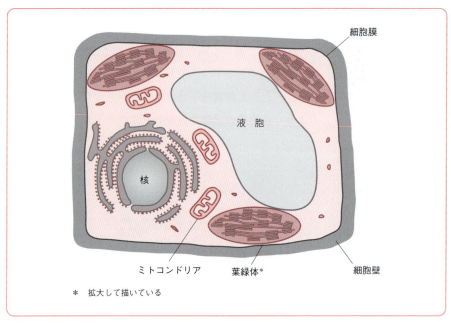

図2-5　植物細胞

解説　細菌の細胞

細菌は細胞膜の外側に，植物とは異なる成分の丈夫な細胞壁をもつ（図）．細菌によっては付着のために短い**線毛**や，自己保護のために多糖類＋タンパク質の分泌物を成分とする**莢膜**（細菌の病原性に関係がある）を周囲にもつものもある．運動性のある細菌には1本から多数の**鞭毛**がある．細胞質内には多数のリボソームがあるが，細胞小器官はない．

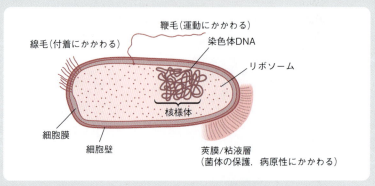

図　細菌の細胞
鞭毛，線毛，莢膜は，もつ細菌ともたない細菌がある．肺炎の原因菌として知られるものもあるマイコプラズマという種類の細菌には細胞壁がない．

C 細胞小器官

細胞内には膜で包まれた構造体である細胞小器官（オルガネラともいう）が存在する（図2-6）．

a 核

核は細胞の中央部に1個存在する直径約10μmの球状構造で，二重の膜（**核膜**）で包まれている（図2-7）．細胞の種類によらずほぼ一定の大きさをもつ．核内部には染色体が**クロマチン**という状態で詰まっている．色素で均一に染まる部分を**ユークロマチン**（**真正クロマチン**ともいう），不均一に濃く染まる部分を**ヘテロクロマチン**という．遺伝情報を含む**ゲノムDNA**を保持し，細胞の生存と形質決定にかかわる．内部ではRNAへの転写が起こっており，S期（p.19参照）には複製も起こる．内部に1〜2個の**核小体**（仁）が見られる．

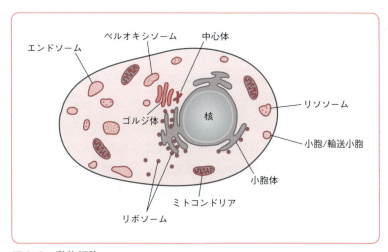

図2-6 動物細胞

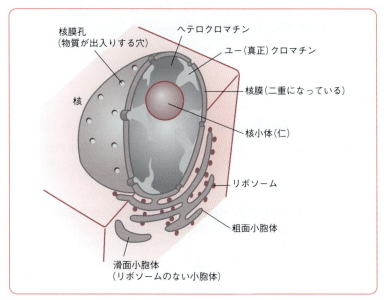

図2-7 核と小胞体の構造

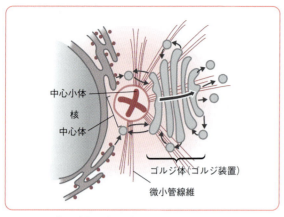

図2-8 ゴルジ体と中心体
タンパク質は矢印のように移動する.

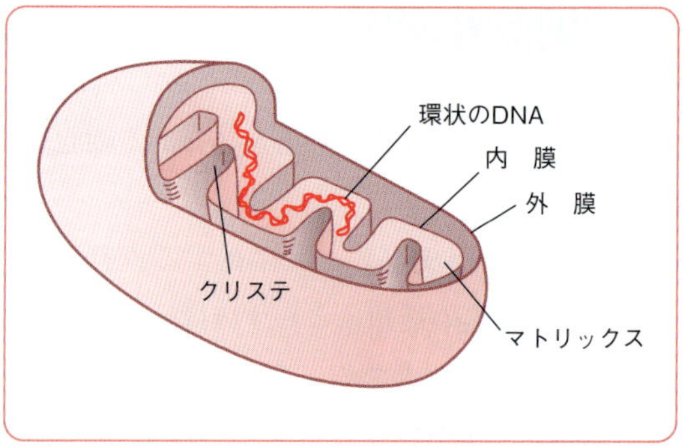

図2-9 ミトコンドリアの内部構造

ⓑ 小胞体

小胞体は核の周囲にある迷路のような袋状構造で，一部は核膜と連結している．表面が滑らかな滑面小胞体とリボソーム*の付いた粗面小胞体がある（図2-7）．付着するリボソームで翻訳されてつくられたタンパク質は小胞体内部に入り，正しく折りたたまれたあとでゴルジ体やほかの場所に送られる．

ⓒ ゴルジ体

ゴルジ体（ゴルジ装置ともいう）は核に近い中心体近傍にある重なり合った数個の板状構造で（図2-8），小胞体から送られたタンパク質の加工（限定分解，リン酸化，糖付加など）を行う．成熟したタンパク質が必要とされる細胞内の部位や，分泌のために細胞膜に送られる．タンパク質の加工のみならず，タンパク質の輸送や膜成分の供給・回収のセンターとして働く．

> **解説 中心体**
>
> 中心体は膜構造をもたず，厳密には細胞小器官ではない．核のそばの1対の交差した棒状構造（中心小体という）として存在し（図2-8），細胞分裂時には複製して両極に分かれ，星状体となる．γ-チューブリンというタンパク質を含み，微小管を束ねる働きをもつ．植物にはない．

ⓓ ミトコンドリア

ミトコンドリアは0.5～10μmの糸状またはラグビーボール状の形をもつ構造体で，DNAを含む．二重の膜で囲まれ，内部にクエン酸回路や酸化的リン酸化を行う装置をもち（図2-9），好気呼吸（酸素呼吸ともいう）でエネルギーを産生する．太古の昔に侵入した好気呼吸細菌の名残と考えられている．

> **健康ノート ◆ ミトコンドリア病**
>
> エネルギー産生装置であるミトコンドリアの機能低下が原因で起こる病気をミトコンドリア病と総称し，エネルギー需要の高い脳神経系，骨格筋，心筋を中心に多様な病型が知られている（例：ミトコンドリア脳筋症）．遺伝子欠陥がおもな原因であるが，大部分はミトコンドリアDNA上の遺伝子が原因であり，母性遺伝（第5章，p.53参照）の形式をとる（ゲノム遺伝子が原因の場合はメンデル遺伝の形式をとる）．

---

* リボソームはタンパク質とRNAの組み合わさった粒子で，細胞小器官ではない．

e その他の細胞小器官

ペルオキシソーム（パーオキシソームともいう）は**脂肪酸分解**などで熱を発生させ，細胞に有害な過酸化水素を**カタラーゼ**で分解する．**リソソーム**の内部は酸性で，多数の加水分解酵素をもち，細胞外物質や細胞内の不要なタンパク質や細胞小器官を分解する．細胞自身の成分の分解を**自食**（**オートファジー**）という．このほか，エンドサイトーシスで取り込んだタンパク質の行き先を振り分ける**エンドソーム**や，細胞内輸送にかかわる小胞（**輸送小胞**）といった細胞小器官もある．

II 細胞の複製

D 細胞周期とその制御

1. 細胞増殖の周期性

a 増殖の周期

細胞増殖とは親細胞が分裂して**娘細胞**が2個つくられる細胞の複製である．その過程では細胞に2つの大きな変化が起こる（図2-10）．1つは細胞分裂前にゲノムDNAが複製することで，この時期を**S期**という（「S」は合成 synthesis に由来する）．もう1つはDNA合成を終えた細胞において染色体が分かれ，続いて細胞質も分かれることで，この時期を**M期**という（「M」は**有糸分裂** mitosis に由来する）．それぞれのすき間（gap）の時期は，S期の前を**G_1期**，M期の前を**G_2期**という．以上のように細胞複製過程は G_1期 → S期 → G_2期 → M期と進み，G_1期に戻る．このような細胞増殖過程の規則性を**細胞周期**という．M期以外の時期はまとめて**間期**とよばれる．

b 時　間

細胞周期に要する時間は短いもので約12時間，長いものだと24時間以上に及ぶが，この違いはおもに G_1期の長さの違いに依存しており，ほかの時期は細胞によらずほぼ一定である．G_1期にある細胞は

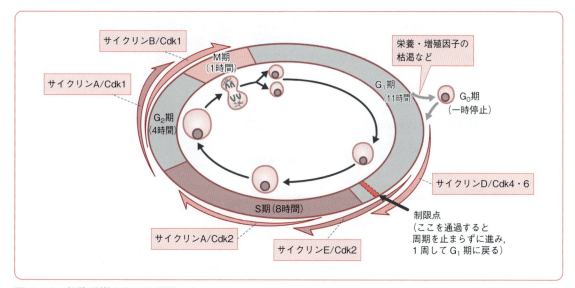

図2-10　細胞周期とそれを駆動するサイクリン/Cdk
ここでは24時間で分裂する細胞の場合を示す．

栄養がないとS期に入らず，細胞周期の進行を停止する．この状態をG_0期という．栄養があり，細胞が一定のサイズになると，細胞はある点（制限点）を通過してS期に入る．いったんS期に入ると再びG_1期に戻るまで細胞周期が停止することはない．

2．細胞周期を推進する仕組み

　細胞周期を推進させる因子は**Cdk**という**プロテインキナーゼ**（タンパク質リン酸化酵素．例：Cdk2, Cdk4）で，**サイクリン**というタンパク質（例：サイクリンA, サイクリンB）と結合することによって酵素活性を発揮する．両者には複数の種類があり，組み合わせは特異的である．サイクリンがある時期にしか存在しないため，結果的に各Cdkは細胞周期特異的に活性を発揮できる．細胞周期は複数のCdk／サイクリンが順番に活性を現すことにより進行する．最初に発見されたCdk／サイクリンはCdk1とサイクリンBの複合体である**MPF**（**細胞分裂促進因子**）で，G_2期後期からM期全体で働く．細胞には細胞周期を駆動するエンジン役のCdk／サイクリンに対し，ブレーキ役の**Cdk阻害因子**も存在する（**図2-11**）．このほかタンパク質のリン酸化や脱リン酸化，分解にかかわる因子も細胞周期の調節に関与する．

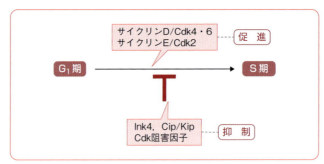

図2-11　細胞周期の進行にかかわるアクセルとブレーキ
G_1期からS期を例にとり，示す．

疾患ノート◆がんと細胞周期とRb

　細胞周期の制御にかかわる正の因子が強すぎる（あるいは負の因子が弱すぎる）と異常増殖してがんになる．がん抑制遺伝子産物の**Rb**はS期への進入に効く転写調節タンパク質の**E2F**に結合してその働きを抑えているが（図），増殖シグナルが入るとRbがリン酸化されてE2Fを離すため，E2Fが働けるようになる．

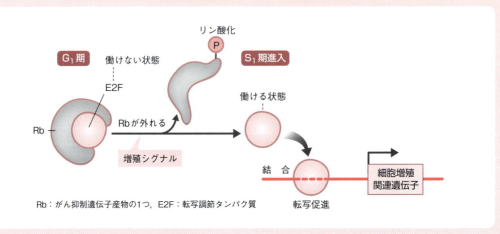

図　Rbを介したG_1期からS期進入の調節

3. 細胞周期の異常をチェックする

細胞には細胞周期の各段階の完了をチェックし，不備が見つかった場合は周期を次の段階に進めない機能があるが，この働きを**チェックポイント**という．チェックポイントにはDNA損傷の有無のチェック，DNA複製終了のチェック，染色体全部に紡錘体微小管が結合したかどうかのチェックなどがある（**表2-1**）．チェックポイントで不備が見つかると細胞は細胞周期を一時停止させ，その過程の終了を待つ．DNA複製は複製起点で始まるとすぐ続けて起こることはないが，これも**DNA複製のライセンス化**というチェックポイントによって監視されている．

表2-1　細胞周期チェックポイント

- DNA損傷チェックポイント
- 紡錘体形成チェックポイント
- S期/M期連携チェックポイント
- DNA複製終了チェックポイント
- テロメアサイズチェックポイント
- 細胞サイズチェックポイント
- DNA複製のライセンス化

E 細胞分裂

細胞分裂は複製した**染色体**（複製後のそれぞれ1本の染色体を特に**染色分体**，あるいは**姉妹染色分体**という）の紡錘体微小管による分離と両極への分配，それに続く細胞質分裂からなる（**図2-12**）．染色体分離には糸状の**紡錘体微小管**がかかわることから，この分裂形式は**有糸分裂**といわれる．原核生物の

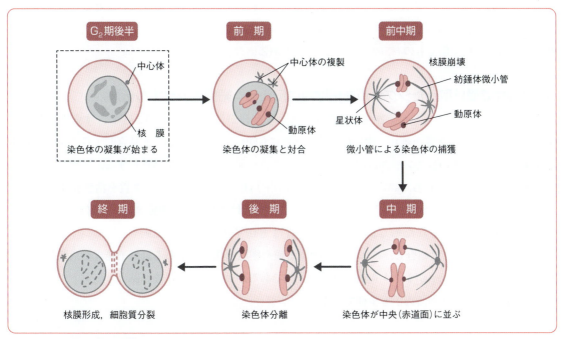

図2-12　細胞分裂の過程

22 ❖ Ⅰ．生物編

細胞分裂は微小管が関与しない**無糸分裂**である．有糸分裂は次の5つの過程に分けられる．

POINT　有糸分裂の過程

①**分裂期前期**：G_2期の後半にすでに複製を終えた中心体が両極へ移動し，さらに染色体が凝集し始める．

②**前中期**：中心体は**星状体**となって両極に移動し，核膜が消え始め，染色体は凝集する．対になった染色体中央部の動原体に紡錘体微小管が結合し始める．

③**中期**：染色体が**赤道面**に並ぶ．

④**後期**：染色体のおのおのが両極に引っ張られ，移動する．

⑤**終期**：染色体は分散し始め，核膜形成が始まり，細胞質のくびれができる．

　分裂期終期，細胞の中央部にアクチンフィラメントとミオシンからなる**収縮環**が出現し，筋肉運動のようなアクチン-ミオシンの運動により細胞質が絞られ，分けられる（**細胞質分裂**）．

Ⅲ 細胞機能

Ｆ シグナルの受容と伝達

1．細胞外のシグナル（情報）を受け取る場所：受容体

　生物の中で見られる**シグナルの伝達**は細胞間で行われるものと，細胞内で行われるものに分けられる（**図2-13**）．**細胞間シグナル伝達**はホルモンや細胞増殖因子によって行われるが，細胞にはこれらの調節因子が結合するタンパク質（**受容体**という）がある．受容体に結合するホルモンなどの物質を**リガンド**という．受容体のある場所は細胞表面（細胞膜）だが，なかにはステロイドホルモン受容体のように，細胞内にあり，核で働くもの（**核内受容体**という）もある．

2．受容体で受け取ったシグナルを細胞内に伝える：細胞内シグナル伝達

　ホルモンなどのリガンドが受容体に結合すると，受容体が活性化する（**図2-14**）．すると付随するGDP結合型Gタンパク質が離れ，次にGタンパク質にGDPに代わってGTPが結合してGタンパク質が活性化し，さらにそのGタンパク質が**アデニル酸シクラーゼ**という酵素を活性化する．アデニル酸シクラーゼによってつくられる**cAMP**（**サイクリックAMP**）はさまざまなタンパク質を活性化する．その1つにプロテインキナーゼＡという酵素があるが，この酵素は多数の転写調節タンパク質をリン酸化し，活性化する．活性化された転写調節タンパク質は遺伝子の転写調節配列（**エンハンサー**という．**第18章**，p.242参照）に結合し，これにより細胞増殖や細胞分化にかかわる遺伝子発現が活性化し，細胞に変化が起こる．以上がシグナル伝達経路の一例であるが，シグナル伝達経路はリガンドの種類により異なり，そこにかかわる因子も多様である．

2. 細胞：構造，複製，機能   23

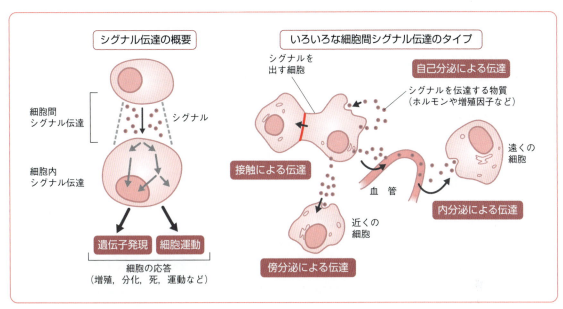

図 2-13 シグナル伝達の仕組み

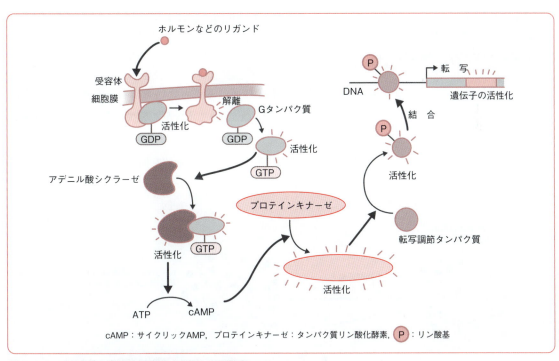

図 2-14 ホルモンが細胞の変化を誘導する機序
細胞内シグナル伝達はシグナル伝達分子の活性化の連鎖反応によって起こる．

 細胞内シグナル伝達に使われる因子

　Gタンパク質（GTP結合タンパク質），cAMP（サイクリックAMP），イノシトールリン脂質，カルシウムイオン，そしてヒドラーゼ（加水分解酵素）やプロテインキナーゼなどの酵素がある．

また，シグナル伝達の最終標的は上述したように転写調節タンパク質が多い．

 セカンドメッセンジャー

cAMP，cGMP，カルシウムイオン，ジアシルグリセロールなど，細胞内でつくられたりするような二次的なシグナル伝達物質を**セカンドメッセンジャー**という．

G 物質の取り込みと排出

1．細胞膜に埋め込まれている輸送装置

細胞へ物質が出入りする場合，ステロイドや気体などのように濃度の高い方から低い方に自然拡散で移動するものもあるが，大部分の物質の輸送には細胞膜に埋め込まれているタンパク質がかかわる．この働きをもつタンパク質は以下の3種類の輸送装置に分類される．

 輸送装置の種類

① **チャネル**はグルコース，アミノ酸，イオン，水などが選択的に通過する．
② **ATP依存性ポンプ**はイオン，水溶性の低分子，脂質などをエネルギーを使って運ぶ．
③ **トランスポーター（輸送体）** はグルコース，アミノ酸，イオン，スクロースなどを運搬する．

チャネルはイオンやグルコースなどの通路で，濃度の高い方から低い方に物質が移動する．**ATP依存性ポンプ**は**ATPアーゼ** ATPase（**ATP加水分解酵素**）で，ATP加水分解で発生したエネルギーを使って物質を濃度の低い方から高い方に運搬する．このような機構を**能動輸送**という（図2-15）．**トランスポーター（輸送体）** もさまざまな物質を選択的に運搬するが，2種類の物質を同方向あるいは逆方向に運

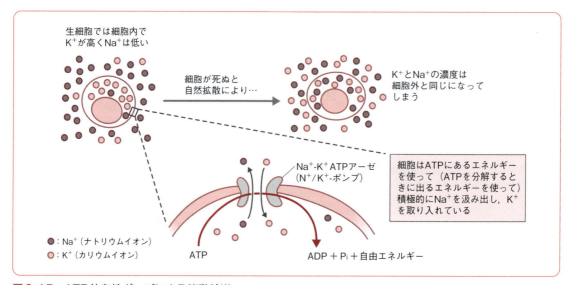

図2-15　ATP依存性ポンプによる能動輸送
細胞に普遍的に存在するNa$^+$/K$^+$-ポンプの例をとり，示す．

搬するものもある.

> **こぼれ話　胃の内部はなぜ酸性?**
>
> 胃の内部は塩酸が存在して強い酸性(水素イオン濃度が高い状態)になっている(**第15章**参照).水素イオンを供給している胃壁細胞の細胞膜にはATPアーゼがあり,これが細胞外に大量の水素イオンを搬出し,それが胃液に入るためである.

2. 膜の流動性で起こる物質移動

細胞膜は局所的に突出したり陥没したりするが,細胞にはこの性質を利用して物質を取り込んだり排出したりする機構がある(**図2-16**).輸送小胞が膜と融合し,内部のホルモン,酵素,神経伝達物質などを細胞外に分泌する機構を**エキソサイトーシス**という.逆に細胞外のものが内部に取り込まれる機構を**エンドサイトーシス**という.液体と一緒に飲み込むように取り込むことを**ピノサイトーシス**(飲作用),巨大な粒子や細胞を包むように取り込むことは**ファゴサイトーシス**(食作用,貪食作用)という.

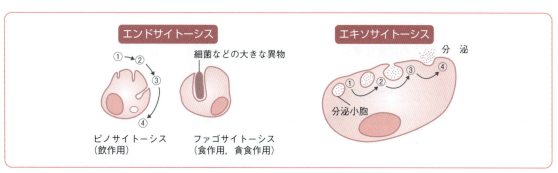

図2-16　エンドサイトーシスとエキソサイトーシス
細菌などの大きな異物はいずれリソソームと融合し消化される.

H 細胞運動

1. 細胞骨格タンパク質

細胞には線維状になったタンパク質が多数存在し,さまざまな機能を発揮しているが,このようなタンパク質を総称して**細胞骨格タンパク質**といい,次の3種類に分類される(p.26, **図2-17**).

POINT　細胞骨格タンパク質の種類

- **アクチンフィラメント**(アクチン線維):アクチンが連なってつくられる細い(直径約7nm)線維で,細胞に張りを与え,細胞運動や繊毛運動にもかかわる.筋肉収縮や細胞質分裂でも働く.
- **微小管**:チューブリンが多数結合した比較的太い(直径約25nm)線維.中心体から伸び,モータータンパク質(後述)のレールになったり,紡錘糸となって染色体の牽引にかかわる.
- **中間径フィラメント**:上記2者の中間の太さ(直径8～11nm)の線維で,核や細胞接着部位から複雑に伸びて,細胞の強度維持などに働く.細胞の種類により存在する分子の種類が異なる(例:表皮細胞や髪ではケラチン,線維芽細胞ではビメンチン).

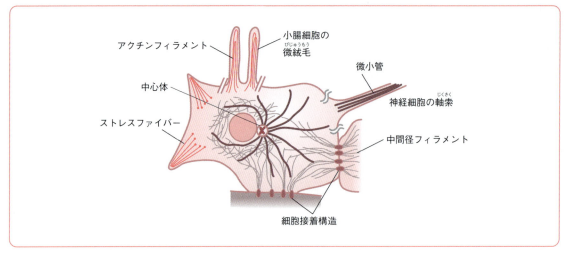

図2-17 細胞骨格タンパク質の細胞内分布

これらの線維状のタンパク質は細胞内で出現したり消えたり，あるいは伸びたり縮んだりとダイナミックな挙動をとるが，この現象は単位タンパク質の重合と解離によって起こる．

2. モータータンパク質と細胞運動

　筋収縮，染色体移動，小胞輸送，原形質全体が動いて見える現象（**原形質流動**という）など，細胞で起こる運動には力を発生させるタンパク質が関与するが，これらを総称して**モータータンパク質**という（図2-18）．モータータンパク質の実態は **ATPアーゼ**という酵素で，ATPからADPへの加水分解で出るエネルギーで運動を行う．代表的なモータータンパク質である**ミオシン**はアクチンフィラメントに接し，アクチンを引き寄せる力を発生させる（例：**筋収縮**）．細胞小器官の輸送や染色体の牽引では別のモータータンパク質であるキネシンやダイニンが使われるが，これらは微小管をレールのように使い移動する．鞭毛運動にもこれらのタンパク質が使われる．

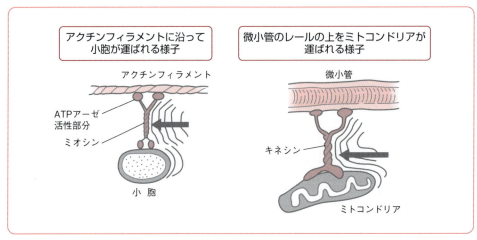

図2-18 モータータンパク質と細胞骨格タンパクとの関係
原形質全体が移動する原形質流動もアクチンとミオシンがかかわる同じ機構が元になっている．

2. 細胞：構造，複製，機能　27

解説 筋収縮

骨格筋細胞には筋原線維が詰まっている．筋原線維は筋節（サルコメア）が多数連結したものだが，サルコメアはアクチンフィラメントとミオシンが入り組んだ構造をもつ（図）．神経を介して筋肉にシグナルが伝わるとカルシウムイオン（Ca^{2+}）濃度が上昇する．するとCa^{2+}によってアクチンとミオシンが相互作用できるようになり，アクチンフィラメントとミオシンが互いに入り込むようなすべり運動が起こり，筋原線維が収縮する．

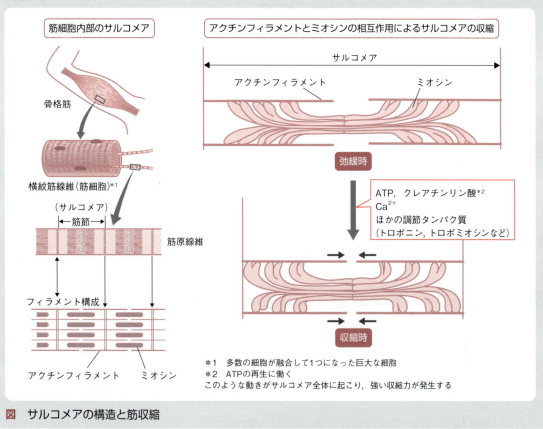

*1　多数の細胞が融合して1つになった巨大な細胞
*2　ATPの再生に働く
このような動きがサルコメア全体に起こり，強い収縮力が発生する

図　サルコメアの構造と筋収縮

✓ 学習内容の 再 Check!

以下の文章が正しいか間違っているかを，○か×で答えなさい．

☐ 1. 生物は細胞を基本に成り立っている．細胞の大きさは一般には肉眼では見えないくらい小さいが，中には数cmに及ぶ大きなものもある．

☐ 2. 動物細胞はそれぞれの組織において特徴的な形態を示すが，実は細胞の本体はすべて球形であり，周辺の細胞壁がさまざまな形をもつことによって，見かけの形が違って見えている．

☐ 3. ヒトはおよそ37万個の細胞からできている．

☐ 4. 原形質とは細胞膜の内部にあるドロドロとした液体状の成分をいう．

☐ 5. 細胞膜はトリグリセリド（中性脂肪）を主成分とする脂質からできており，わずかにリン脂質やコレステロールなどの別種の脂質も含まれる．

☐ 6. 流動モザイクモデルによると，膜タンパク質は比較的安定な脂質二重層の上に，現れたり消えたりしている．

28 ❖ Ⅰ. 生物編

☐ 7. 核の内部にはクロマチンがあり，核を包む膜には多数の孔が開いている．物質はこの孔を使って輸送される．

☐ 8. 核膜は二重になっており，その一部は小胞体とつながっている．つまり，小胞体は核の周辺でよく発達している．

☐ 9. 小胞体表面のリボソームでつくられたタンパク質はそのまま細胞質に放出される．

☐ 10. ゴルジ体は小胞体のそばに多数あり，つくられたタンパク質の加工などにかかわる．

☐ 11. ペルオキシソームは物質の分解を，リソソームは脂質の酸化を行う細胞小器官である．

☐ 12. 中心体は細胞の中央，核の内部にある交差した棒状の構造体で，染色体分離にかかわる．

☐ 13. 細胞が増殖する場合，栄養状態がよいと，S 期，G_2 期，M 期は短縮され，結果的に細胞周期に要する時間が短くなる．

☐ 14. 栄養や増殖因子がない場合，細胞は G_2 期で細胞周期を停止する．これを G_0 期という．

☐ 15. 細胞周期を動かす因子は Cdk/サイクリン複合体で，プロテインキナーゼ活性をもつ．サイクリンは Cdk の酵素活性発現に必要だが，細胞周期のある時期にはなくなる．

☐ 16. M 期促進因子として見つかった細胞分裂促進因子（MPF）は Cdk1/サイクリン B 複合体である．

☐ 17. がん抑制遺伝子産物の Rb は G_1 期から S 期に移行する過程を抑える．

☐ 18. 細胞外からの情報が細胞内に伝わるシグナル伝達において，細胞外の作用物質であるリガンドが細胞内に入り，直接遺伝子に作用するという機構は存在しない．

☐ 19. シグナル伝達でタンパク質の活性に働く中心的な酵素のプロテインキナーゼはタンパク質を加水分解する作用をもつ．

☐ 20. 細胞外で濃度が高い物質は，エネルギーを必要としないで細胞内に入るが，この場合でも細胞は膜タンパク質を使って入る物質を調節している．

☐ 21. 白血球は細菌を細胞膜に包むようにしてとらえ，それをリソソームの酵素などで分解する．

☐ 22. 細胞内には多数の細胞骨格タンパク質があり，そのうちの微小管は細胞周囲に多数集まることにより，細胞膜を堅く丈夫にしている．

☐ 23. モータータンパク質とは細胞膜に埋め込まれ，力を発生させることのできるタンパク質で，ATP の加水分解で生じるエネルギーを利用して能動輸送を行う．

☐ 24. 細胞の内部が流れるように動く現象を細胞質流動という．

☐ 25. 筋肉運動は筋原線維内のアクチンフィラメントの分子の長さが，エネルギー依存的に伸びたり縮んだりする結果，起こる．

生殖，受精，胚発生

Introduction

　個体数の増加である生殖には無性生殖と有性生殖の2つがあり，前者では生物は単純な細胞分裂やクローン個体として増えるが，後者ではその過程で遺伝子構成の変化が見られる．動物の有性生殖の場合，雌雄の個体にそれぞれ卵と精子といわれる半分の染色体をもつ配偶子ができ，受精によりそれらが融合して受精卵となる．配偶子は相同染色体交差と連続する2度の細胞分裂を伴う減数分裂によりつくられる．哺乳類の受精卵は卵割を経て胞胚となり，その後，胚葉の形成，細胞の分化と組織形成，そして器官形成を経て胎仔（ヒトでは胎児）となり，誕生に至る．女性の生殖過程は，種々のホルモンにより巧妙に制御されている．

はじめに

　生殖には有性生殖と無性生殖という2つの方式がある．動物の有性生殖では，減数分裂によってつくられた卵と精子が受精し，そこから胚が形成され，さらに発生が進んで誕生に至る．本章では生殖方式，減数分裂，胚発生について，ヒトの例も交えて説明する．

A 生　殖

　生殖とは生物個体が増えることで，無性生殖と有性生殖に分けられる．生物によっては両方の生殖方式をとるものもあるが，脊椎動物は有性生殖のみで増える．

POINT 生殖方式

・無性生殖：遺伝子の再編なしに個体ができる．
・有性生殖：遺伝子の再編を経て個体（子）ができる．

1．無性生殖

　単純な細胞分裂など，新たな遺伝子の組み合わせが起こることなしに個体がつくられる生殖方式を**無性生殖**という（p.30，図3-1）．単細胞生物である原核生物や原生生物などは基本的に**二分裂**や**出芽**などの無性生殖で増えるが，多細胞生物でも分裂や出芽で増えるものがある．菌類や種子植物以外の植物（例：コケ植物，シダ植物）では両方（有性／無性）の生殖方式が見られるが，無性生殖では放出された胞子が発芽し，そのまま個体に成長する．無性生殖のもう1つの形式に**栄養生殖**（**栄養増殖**ともいう）がある．これは個体の一部〔例：ヤマイモの芽（ムカゴという），球根やイモ〕が本体から生理的に離脱し，

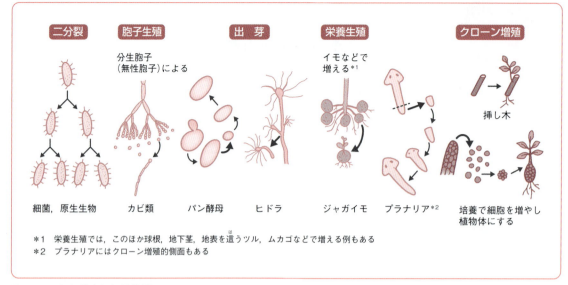

図3-1 さまざまな無性生殖

そこから個体に発達する形式である．ある種の無脊椎動物でも栄養増殖や出芽に似た増殖が見られる（例：クラゲの仲間であるヒドラや，扁形動物のプラナリア）．植物には分化の全能性があるため，単純な細胞や組織から人為的に個体をつくることができ，これを**クローン増殖**という．人為的な体細胞クローン動物作製（下記の**column**，図を参照）もここに含まれる．

Column

体細胞クローン

体細胞から得た核を，あらかじめ核を除いた卵に入れ，それを元にして哺乳類の個体をつくることができる．生まれた個体は核を得た個体と同一の生物，すなわちクローンで，**体細胞クローン**という（図）．家畜などの有用個体をそのまま増やせる技術で，ヒツジで最初に成功した．

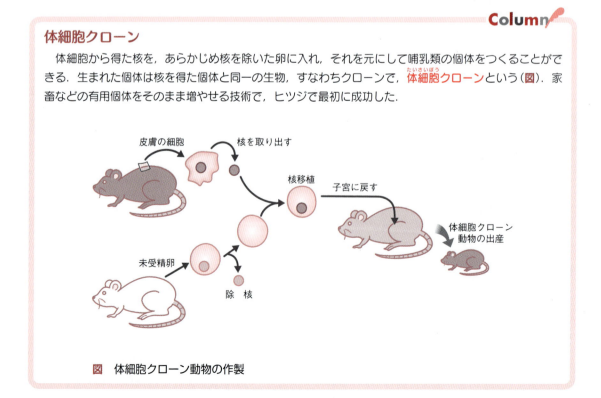

図 体細胞クローン動物の作製

 核相

　真核生物の体細胞は雌雄の親に由来する数の染色体をもち，体細胞の**核相**は**2n**であるという（**複相**ともいう．表）．他方，配偶子は染色体数が半分なので，核相は**n**であるという（**単相**ともいう）．通常，複相は**二倍体**，単相は**一倍体**（**半数体**ともいう）である（多倍体の場合は異なる）．

表　核相（二倍体が通常個体の場合）

核　相	n（単相）	$2n$（複相）
染色体の倍数性	一倍体（半数体）	二倍体
例	卵，精子（配偶子）	体細胞
ヒトの場合の染色体数	23本	46本

2. 有性生殖

ⓐ 有性生殖の仕組み

　遺伝子の再配列や配偶子の融合を経て個体ができる現象を**有性生殖**という．基本的にはすべての生物で見られ，大腸菌にもFプラスミドで誘導される遺伝子組換えという有性生殖的現象がある（**第20章**参照）．代表的な有性生殖の形式は，有性生殖専用の細胞である半数体（n）の細胞（**配偶子**）がつくられ，それらが融合（**接合**，**受精**という）して$2n$の細胞（**接合子**あるいは**受精卵**という）となって個体に成長するもので，動植物では一般的である．

ⓑ 卵と精子

　2種類の配偶子が不均一な場合，大きくて運動性のないものを**卵**，小さくて運動性のあるものを**精子**という．脊椎動物では卵をつくる**雌**と精子をつくる**雄**の個体は別々だが，植物や無脊椎動物の場合はいろいろである．有性生殖にはこのほかにも，個体中の通常細胞が融合するもの（菌類や**藻類**で見られる）や，個体どうしが融合するといった形式もある（原生生物で見られる）．両方の生殖方式をとる場合，有性生殖は生育環境が悪化した場合や生育に何らかの問題がある場合に行われることが多い．

POINT 世代交代

　シダ植物やコケ植物では，無性生殖世代と有性生殖世代が交互に起こる**世代交代**が見られる（図）．このような生殖様式の変動を一般に**生活環**という．無性生殖で増えるある種の原生生物（例：ゾウリムシ）は，環境の悪化などによって一時的に有性生殖を行う．

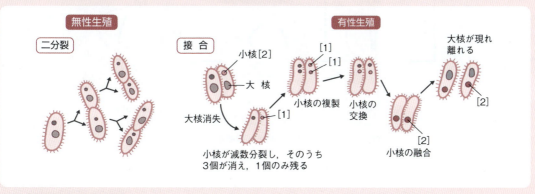

図　真核生物の世代交代
[　]内の数値は相対的DNA量を表す．

解説 単為生殖

有性生殖する生物が精子の受精なしに卵が二倍体となって発生し，子が生まれる現象を**単為生殖**という（例：ミツバチ，タンポポ）．有性生殖の特殊な形式の1つである．脊椎動物は生殖細胞でゲノム刷り込みを受けるため（**第18章**参照），両方の配偶子が必要で，単為生殖は起こらない．特定の遺伝子を欠損させた卵母細胞（後述）の核を卵に移植し，マウスで単為生殖を起こしたという報告がある．

こぼれ話 なぜ有性生殖があるのか？

短期的に見ると無性生殖は有性生殖より増殖速度が速く効率が良い．他方，有性生殖には配偶者（子）どうしの遭遇や受精後の過程も含め，多くの時間とエネルギーが必要である．このような代償を払ってでも生物が有性生殖を行う理由は完全にはわかっていないが，結果的に遺伝的多様性と環境適応性を上げ，不利な変異形質を出にくくする効果があると考えられる．

B 配偶子の形成

1. 減数分裂

a 2度の分裂

有性生殖を行うために特化した細胞を**配偶子**といい，動物の場合は卵と精子である．配偶子は染色体数が体細胞の半分であり，特殊な細胞分裂である**減数分裂**によって，動物では雌の卵巣や雄の精巣でつくられる（**図3-2**）．減数分裂では，生殖系列の$2n$の前駆細胞が細胞分裂（**減数第一分裂**）を行った後，

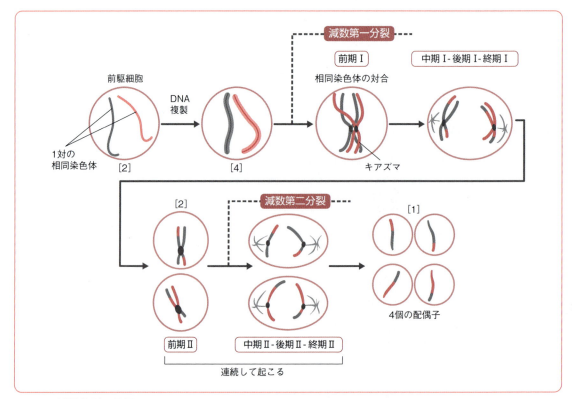

図3-2 減数分裂の過程
[ ]内の数値は相対的DNA量を表す．

DNA合成を経ないで再度分裂期(**減数第二分裂**)に入るため半数体になる．減数第一分裂の中期までの期間は以下のように分類される．

POINT 減数第一分裂前期の過程

① 細糸期：染色体が凝集し始める．
② 接合糸期：相同染色体が特殊な接着機構により対合し始める．
③ 太糸期：対合が完了して染色体が太くなり，染色体間で交差が起こる．
④ 複糸期：ペアになった相同染色体が接合し二価染色体となる．接着構造は消える．
⑤ 移動期：相同染色体は赤道面に移動を開始し，中心体が複製後分離する．
(⑥ 中期：相同染色体が赤道面に並び，紡錘体微小管が各相同染色体の動原体に結合する．)

b 組換えと染色体分配

　特徴として，減数第一分裂前期の太糸期に複製した相同染色体が並び，**相同組換え**(第20章参照)が起こり，染色体が**乗り換え**を起こしている構造である**キアズマ**が観察される．さらに，組換えを終えた相同染色体が別々に娘細胞に分配される．減数第二分裂では各姉妹染色分体が両極に引っ張られて2個の細胞に分配される．都合，生殖幹細胞1個から核相がnの配偶子が4個つくられる．

2．精子形成と卵形成

　精子形成は比較的単純で，幹細胞である**精原細胞**から4個の精子が形成される．精子細胞は極端に凝集したクロマチンを含み*，細胞質はなく，運動のための鞭毛をもつ．**卵**は**卵原細胞**からつくられる(図3-3)．哺乳類の**卵形成**の場合，減数第一分裂に入った細胞(**卵母細胞**という)は分裂中期に入る前の段階でいったん分裂過程を休止するが，この間に細胞は巨大化する．ホルモン刺激が入ると，分裂過程が再開して細胞分裂が起こるが，娘細胞のうちの1個(これを**極体**という)が極端に小さいため，卵母細胞から極体が放出される形になる．減数第二分裂でも極体が放出され，その結果，巨大な卵が1個だけつくられる．極体はいずれ吸収され，消滅する．

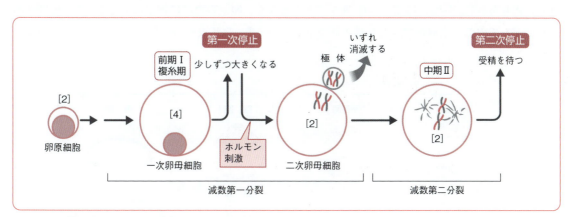

図3-3　脊椎動物の卵形成の過程
ヒトでは数年に及ぶ．[　]内の数値は相対的DNA量を表す．

---

*　このため精子細胞のクロマチンではヒストンの代わりに，より塩基性の強いプロタミンが使われている．

C 受精から胚発生

1. 脊椎動物の受精

卵巣から排卵される脊椎動物の卵は減数第二分裂の中期で止まっており，実際はまだ半数体の卵になっていない．ここで精子が侵入（**受精**）すると，それが刺激になって減数第二分裂が完了し，同時に精子染色体も卵内に存在する（図3-4）．受精後は卵細胞表面が変化して，**重複受精**が防止される．この時点で受精卵は二倍体になっているが，すぐDNA合成が起こり，G_2期を経てM期→G_1期と細胞周期が回り始める．脊椎動物の場合，2細胞のこの時期から出産（または孵化）までのものを**胚**といい，哺乳類の場合は形態形成をほぼ終えた時期から出産までの胚を特に**胎仔**（ヒトでは**胎児**）という．

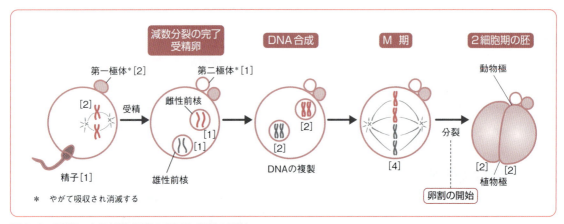

図3-4　受精による減数分裂の完了と卵割の開始
2細胞期の胚の段階で細胞が離れて別々に発生すると一卵性双生児が産まれる．［ ］内の数値は相対的DNA量を表す．

2. 胚の成長

a 原腸形成まで

受精卵の初期の細胞分裂を**卵割**という．ヒトの卵割は全体で均等に起こるが，動物によってはそれ以外の様式もある（図3-5）．卵割ではG_1期がほとんどなく，卵割のたびに細胞は小さくなる．卵割がある程度進んで内部に空洞ができた状態の胚を**胞胚**という*．胞胚表面の一部が陥入して**中胚葉**ができ

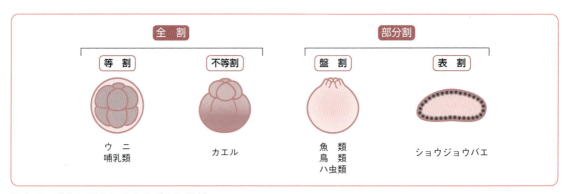

図3-5　動物に見られるさまざまな卵割

＊　着床した哺乳動物の胞胚は**胚盤胞**という．

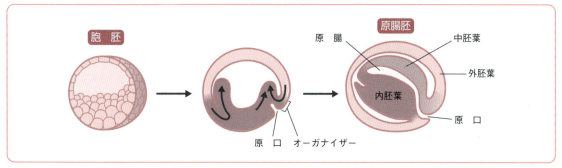

図 3-6　胞胚から原腸胚への変化（カエルの場合）

（表面の領域を**外胚葉**，内部領域を**内胚葉**という），この状態の胚を**原腸胚**という（図 3-6）．陥入してできる穴を**原口**，内部を**原腸**といい，原口の上部（**原口上唇部**）には胚形成全体のプログラムを支配する**オーガナイザー**が存在する．

b 胚で見られる形態形成

原腸胚には器官の元になる構造はまだ見えないが，このあと細胞に個性が生じ（このような現象を**分化**という），さまざまな組織や器官が形づくられる（**形態形成**．表 3-1）．まず外胚葉の背部分が陥入して神経の原基である神経板から神経管ができる．この時期の胚を**神経胚**という（図 3-7）．やがて筋肉，骨，神経などが大まかにできるオタマジャクシ様の**尾芽胚**となり，その後，器官や組織の形態形成が急速に進み，成体の形にほぼ近い胚（ヒトでは妊娠約 8 週目で，**胎児**という）となる．各器官は特定の胚葉からつくられる．

表 3-1　各胚葉からできる組織・器官

胚葉	組織・器官
外胚葉	上皮，毛，乳腺，感覚器，脳下垂体，副腎髄質，中枢神経系，末梢神経系
中胚葉	体腔，筋肉，骨格系，真皮，結合組織，心臓・血管，血液，脾臓，腎臓，生殖系，リンパ管，副腎皮質
内胚葉	消化管，肺，膵臓，肝臓，腹膜，消化管につながる分泌腺，気管，耳管，膀胱，甲状腺

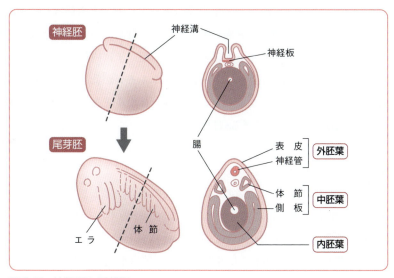

図 3-7　神経胚と尾芽胚

解説 分化と幹細胞

　多細胞生物に限らず，分化は生物に特徴的な性質の1つである（単細胞生物にも細胞形態の変化や増殖性変化といった「分化」が起こりうる）．分化細胞の元になる細胞を幹細胞というが，分化が起こるときは幹細胞が1個複製されると同時に分化細胞が1個できる（図）．組織にある組織幹細胞には表皮幹細胞のように単一の分化細胞をつくるものや，骨髄中の幹細胞のように複数の細胞に分化できるものがある．p.289で述べる胞胚の内部細胞はほぼすべての細胞に分化できる多能性幹細胞（一般には万能細胞の名で知られている）で，この細胞を培養したものをES細胞（胚性幹細胞）という．受精卵は完全な1個体をつくる能力をもつ全能性細胞である．植物の細胞は全能性細胞である．

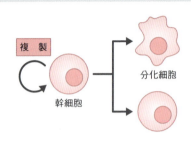

図 幹細胞は分裂して1個の分化細胞と1個の幹細胞になる

D ヒトの発生

1．性周期

　哺乳類の雌ではホルモンにより，卵巣や子宮といった生殖器官に性周期といわれる規則的な変化が起こる（図3-8）．脳下垂体前葉からは卵胞刺激ホルモン（濾胞刺激ホルモンともいう）と黄体形成ホルモン（黄体刺激ホルモンともいう）が分泌され，前者は卵胞を発達させ，後者は卵胞からの排卵と黄体の形成，そして黄体ホルモン分泌促進や乳腺の発達にかかわる．一方，卵巣からは生殖器の発達，排卵促進，子宮肥厚にかかわる卵胞ホルモン（濾胞ホルモン，女性ホルモンともいう）が分泌される．黄体ホルモンは卵巣にできる黄体から分泌されて妊娠の継続と排卵の抑制にかかわるため，妊娠中に新たに受精することはない．受精すると黄体ホルモンが出産までの期間，子宮内膜の肥厚を維持し，胎盤からも黄体形成ホルモンが分泌される．出産が近づくと黄体形成ホルモンが低下し，脳下垂体後葉から子宮収縮ホルモンが分泌されて分娩が起こる．受精しない場合は黄体ホルモンの分泌が止まり，子宮内膜は崩れて排出される（月経．周期はヒトでおよそ28日）．

2．排卵から出産

　卵巣から排卵された卵細胞は減数第二分裂の中期で分裂の進行が停止しているが，輸卵管中で受精すると減数分裂を完了し，すぐに卵割を始め，そのまま子宮へ移動する（図3-9）．ヒトの場合，受精後4～5日で胞胚すなわち胚盤胞になって子宮壁に着床し，成長し始める（～6日目）．その後1～2週間かけて原腸胚，3～4週間かけて神経胚から尾芽胚となり，器官形成が進む．中胚葉の一部は子宮に入り込んで臍帯（へその緒）となり，母体から栄養や酸素が供給される．胚は2カ月経つとほとんどすべて

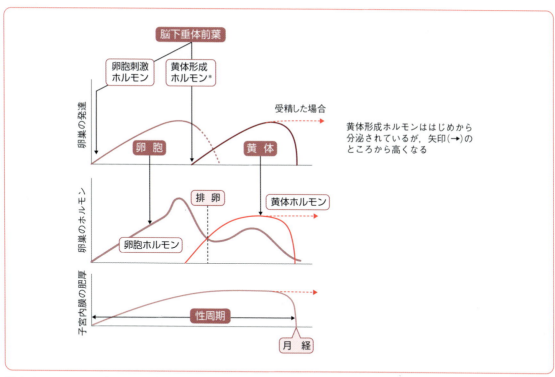

図3-8　ホルモンと性周期の進行

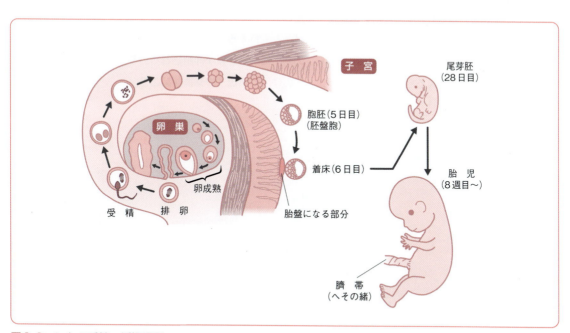

図3-9　ヒトの受精，妊娠過程

の器官がそろい（**胎児**とよばれる），8カ月で器官形成が終わり，そのまま成長を続けて10カ月目に出産となる．なお，1カ月を28日と計算する．

38 ❖ Ⅰ．生物編

📖 **疾患ノート**◆ニンシン（妊娠）とニンジン？

ビタミンAは発生にかかわる転写調節タンパク質をステロイドと似た方式で活性化する（**第18章**参照）．このため，妊娠中のニンジンなどの過剰摂取は過剰な遺伝子発現を介して奇形を誘発する可能性がある．

☑ 学習内容の 再 Check! ▷ ▷ ▷ ▷ ▷ ▷ ▷ ▷ ▷ ▷

以下の文章が正しいか間違っているかを，〇か×で答えなさい．

- ☐ 1．無性生殖とは，ほかの性がなくとも雄は雄単独，雌は雌単独で増える生殖方式のことである．
- ☐ 2．植物が球根単独で増える生殖様式を単為生殖という．
- ☐ 3．脊椎動物は基本的に有性生殖で増え，無脊椎動物は基本的に無性生殖で増える．
- ☐ 4．すべてのウニに卵巣（食べる部分）があるのは，ウニには雌しかいないからである．
- ☐ 5．精子や卵の染色体数は通常細胞（体細胞）の半分である．
- ☐ 6．減数分裂では相同染色体どうしが接着して組換えが起こり，その後，娘細胞に分かれる．
- ☐ 7．減数分裂の結果，1個の幹細胞から4個の完全な精子あるいは卵ができる．
- ☐ 8．ヒトの受精卵は卵の表面で卵割が起こり，誕生するまで卵黄から栄養が供給される．
- ☐ 9．胞胚とは原腸胚の次にできる胚で，中胚葉など各種胚葉がつくられる．
- ☐ 10．胚にあるオーガナイザーを切り取って原腸胚に移植すると，そこから新しい胚ができる．
- ☐ 11．哺乳類の減数分裂でできた卵は受精する前には，すでに2回の分裂を終了している．
- ☐ 12．ヒトの卵は，子宮内壁に着床したあとで精子と受精する．
- ☐ 13．ヒトが妊娠している間は，卵胞ホルモンの作用により排卵が抑制されている．
- ☐ 14．無性生殖で増える原核生物も，プラスミドの作用で遺伝子の交換が起こる．

4章 いろいろな組織と器官

Introduction

多細胞生物の個体は消化器系や循環器系など，複数のさまざまな器官系から構成され，器官系は複数の器官をもち，各器官は複数の組織からなる．組織の細胞は接着し合い，体の中でばらばらになることはない．血液は結合組織の一種で，複数の血球細胞と液体成分である血漿からなり，酸素などさまざまな物質の運搬と免疫を中心とする生体防御にかかわる．酸素は赤血球中のヘモグロビンで運ばれる．出血しても局所的な血液凝固反応が起こり，止血される．

はじめに

多細胞生物の個体は複数の器官からなり，器官は組織を単位に構成される（図4-1）．本章では動物の組織と器官の概要と，血液の構成と機能について述べる．

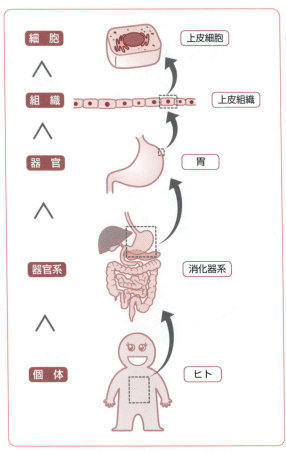

図4-1 多細胞生物の成り立ち（ヒトの例）

 組　織

多細胞生物の中にある特定の方向に分化した細胞集団を**組織**という．組織内の細胞は比較的安定に接着している．脊椎動物の組織は，大きく4種類に分けられる（**表4-1**）．

表4-1 脊椎動物の組織

組織名	構成や成分	働き
上皮組織	上皮細胞が層をなし，体表面，そして消化管や血管の内部を覆う	吸収，表面の保護，分泌，感覚の受容
結合組織	細胞は散在し，間（すき間）を線維性の物質，骨，軟骨などの細胞間物質が満たしている	身体の支持，組織や器官の支持や結合
神経組織	ニューロンとグリア細胞からなる	電気的興奮の伝導，体制統御，精神活動，刺激応答
筋肉組織	弾性タンパク質（アクチンフィラメント）とモータータンパク質（ミオシン）などを含む筋細胞からなる	運動（骨格や内臓の運動）

a 上皮組織

上皮組織は各組織の外側の細胞層で，吸収，保護，分泌，感覚受容などの機能がある（**図4-2**）．

POINT　上皮組織の種類

- 吸収上皮：小腸の表面などにある．多数の毛（絨毛）をもつ．
- 保護上皮：皮膚など．毛や鱗も皮膚が変形したもの．
- 分泌上皮：酵素やホルモン，汗を分泌する．管状になったものは**腺**という．
- 感覚上皮：聴覚などの感覚器を構成する．神経に連絡している．

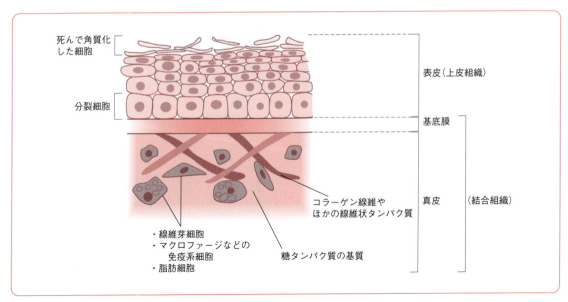

図4-2　表皮とその下部の組織構造

b 結合組織

結合組織は上皮組織の下にある**コラーゲン**や多糖類に富む組織である. **線維芽細胞**やマクロファージなどの細胞も存在する. **軟骨**（コンドロイチン硫酸を含む）, **骨**, **血液**もここに含まれる.

c 神経組織

神経組織は神経伝達をする**ニューロン**とそれを支える**神経膠細胞**（**グリア細胞**ともいう）からなる.

d 筋肉組織

筋肉組織は筋細胞中のミオシンがATPを加水分解し, 力を発生させる.

B 血 液

1. 血液とは

血液は体重の約8%を占め, 液体成分である**血漿**と血球成分である**赤血球**, **白血球**（**リンパ球**を含む）, **血小板**からなる（**表4-2**）. 赤血球の体積比率（**ヘマトクリット値**）はおよそ40〜45%である. 血液に凝固阻止剤を加えないでそのまま放置すると, 液体である**血清**と固体である**血餅**に分かれる（p.42, **図4-3**）. 血漿にはタンパク質（例：アルブミン, グロブリン, 抗体）, アミノ酸, グルコース, 脂質を含むリポタンパク質, 無機塩類, 気体（二酸化炭素など）, ホルモン, 老廃物（例：尿素）など, 多くのものが溶けている.

表4-2 血液の構成と働き

成　分		形態（種類）	働　き
細胞 （血球成分）	赤血球[*1]	円盤状	酸素の運搬
	白血球[*2]	さまざまな形の細胞　種々のリンパ球[*3] 種々の顆粒球[*4] 単球とその誘導細胞[*5] 樹状細胞 マスト細胞	免疫反応, 食作用, 異物排除, 生体監視 などの生体防御
	血小板	細胞の断片	血液凝固
液体成分	血漿	含まれる物質：水（90%）, タンパク質（アルブ ミン, グロブリンなど. 7%）, 無機塩類, グルコー ス（約0.1%）, 脂質, アミノ酸, ビタミン, ホ ルモン, 老廃物（尿素, アンモニアなど）, 気体 （二酸化炭素など）	物質の運搬, 体温の維持, 生体防御, 恒常性の維持など

＊1　ヒトのものには核はない.
＊2　分類基準により含まれる血球および細胞の種類が変わる. 狭義にはおもに顆粒球, 単球, 樹状細胞を指す.
＊3　B細胞, T細胞, ナチュラルキラー細胞（NK細胞）.
＊4　好酸球, 好中球, 好塩基球.
＊5　マクロファージ, 樹状細胞.

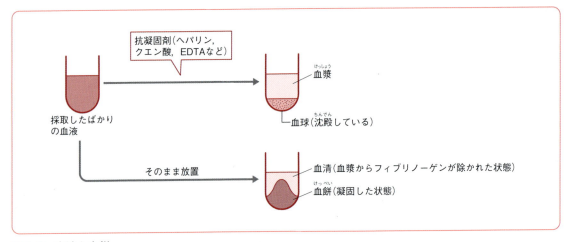

図4-3 血清と血餅

2. 血液の働き：ガス交換と免疫

血液は体内をくまなく循環し，その役割は運搬と生体防御に大別される．

ⓐ ガス交換

赤血球は**ヘモグロビン**を含むが，ヘモグロビンは**酸素**の多い肺では酸素と結合し，少ない組織では離れるので，赤血球は肺で取り込んだ酸素を組織に運ぶことができる（**図4-4**）．細胞内呼吸で生じた**二酸化炭素（炭酸ガス）**は血漿に溶けて肺に運ばれる．このような一連の**ガス交換**を**外呼吸**という．

ⓑ 免 疫

主要な生体防護機能である免疫も血液を介して行われる．**免疫**とは非自己を排除する仕組みで，**細胞性免疫**と**体液性免疫**がある．前者には**リンパ球**を含む**白血球**がかかわり，異物細胞を殺す．非自己

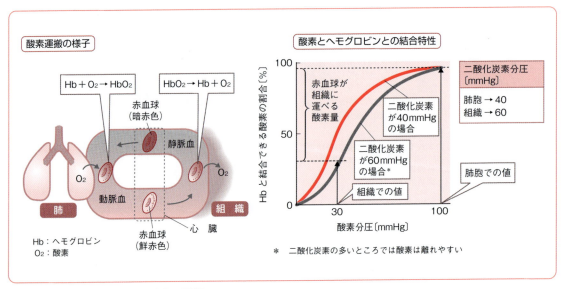

図4-4　ヘモグロビンによる酸素の運搬
酸素分圧は水銀柱の高さで示す．

の移植片を排除する拒絶反応もこれに含まれる．体液性免疫が働く主体は血清タンパク質の抗体で，B細胞というリンパ球でつくられ，異物や病原体を不活性化する．免疫細胞や抗体はそれができる元になる物質（抗原）と特異的に結合するので，抗原が不活性化するか凝集または溶解する．

3. 血液凝固
a 血液凝固反応の開始

血管が損傷して出血すると，生体は血液凝固反応系によって損傷部に血餅をつくって止血する（図4-5）．血液凝固の引き金は血管損傷のほか，血管内部環境の変化があり，このような刺激がきっかけとなって血小板からさまざまな種類の血液凝固因子が放出され，反応が進む．血液凝固因子は基本的にタンパク質を限定的に分解する加水分解酵素で，AがBを分解して活性化し，さらにBがCを分解して活性化するという反応が連鎖的に次々起こる．

b 凝固反応の最終段階：血餅の形成

凝固反応の最終段階ではプロトロンビンが切断されてトロンビンとなり，トロンビンがフィブリノーゲンを切断して不溶性のフィブリンをつくり，血球との凝集塊である血餅が形成される．血液凝固阻止剤のヘパリンは抗凝固因子を活性化する．凝固反応にはカルシウムイオンが必要なため，カルシウムイオンと結合する薬剤（クエン酸やEDTAなど）は抗凝固作用をもつ．血液凝固因子に欠損があると出血しやすくなり（例：血液凝固第Ⅷ因子欠損による血友病），強すぎると血栓ができやすくなる．なお血液中にはプラスミンのような血栓を溶かす因子も存在する．このような因子を一般的に線溶系という．

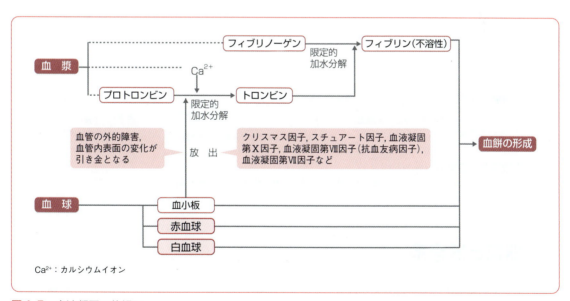

図4-5 血液凝固の仕組み

 HLA

白血球の血液型はHLA（ヒト白血球抗原）といわれるタンパク質で決まるが，この物質はすべての細胞に存在する．他人の組織の移植を受ける場合，HLA型が異なると細胞性免疫が働き，拒絶反応で排除される．

血液型

　赤血球表面の特異的タンパク質の有無や構造の違いにより赤血球の型分けができる．これを**血液型**といい，遺伝的に決まっている(図)．**ABO式血液型**の場合，A型の血球にはA型抗原，血清にはBに対する抗体がある．B型の人はB型抗原とAに対する抗体をもつため，この2人の間で輸血すると体内で血球が抗体と反応(**抗原抗体反応**)して凝集し，輸血不適合といわれる病状が現れる．このため同じ血液型どうしで輸血しなくてはならない．**Rh式血液型**はアカゲザルのタンパク質の有無でプラスとマイナスに分けられる(Rh^-の人は人口の1%と少ない)．もしRh^-の人がRh^+の人から輸血を受けると抗Rh抗体ができるため，次にRh^+の輸血を受けると抗原抗体反応が起こる．Rh^-の女性とRh^+の男性との間の子はRh^+となるが，出産時に胎児の血液が母体に入って抗体ができることがあり，第二子を妊娠した場合に母体の抗体が胎児に移行し，胎児血液の溶血が起こる．このような現象はRh式血液型で強く，ABO式血液型では弱い．

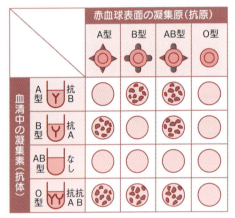

 ：凝集なし， ：凝集あり

➡ 輸血では基本的に同型血液を用いる必要がある(ただし成分輸血の場合は多少異なる)．とりわけ供給者側の血球が凝固しないことが重要である．

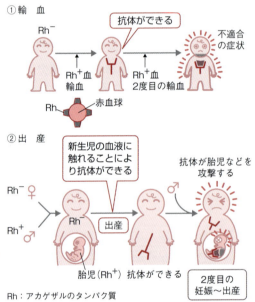

図　血液型とその反応
血液は胎児に触れないが血液タンパク質は胎盤を通過するため抗体が胎児などを攻撃する．

C　器官と器官系

　特定の目的を果たすために独立の単位として多細胞生物に存在する構造体を**器官**といい，複数の組織で構成される．脊椎動物では**臓器**という場合もある．複数の器官が1つの目的のために働く場合，それらをまとめて**器官系**という(表4-3)．食道，胃，肝臓，小腸は物理的にも連携して消化器系を構成し，独立して存在する目や耳は感覚系を構成する．消化器系と内分泌系の両方に分類される膵臓や，血液循環器系と免疫系の両方に分類される脾臓や骨髄など，複数の機能をもつ器官も少なくない．ヒトは消化器系，循環器系，内分泌系，生殖器系など，多くの器官系をもつ．

表 4-3　脊椎動物の器官系

器官系	それぞれに含まれるおもな器官（組織・細胞）	機能
神経系	脳，脊髄，末梢神経，シュワン細胞	神経・精神活動，電気的興奮の伝達，生体の統御
感覚系	目，耳，鼻，舌，皮膚，(骨格筋)	物理的・化学的刺激を受容して，神経に伝える
筋肉系	骨格系，内臓筋，心筋，血管内皮筋，立毛筋	骨格，内臓，その他(目，毛，腺など)の運動，収縮
骨格系	骨(硬骨)，軟骨	カルシウムを蓄積して強度の高い構造をつくり動作を支える
消化器系	口，食道，胃，大腸，小腸，肝臓，膵臓	食物の取り込み，移動，消化(低分子化)，栄養の吸収，貯蔵を行う
呼吸器系	気管，肺	酸素の取り入れと二酸化炭素の排出(ガス交換)，声を出す
循環器系	心臓，血管(血液)，リンパ管(リンパ液)，脾臓	体液(血液，リンパ液)の循環，恒常性の維持，物質運搬
免疫系/造血器系	骨髄，胸腺，脾臓(肝臓)，リンパ節	血液の産生・処理，生体防御，免疫，血液凝固
腎・尿路系(排泄系)	腎臓，膀胱，汗腺，胆嚢，(肛門)	不要物質や代謝産物の排出，恒常性の維持，体温調節
生殖器系	卵巣，精巣，子宮	配偶子(卵・精子)産生，有性生殖，胎児・乳児の発育
内分泌系*	脳下垂体，甲状腺，副腎，膵臓，卵巣	成長，組織形成，恒常性維持，生殖機能の維持・進行，各器官の機能調節
上皮組織系	皮膚，毛，爪	体表・組織の保護，外敵要因/紫外線からの防御，水分飛散の防止

＊「ないぶんぴつけい」，「ないぶんぴけい」ともいう．

学習内容の再Check!

以下の文章が正しいか間違っているかを，○か×で答えなさい．

☐ 1. 細胞は器官をつくり，器官は組織をつくり，個体は複数の組織からなる．

☐ 2. 神経細胞は脳と筋肉をつないでいるので結合組織に，爪は骨に似た組織なので結合組織に属する．

☐ 3. 赤血球は酸素を運ぶだけでなく，二酸化炭素やグルコースも運ぶ．

☐ 4. 血液には赤血球，白血球，血小板，リンパ球のほか，骨髄細胞，胸腺細胞，脾臓細胞などの造血器系，免疫系の細胞も含まれる．

☐ 5. カルシウムイオン(Ca^{2+})と結合することができるクエン酸を血液に加えてしばらく放置したら血液は固まらず，血漿と血球とに分離した．

☐ 6. 血友病の患者の血液と正常血液を混ぜたものはおそらく凝固しない．

☐ 7. 骨は死んだ細胞にカルシウムが沈着した基質の一種で，厳密には組織とはいえない．

☐ 8. 筋肉の種類は基本的には内臓筋(消化管と心臓)と骨についている骨格筋のみであり，それ以外にはない．

5章 遺伝現象

Introduction

遺伝とは親の形質が子に伝わる現象で，形質を決めるものを遺伝子といい，その実体は染色体DNAである．体細胞は相同な遺伝子を2個，すなわち一対もつ二倍体で，配偶子にはそのうちの1個が伝達される．「大きいか小さいか」といった対立する形質は対立遺伝子で支配され，形質発現のために相同遺伝子が2個そろわなくてはならない場合，その対立遺伝子を劣性といい，1個で十分な場合を優性という．遺伝形質は一義的にはこのような規則で決まるが，遺伝子が乗っている染色体の種類やその場所，遺伝子産物の量や活性，そしてほかの遺伝子の効果により，形質の現れかたはさまざまに変化する．遺伝現象が起こる過程では，DNAの塩基配列が変化する突然変異によって，予想と異なる形質が現れる場合もある．

はじめに

遺伝は遺伝子によって引き起こされるが，対立する優性と劣性の形質を決める遺伝子を想定することにより，多様な遺伝現象を理論的に説明することができる．本章では種々の遺伝様式とそれらが起こる理由について説明し，さらに突然変異についても言及する．

A 生物には遺伝という現象が見られる

親の**形質**（姿や性質）が子に伝わることを**遺伝**といい，生物の必須な特徴の1つである（遺伝はウイルスでも見られる）．遺伝をつかさどるものを**遺伝子**といい，その実体はおもに染色体に含まれるゲノムDNAである．無性生殖で増える細菌などと違い，有性生殖により，単相（**第3章**, p.31参照）の**配偶子**（一倍体の卵や精子）が受精してできた受精卵（一般には**接合子**という）から生じた個体は，それぞれの親から遺伝子を受け取って複相になっているため，形質の出方は単純ではない．白いイヌどうしの交配で黒いイヌが生まれたり，祖父母の特徴が孫に出たりする複雑な遺伝現象を科学的に体系づけたのは，19世紀の遺伝学者**メンデル** G. J. Mendelである．遺伝に関する用語を以下にまとめた．

POINT 遺伝に関する用語

表現型：1個体に同時に現れない対になった形質（対立形質）のうち，現れる方の形質．
対立遺伝子：対立形質に相当する遺伝子．実体は同一遺伝子座にある異なる塩基配列．
遺伝子型：その個体がもつ遺伝子の組み合わせ．配偶子に使う場合もある．
ホモとヘテロ：接合体（＝二倍体）が同じ対立遺伝子をもつ場合をホモ（あるいはホモ接合），異なる場合をヘテロ（あるいはヘテロ接合）という．
遺伝子座：ある遺伝子が占める染色体上の位置．遺伝子と同義的に使われる．

B メンデル遺伝学

1. メンデルの法則1：優性の法則

メンデルはまずエンドウのさまざまな品種について対立遺伝子という概念を取り入れ，対立する形質はそれぞれの遺伝子により決められるとした．たとえば丸い種をつける遺伝子「A」に対し，しわのある種をつける遺伝子を「a」とする．丸の系統としわの系統（それぞれの系統はそれぞれの遺伝子に関してホモである）を掛け合わせる（交配する．この場合は受粉させる）と，雑種第一代（F_1）はすべて丸となった．この場合，元の個体の遺伝子型はAAとaaだが，雑種第一代はAaとなる．この結果から，対立遺伝子にはヘテロになった場合に形質として出るものと出ないものがあることがわかり，雑種第一代で出る形質を優性，隠れる形質を劣性と定義した．この現象を優性の法則という（図5-1）．

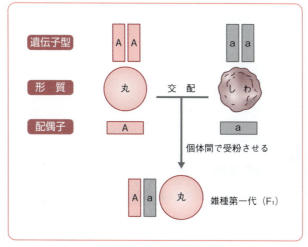

図5-1　優性の法則
エンドウの種子で丸としわという種子の形を対立形質に用いた場合．この場合，丸が優性形質，対立遺伝子のうちAが優性である．

解説　雑種

狭義には異種の対立遺伝子をホモにもつ個体間の交配でできた個体を雑種という．最初の子を雑種第一代（F_1），F_1の子を雑種第二代（F_2）という．一般的には異なる種，あるいは異なる亜種（例：イヌの各犬種）の交配でできた子を雑種と表現する．前者の雑種は種間雑種といわれ，一般に生殖能力がない（表）．雑種をつくる（雑種ができる）ことを交雑という．

表　種間雑種の例

元の生物	種間雑種
ロバ（♂）とウマ（♀）	ラバ*
ウマとシマウマ	ゼブロイド
ライオンとヒョウ	レオポン
ライオンとトラ	ライガー/タイゴン
アヒルとマガモ	アイガモ*
ブタとイノシシ	イノブタ*
オオクワガタとコクワガタ	オオコクワ

＊　経済的に有用なもの（注：植物では自然にも人工的にも種間雑種ができやすい．このほか自然界では，動物の人為的移入がきっかけで，在来種との間で種間雑種が発生する例がいくつか報告されている）．

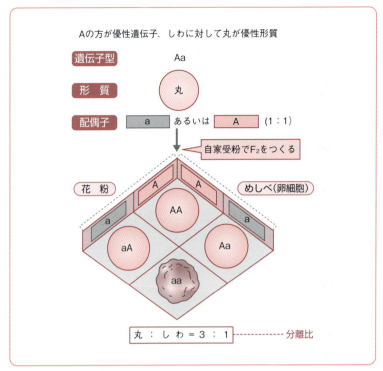

図5-2 分離の法則

2. メンデルの法則2：分離の法則

　メンデルは次に，Aaのヘテロ個体どうしを自家受粉（めしべに同一個体の花粉をつけること）させて雑種第二代（F_2）を得た．多数の種子ができ，その75%が丸であり，残りの25%がしわであった．F_1個体のつくる配偶子（花粉と卵）には2種類（Aとaが1：1の比）あり，それが組み合わさるとF_2の遺伝子型がAA：aA：Aa：aa＝1：1：1：1に分離する．この規則性を**分離の法則**という（図5-2）．劣性形質は遺伝子がホモになった場合のみ出現する．通常，優性遺伝子からは余裕をもった量の産物ができるため，ヘテロでも優性形質を示すことができる．

> **余談 劣性の遺伝子がつくる産物は？**
> 「劣性の遺伝子は積極的に作用する物質をつくらない．あるいはつくっても優性の遺伝子産物によって効力が抑えられる」と考えると大部分の現象が理解できる．

3. メンデルの法則3：独立の法則

　エンドウで，丸としわの種子のほかに，種子の色が黄色（優性）と緑色（劣性）という別の対立遺伝子も含めて考えた場合，F_1の自家受粉でできるF_2個体の出現は図5-3で表す結果になる．結果から，種子の形と色と各々の形質で見た場合，その分離の比はやはり3：1となることがわかる．対立遺伝子をさらに増やしても同じようになり，この規則性を**独立の法則**という（図5-3）．独立の法則が成立するためには，それぞれの遺伝子が連鎖していない必要がある（第16章，p.208参照）．

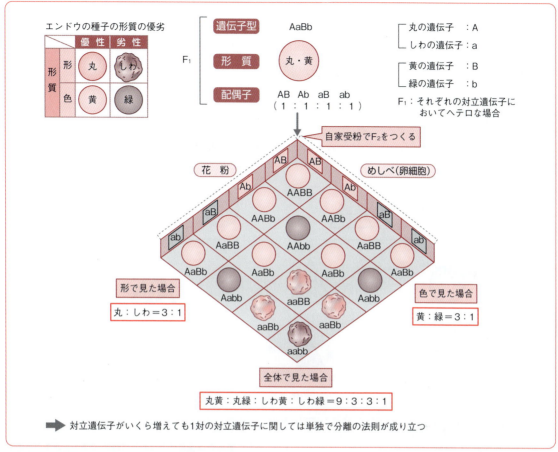

図5-3 2対の対立遺伝子に関する独立の法則

解説 集団遺伝のしくみ

　ある生物の遺伝を集団における遺伝子の比率（これを遺伝子頻度という）の変化としてとらえるアプローチを**集団遺伝学**という．集団遺伝学の基礎をなす仕組みは**ハーディー・ワインベルグの法則**で，集団内の対立遺伝子の分離比は，AA：Aa：aa＝p^2：$2pq$：q^2という式で表される．ここでAとaはある遺伝子座にある対立遺伝子，pとqはそれぞれの対立遺伝子の頻度である〔頻度なので，p＋q＝1（100％）となる〕．$p^2＋2pq＋q^2＝(p+q)^2$なので，$p^2＋2pq＋q^2$も1となる．ハーディー・ワインベルグの法則が成り立っている場合，集団内での対立遺伝子の頻度は何代の交配を経ても一定に保たれるが，この状態を**ハーディー・ワインベルグ平衡（HWE）**という．ただし，HWEが成立するためには「集団が十分大きい，表現型の違いによる選別がない，突然変異がない，個体群の流入や流出がない，任意交配できる」という理想的な条件が必要である．集団に起こる致死的な病気や災害の発生により集団数が一時的に縮小して特定の対立遺伝子をもつ個体（群）の比率が優勢になると，HWEが崩れてしまう（これを**ボトルネック効果**という）．

C さまざまな遺伝の様式

　自然界には多様な遺伝形式が見られるが，大部分はメンデル遺伝学の理論で説明できる．

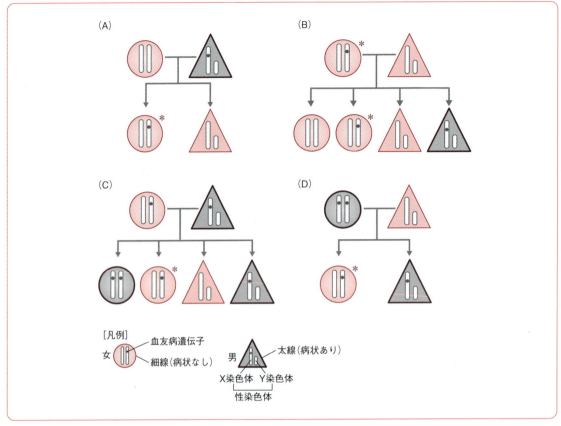

図5-4 血友病に見られる伴性遺伝
血友病は血が固まりにくい病気として知られ、男性に症状が出やすい。血友病遺伝子(X染色体上にある)は劣性であり、ホモのときに症状が出る(正常遺伝子であれば症状は出ない)。(A)~(D)に種々の出産の例を示す。血友病遺伝子をもつが症状は出ない女性(＊印)を保因者というが、男性には保因者はいない。

1. 1遺伝子が示す現象

a 伴性遺伝

性染色体にある遺伝子による遺伝を**伴性遺伝**といい、劣性、優性の両方がある。哺乳類の性染色体は雄がXY、雌がXXであるため、雌雄で表現型の出方が違う。伴性遺伝の例としてヒトでは**血友病**、**赤緑色覚異常**(**色盲**)などが知られており、いずれもX染色体上にある原因遺伝子の劣性遺伝で起こる(図5-4)。このような場合、X染色体を1本しかもたない男性に症状が出やすい。伴性遺伝が一方の性だけに出る現象を**限性遺伝**という。Y染色体にある**男性決定遺伝子**である*SRY*はこの例で、男性のみに形質が出る。

b 不完全優性

優性遺伝子がホモになったときだけ十分な優性の形質となる場合、遺伝子産物が半分のヘテロ接合体は完全な優性形質にならず、優性と劣性の中間になる。このような優性を**不完全優性**、雑種を**中間雑種**といい、赤い花(優性)と白い花(劣性)の中間雑種は桃色になる(図5-5)。

c 複対立遺伝子

1組の対立形質に3個以上の遺伝子が関与する場合、それらの遺伝子を**複対立遺伝子**といい、親の2個の対立遺伝子の種類により子の形質が決まる。ヒトの**ABO式血液型**もこれに相当する(図5-6)。劣性

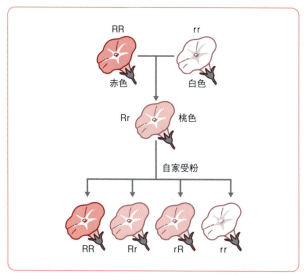

図5-5 アサガオの花の色に見られる不完全優性の例

図5-6 ABO式血液型は複対立遺伝子によって遺伝する

のO型に対し，A型とB型はともに優性であるが（**共優性**という），優劣の区別がなく，AA型とBB型の間の子は，AB型というヘテロ個体になる．

d 致死遺伝子

　成長が抑えられ，死に至る遺伝子を**致死遺伝子**といい，その本体は成長に必須なタンパク質遺伝子の異常で，劣性遺伝を示す．ヒトの**鎌状赤血球貧血**の遺伝子や哺乳類の体色遺伝子などの例がある．遺伝子により発現する時期が異なるが，配偶子から胚で遺伝子が発現すると成長に必須となるタンパク質の異常により，ヘテロ個体どうしの交配から劣性のホモ個体は生まれず，流産/死産となる（p.52，図5-7）．

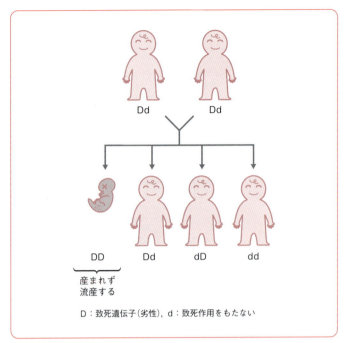

図5-7 致死遺伝子が胎児期に発現する場合の遺伝
生存に必須な遺伝子dが欠損したものがDと考えられる．

> 📖 **疾患ノート◆鎌状赤血球貧血の原因遺伝子がなくならない理由**
>
> β-グロビンに欠陥をもつ鎌状赤血球貧血に関し，β-グロビンの正常遺伝子をA，病気遺伝子をSとすると，SSだと幼児期に重度の貧血になり死亡する．しかしS遺伝子は**マラリア抵抗性**という優性の性質をもつため，マラリアが蔓延する熱帯地方ではAS個体はAA個体より生存に有利に働き，S遺伝子が集団から淘汰されて消えることはない．

2. 2遺伝子の相互作用で現れる現象

1つの遺伝子の作用がほかの遺伝子の作用に影響する，下記のような機能様式がある．

ⓐ 補足遺伝子

1つの形質発現に2種類の対立遺伝子が必要な場合，各々を**補足遺伝子**といい（**図5-8**），発色という形質の場合，色素タンパク質遺伝子と発色酵素タンパク質遺伝子の両方が必要である．また，複数のサブユニットからなる酵素では，各サブユニットの遺伝子が酵素活性発現に必要となる．一連の代謝反応によってある物質がつくられる場合，合成にかかわるすべての代謝酵素遺伝子が物質合成に必要になる．このように，補足遺伝子は大部分の遺伝現象にかかわっている．

ⓑ 同義遺伝子

ある形質を決める遺伝子が複数ある場合，それらを**同義遺伝子**といい（**図5-9**），優性形質が出る割合が高い．

ⓒ 抑制遺伝子

ある形質を決める遺伝子をほかの遺伝子が抑制する場合，後者を**抑制遺伝子**という（p.54，**図5-10**）．抑制遺伝子が優性の場合，前者の遺伝子は常に劣性の形質になる．

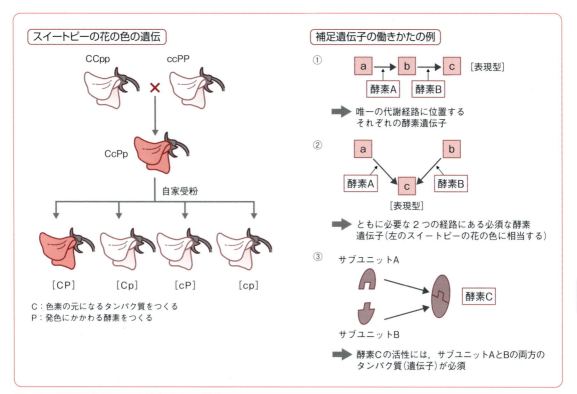

図 5-8 補足遺伝子による遺伝とその機序

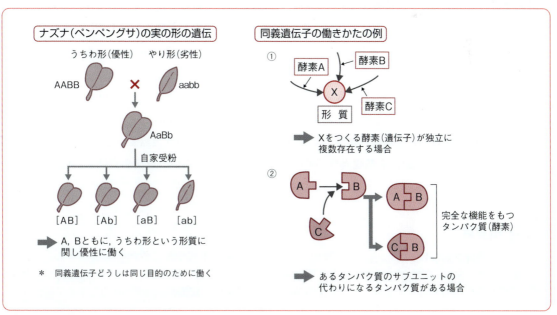

図 5-9 同義遺伝子の例とその機序

 **細胞質遺伝**

染色体DNA以外の場所にある遺伝子による遺伝を**細胞質遺伝**といい，**非メンデル遺伝**の典型的なものである．精子はミトコンドリアをほとんど含まず，**ミトコンドリア遺伝子**はこの遺伝様式をとる．**母性遺伝**ともいうが，多くの植物の**葉緑体遺伝子**も同様の現象を示す．

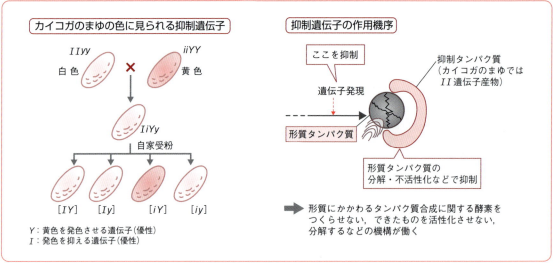

図5-10 抑制遺伝子による遺伝と遺伝子の作用

D 変異

1. 環境変異と突然変異

　純系植物の種子から育った植物体でも，その背丈には個体間で微妙な差が見られるが，このような違いは成長条件のわずかな違いなどにより起こる．そのため，多少大きな個体の種を蒔いても，成長した個体は元と同じ背丈分布パターンを示す．このような個体差を**ばらつき** variation，あるいは**環境変異**といい，遺伝しない．ところがときとして，ばらつきの範囲を超える形質の個体(例：色相や形態が大きく異なる，特定の病気をもつ，親にない性質をもつ，または親にある性質を失う)が突然出現し，しかもその形質が次世代に遺伝する場合がある．この現象を**突然変異** mutation あるいは単に**変異**という．しかし大きめの種から成長した個体がすべて大きめの種をつけるという突然変異もあり(遺伝する変異がばらつきの範囲で起こる)，突然変異は不連続な変化ばかりではない．遺伝学では子に伝わる変異を突然変異と定義する(図5-11)．

 解説 相変異

　相変異は環境変異の1つで，ホルモンが作用し，あたかも別種であるかのように個体の形質が変化する現象である．バッタの相変異(増えすぎると体が黒ずんで翅が大きくなり，集団で飛んで大移動する)や，サケ科の魚の回遊型(海の型)と遡上型(川の型)の変換など，例は多い．細菌の表面構造が免疫学的に変化する現象(例：腸内細菌の鞭毛抗原のⅠ相/Ⅱ相の変化)も相変異という．

POINT 純系とクローン

　遺伝的に均一な系統・個体集団を**純系**，同一個体に由来する遺伝子，個体，あるいは集団を**クローン**という．前者は有性生殖，後者は無性生殖でできる．

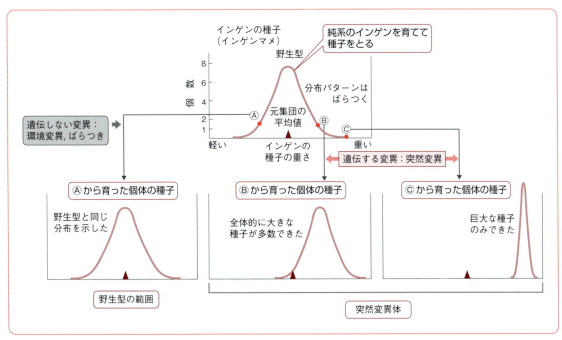

図 5-11 遺伝しない変異とする変異

2. 突然変異は DNA の塩基配列の変化

　突然変異は遺伝子そのものにかかわる変異で，実態は遺伝子 DNA の塩基配列の変化によるタンパク質の質，あるいは量の変化である（**第 16 章** 参照）．突然変異はおもにゲノム DNA に起こるが，ミトコンドリア DNA などに起こる場合もある．なお一般的な生物学的定義と違い，分子レベル，すなわち分子生物学では DNA の塩基配列に起こる変化をすべて突然変異と定義するため，形質に影響しない突然変

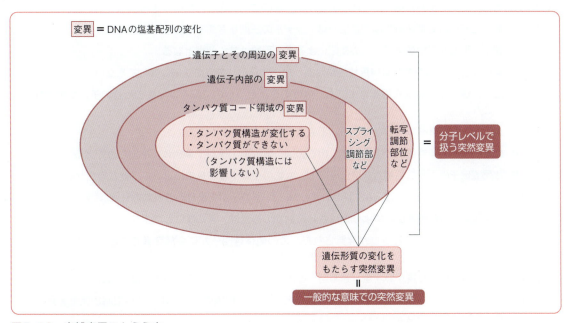

図 5-12 突然変異のとらえ方

異も多い（p.55, 図5-12）．変異が子孫に伝わるためには，変異した遺伝子を含むDNA（通常は染色体）が生殖細胞にある必要がある．

解説 体細胞変異

変異が生殖細胞にいきわたらず，体細胞に限定的に起こる現象を**体細胞（突然）変異**という（図）．これには発生の途中で生じる奇形，生後に生じる部分的色素沈着や色素消失，がん，植物の枝の一部だけが変異する枝変わりという現象がある．このような個体では，変化した細胞自身は突然変異を起こしていても，生殖細胞には変化がない（野生型である）ため生まれてくる子は正常である．つまり，体細胞変異は遺伝しない．

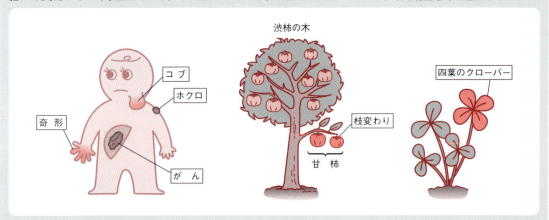

図　体細胞（突然）変異の例

学習内容の再Check!

以下の文章が正しいか間違っているかを，○か×で答えなさい．

☐ 1. 遺伝という現象は生物特有のもので，生物ではないウイルスには見られない．
☐ 2. 祖母・祖父の形質が孫に出る隔世遺伝は，分離の法則によって説明できる．
☐ 3. 無性生殖のみで増える生物の遺伝ではメンデルの法則を考慮する意味がない．
☐ 4. 優性の形質をもつ個体どうしの交配による子の形質は常に優性となる．
☐ 5. 染色体を2本しかもたない真核生物があったとすると，独立の法則は適応できない．
☐ 6. たとえ遺伝子の相互作用を考えても，劣性の形質どうしの交配では劣性の形質の子しか生まれてこない．
☐ 7. 人工的に四倍体をつくったところ，不完全優性の比率が下がった．
☐ 8. 血友病などの伴性遺伝が男性に多く出るのは，原因遺伝子がY染色体にあるためである．
☐ 9. 致死遺伝子のような不都合な遺伝子でも，生物の生存や種の維持にとって必要な場合がある．
☐10. メンデル遺伝に基づけば，AB型の夫婦の間にO型の子が生まれることはありえない．
☐11. 細胞質遺伝（母性遺伝）により伝達される動物の形質は，常に雌にしか出ない．
☐12. シッポだけが白い黒ヒョウが発見された．この個体は明らかに突然変異でできた個体であり，その形質はメンデルの法則に従って子孫に伝わる．
☐13. 突然変異はその形質が野生型（通常型）と大きくかけ離れているという特徴がある．
☐14. ある種のチョウは春と夏で色や模様が異なる．これは環境の変化によって体細胞が突然変異を起こしたためである．

第 II 部
生 化 学 編

学習の ねらい

　生物は多様な分子を含むが，特に炭素を含む有機物の種類が多く，その中には糖質，脂質，タンパク質，核酸などの必須要素が含まれる．第II部の中では，はじめにこのような物質の成り立ちを，まず原子・分子といった観点から見た上で個々の有機物の構造を学ぼう．さらに，それらを栄養素として摂取する場合の消化・吸収について学習しよう．続いて体内の化学反応，すなわち代謝とそれを推進する酵素がどのようなものであるかをチェックし，細胞に取り込まれた糖質，脂質，タンパク質がどのように代謝されていくかを，具体的な代謝経路を見ながら理解していく．糖質や脂質は生物のおもなエネルギー源であり，どのような形でエネルギーがつくられ利用されているかについてもふれる．代謝をひととおり学ぶことにより糖質，脂質，タンパク質，そして核酸の代謝が互いに関連し合っていることが理解できるだろう．病気は最終的に代謝が円滑にならなくなって起こることが多いため，生化学の学習を通して，病気発症の具体的な原因についても学んでほしい．

▶第Ⅱ部の学習のポイント

6章 生物の体をつくる物質（分子）に対する理解を深めよう．元素，原子，分子についての基本的事項を押さえてから，糖質，脂質，タンパク質，核酸など，おもに有機物について具体的に学習しよう．

7章 物質/分子が変化することは分子を構成する原子の結合様式が変化することであり，それが化学反応であることを理解しよう．化学反応の原理，反応エネルギーといった基礎的なことに加え，生体化学反応である代謝についても学ぼう．

8章 ふつうでは起こりにくい化学反応が，体温という低い温度で効率的に起こるためには酵素がかかわること，かかわる分子や反応ごとに酵素には多様な種類が存在することを学ぼう．

9章 エネルギー産生の中心的栄養素であるグルコースを軸に，糖質がどのように分解，あるいは合成されているのかを学ぼう．さらに糖質と脂質の代謝相関や，生体における血糖量調節についてもふれる．

10章 多くの生命現象にはエネルギーが必要であり，生物はATPという物質を共通のエネルギー源として利用することを理解しよう．ATPがつくられる代謝経路について学ぼう．

11章 脂質は糖と並ぶ重要なエネルギー源であることを理解した上で，脂肪酸の分解と合成，コレステロールなどのステロイドの体内での運搬と代謝，生理活性のある脂質などについて学ぼう．

12章 生命活動で大きな役割を果たしているタンパク質とそれを構成する20種類のアミノ酸，さらにアミノ酸がつながってできるペプチドについて，その性質と生体での役割について学ぼう．

13章 アミノ酸が体内でつくられる場合の代謝経路の学習に加え，アミノ酸の分解過程やアミノ酸が元になる有機物の生合成，アミノ酸と糖質の代謝相関，さらには核酸の成分である塩基の代謝について学ぼう．

14章 ビタミンやホルモンとはどのようなものか，それらにはどのようなものがあるかなどを学び，それらの働き（補酵素として，代謝調節因子や遺伝子発現因子として）を理解しよう．

15章 代謝にかかわる分子を栄養素として摂る必要があることを学んだ上で，栄養素を利用するための生理機能である消化・吸収のしくみについて，消化系の構成と機能の学習を踏まえて理解しよう．生態系における食物の獲得と植物の光合成についてもチェックしておこう．

6章 分子と生体成分

Introduction

物質を構成する基本成分を分子といい，分子は原子が何個か結合してつくられる．原子は原子核（陽子＋中性子）と電子からなり，原子核中の陽子数を原子番号という．同じ原子番号をもつ原子の種別を元素といい，酸素，鉄など多くの種類がある．分子の種類は非常に多く，炭素を含むものを有機物といい，特に生物の素材として糖質，脂質，タンパク質，核酸などに分類される多くのものが存在する．タンパク質，核酸，多糖類は小さな分子が多数結合した高分子（重合分子）である．生体分子の大部分は水に溶けた形で存在する．水はものをよく溶かすだけではなく，浸透圧の発生や体温調節にも働く，生命維持にとってきわめて重要な物質である．

はじめに

　一般的に使われる「物質」という用語は，科学的にはどういうものなのか．物質の基本構成単位である分子とは何なのか．生化学はおもに物質の構造と化学反応について扱うが，本章では生化学的理解の基礎がためとして，生物を構成する要素の基本的事項を原子や分子の観点から説明する．

A 元素と原子

1. 人体に含まれる元素

　地球上に存在する物質は120種類以上の元素からできている．元素には水素（H），酸素（O），硫黄（S），鉄（Fe），鉛（Pb）などの種類があり，各元素はアルファベット1〜2文字の元素記号で表される．元素は固有の性質をもつ（例：標準状態の条件では水素は気体で軽く，鉛は金属光沢のある固体で重い）．ヒトも多数の元素からなり，重量比で最も多いものは酸素で，このあとに炭素（C）と水素が続く（p.60，図6-1．数では水素が最も多い）．これを主要3元素といい，大部分の生体分子（特に有機物）に含まれる（p.60，表6-1）．ここに窒素（N）を加えたものを主要4元素というが，窒素はタンパク質や核酸などに含まれる．カルシウム（Ca）やリン（P）も比較的多く，このあとには硫黄やナトリウム（Na），さらには亜鉛（Zn）やコバルト（Co）などの微量元素が続く．各々の元素は分子の一部となり，あるものは特異的な働きや分布を示す．たとえば，ヨウ素（I）は甲状腺にあって甲状腺ホルモンの成分となり，鉄は赤血球や筋肉に特に多く，それぞれヘモグロビンやミオグロビンの成分になる．

2. 原子の構造

　元素を構成する物質としての基本単位を原子といい，非常に小さい（半径およそ1×10^{-10} m）．原子の中心には正（＋）の電荷（電気量のこと）をもつ陽子と電荷のない中性子からなる原子核があり，周囲

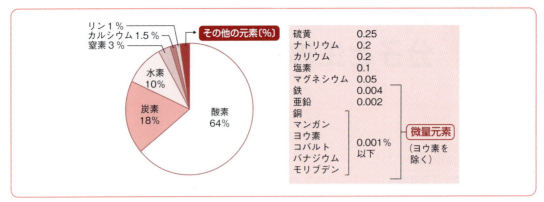

図6-1 ヒトに含まれる元素の比率（重量比）

表6-1 生体元素の役割と存在

元素（元素記号）	原子番号（原子量）	働き，局在
酸素（O）	8（16.00）	有機物全般，吸気として外界から取り入れる，水
炭素（C）	6（12.01）	有機物全般，二酸化炭素の形で呼気として排出
水素（H）	1（1.008）	有機物全般，水
窒素（N）	7（14.01）	アミノ酸（タンパク質も含む），塩基（核酸やヌクレオチドを含む）
リン（P）	15（30.97）	核内に多い（染色体DNAやRNA），タンパク質や脂質と結合，リン酸の形で利用される
硫黄（S）	16（32.07）	タンパク質を構成するアミノ酸（システイン，メチオニン）に含まれる
カルシウム（Ca）	20（40.08）	骨，歯，細胞機能調節，神経細胞，酵素活性制御
ナトリウム（Na）	11（22.99）	体液，細胞，浸透圧調節，細胞機能制御
カリウム（K）	19（39.10）	体液，細胞，細胞機能制御
塩素（Cl）	17（35.45）	体液，細胞，胃液，細胞機能制御
マグネシウム（Mg）	12（24.31）	酵素活性の調節，タンパク質に結合（植物：葉緑体）
鉄（Fe）	26（55.85）	赤血球，筋肉，酸素と結合，酵素活性の調節
亜鉛（Zn）	30（65.38）	タンパク質と結合，機能調節
銅（Cu）	29（63.55）	いくつかのタンパク質に結合，酵素活性の調節
マンガン（Mn）	25（54.94）	酵素活性の調節，タンパク質と結合（植物：葉緑体）
ヨウ素（I）	53（126.9）	甲状腺ホルモン（大部分が甲状腺にある）
コバルト（Co）	27（58.93）	ビタミンB_{12}
バナジウム（V）	23（50.94）	代謝調節
モリブデン（Mo）	42（95.94）	代謝調節（植物では必須元素）

には**負（−）**の電荷をもつ**電子**がいくつかある．通常，正と負の電荷量は等しく，原子は電気的には中性の状態である（図6-2）．特定の元素とは陽子数の同じ原子のすべてを指し，陽子数を**原子番号**と呼ぶ．たとえば，水素の原子番号は1，酸素は8，カルシウムは20，ヨウ素は53である．同じ元素で陽子数が同じでも中性子数の異なるものを**同位体**あるいは**同位元素**という．ある種の同位元素〔**放射性同位元素** radioisotope（RI）〕は不安定で，放射線を出して安定な元素に変化し，場合により元素名が変わる場合もある．原子の重さを炭素12の質量を12として相対的に表したものを**原子量**という．

医療ノート ◆ 使える放射性同位元素

放射線（α線，β線，γ線，中性子線などがある）を出す性質を**放射能**という．医療現場では放射性ヨウ素〔**ヨウ素123**（^{123}I）やヨウ素131．通常はヨウ素127〕が，**甲状腺の検査**やホルモン測定などの**放射性免疫測定** radioimmunoassay（RIA）でよく使われる．

3. 電子とイオン

電子は比較的簡単に原子に出入りできる．電子が入ると原子は負の電気を帯び，失うと正の電気を帯びる．電気は異種だと引き合い，同種だと反発し合う．この性質が化学反応の原動力になり，物質の構造や挙動にも影響を与える．電気を帯びた原子や分子をイオンといい，電子を失ったものを陽イオン，得たものを陰イオンという．水素原子は電子を失って水素イオン（H^+，プロトンともいう）になりやすく，塩素原子は電子を得て塩化物イオン（Cl^-，塩素イオンともいう）になりやすい．イオンになることをイオン化，あるいは電離といい，イオンがもつ電荷量の相対値をイオン価という（図6-2）．

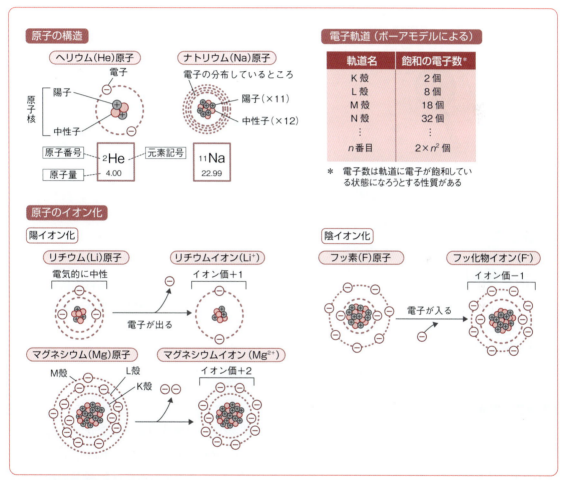

図6-2 原子の構造とイオン化

B 分 子

1. 分子は原子が共有結合で結合したもの

複数の原子が強く結合したものを分子という*．分子の大きさあるいは重さを生み出すもの（質量といい，gやkgなどの単位で表される）の程度は原子量の総和である分子量で表されるが，炭素12を12

---

* ヘリウム（ガス）などは原子のまま存在する．

とした相対値で表すため，単位はつけない．

モル

6.02×10²³個（**アボガドロ数**）の分子数を1 **モル**（mol）といい（図6-3），分子量にg（グラム）をつけたものが1モルの質量となる．分子量18の水1モルは18gである．

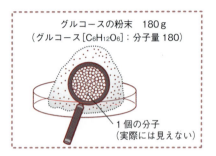

図6-3　1モルとはどれくらいの量か

ダルトン

原子や分子1個の質量は炭素12の質量の$\frac{1}{12}$を基準とし，**ダルトン**（Da）という単位で表される．炭素12は12g/molなので1Daは1.661×10^{-27}kgである．ただし生化学では伝統的に，生体高分子や複合体などの質量を表す場合にも使われる．

ⓐ 分子の構成

水素分子（H_2．水素ガス）は2個の水素原子，一酸化炭素（CO）は酸素（O）と炭素（C）が1個ずつ，水（H_2O）は酸素（O）に2個の水素（H）が結合した分子である．異種原子からなる分子を**化合物**という．分子の中には多数集まったため，分子どうしの境界が不明確になったものもある（例：金属の塊や食塩の結晶）．

ⓑ 分子をつくる結合

分子の中の原子はそれぞれ少数の電子を出し合い，それらを互いの原子核が引き合うという**共有結合**で結びついているため，簡単には切れない（図6-4）．共有結合にあずかる電子は**価電子**の一部あるいは全部で，その数は原子により決まっており（例：水素では1，炭素では4），分子構造式では1対の荷電子を短い線で表す（図6-5）．2対（3対）の荷電子がかかわる共有結合は2本（3本）の線で表し，これを**二重結合**（**三重結合**）といい，**単結合**（1本の結合）と違い，原子どうしの回転は制限される．

6. 分子と生体成分

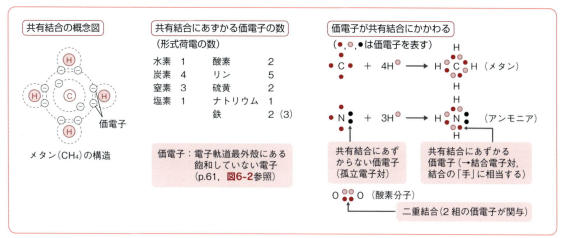

図6-4 共有結合と価電子

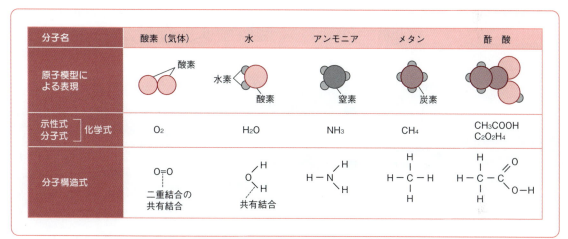

図6-5 分子の構造とその表し方

これはぜひ覚えよう ▶ 分子構造式

原子どうしの共有結合を短い線で表現し，分子の成り立ちを図形のように表したものを(分子)構造式，単に原子の組成で表したものを分子式(構造が推定できるように表したものは示性式)という(図).

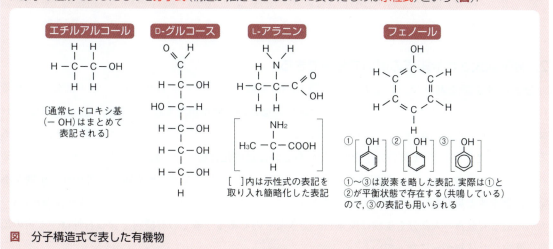

図 分子構造式で表した有機物

解説 共有結合以外の結合

酸素や窒素と結合する水素原子はわずかに正の電気を帯びており，この水素が酸素原子や窒素原子と引き合う力を**水素結合**という（図）．陽イオンと陰イオンの引き合いは**イオン結合**という．水中では，水に溶ける（親水性）部分と油に溶ける（疎水性）部分がそれぞれ集まる性質があり，**疎水結合**あるいは**疎水性相互作用**という力が生まれる．原子間あるいは分子間に普遍的に存在する力を**ファン・デル・ワールス力**という．このような弱い結合力や分子間力は，分子の形態形成やほかの分子との緩い相互作用にかかわる．弱い結合力は加熱やほかの分子やイオンの影響などで容易に切断される．

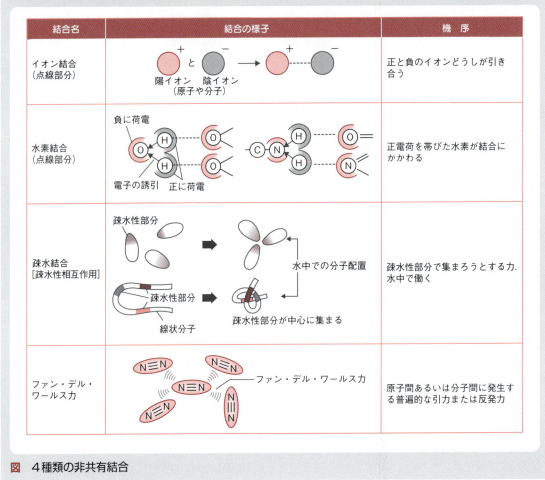

図　4種類の非共有結合

2. 分子は大きさや組成の違いで分類できる

分子は分子量を基準に，おおむね分子量10,000未満の**低分子**とそれ以上の**高分子**に分けられる（表6-2）．高分子には核酸やタンパク質，デンプンなどの多糖類が含まれ，いずれも低分子（それぞれヌクレオチド，アミノ酸，単糖類）が多数結合（重合）した**重合分子**である．炭素を含む分子を**有機物**（あるいは有機化合物），含まない分子を**無機物**（あるいは無機化合物）という．ただし，二酸化炭素（炭酸ガス，CO_2），シアン化水素（青酸ガス，HCN），炭素（C）そのものなどは無機物として扱う．生物を不完全に燃やすと炭（炭素と同じC）が残ることからもわかるように，生物のもつ物質には有機物が多い．天然にある有機物の大部分も生物に関連してできたものである．多くの有機物を含む石油は，太古の地球に繁栄した植物が元になっている．

表6-2 分子を分類する

分子サイズ	炭素の有無	溶けやすさ	極性の有無	電離(イオン化)の程度
低分子	無機物	親水性(水溶性)	極性分子	電解質
およそ分子量10,000未満の分子(アミノ酸,ヌクレオチド,グルコース)	炭素を含まない*(水,塩化水素)	水に溶けやすい性質(タンパク質,塩化ナトリウム)	電子分布に偏りがある(水,アンモニア)	溶解してイオンに解離する(塩基,酸,タンパク質,塩)
高分子	有機物	疎水性	無極性分子	非電解質
分子量10,000以上の重合分子(タンパク質,核酸,グリコーゲン)	炭素を含む(ペニシリン,グリセロール,酢酸)	水に溶けにくく,有機溶媒に溶ける(ビタミンA,コレステロール)	電子分布に偏りがない(ベンゼン,二酸化炭素)	溶解してもイオンに解離しない(スクロース,デンプン,アルコール)

かっこ内は分子の例.
* ただし,単体の炭素,一酸化炭素,二酸化炭素,二硫化炭素,炭酸カルシウム,シアン化水素などはここに入る.

解説 基とは？

分子に特定の性質を与えたり,特徴的な分子構造の形成に関与するまとまった原子団を**基**あるいは**化学基**といい,機能をもった原子団は特に**官能基**という(図).フェニル基(C_6H_5-)やアルキル基(CH_3-,CH_3CH_2-など$C_nH_{2n+1}-$)は脂溶性を与え,ヒドロキシ基($-OH$)やカルボキシ基($-COOH$)は水溶性と酸の性質〔プロトン(H^+)を放出して自身は負に荷電する〕を与える.

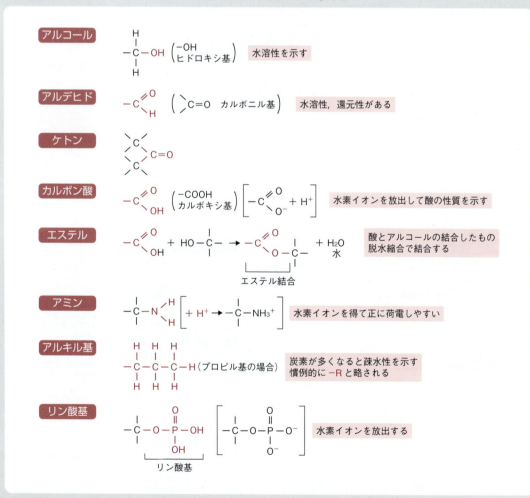

図 有機物のおもな分類名と官能基(functional group. 機能性原子団の意味)

> **余談** 有機物は生命力によってのみつくられる？
> かつて，有機物は生物のみが（生命力でのみ）つくることができ，生物は超自然的な生命力によって支えられていると信じられていた（これを<u>生気論</u>という）．しかし，アミノ酸や尿素が化学合成されるなど，有機化学合成が次々に成功するにつれて生気論は消滅した．

3. ヒトに含まれるおもな分子

a 有機物と無機物

ヒトに含まれる物質には気体や塩類，水やヨウ素といった**無機物**もあるが，多くは以下に述べる**有機物**である（表6-3）．主要な有機生体分子はその構造や性質から糖（糖質），脂質，アミノ酸とタンパク質，そして核酸に大別される（詳細についてはそれぞれについての章を参照）．

表6-3 ヒトに含まれる分子の種類

分類			例
有機物	窒素化合物	アミノ酸	グリシン，アスパラギン酸，グルタミン酸，オルニチン，γ-アミノ酸（GABA）
		タンパク質	アルブミン，グロブリン，ヘモグロビン，アクチン，アミラーゼ
		塩基など	アデノシン，ヒポキサンチン，チミン，尿素，ヘム
	糖（質）	単糖	グルコース，フルクトース，リボース
		少糖	マルトース，スクロース
		多糖	セルロース，グリコーゲン，デンプン
		アルコール	エタノール，グリセロール，イノシトール，キシリトール
	脂質		パルミチン酸，プロスタグランジン，コレステロール
	ヌクレオチドと核酸	ヌクレオチド	アデノシン，ATP，GTP，イノシン
		核酸	DNA，RNA
無機物	無機塩類（イオンなど）[*1]		ナトリウム[*2]，カリウム[*2]，塩素[*2]，リン酸カルシウム，炭酸カルシウム
	気体		二酸化炭素，一酸化炭素，酸素，一酸化窒素
	その他		水，ヨウ素，塩酸，アンモニア

[*1] 無機塩類はイオン化した状態で存在する．
[*2] おもにイオンとして働く．

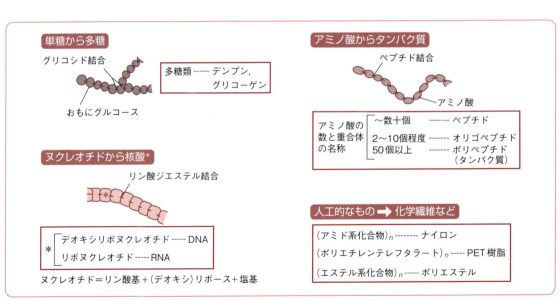

図6-6 高分子は重合分子

ⓑ 糖と脂質

糖は数個の炭素骨格に多数のヒドロキシ基（−OH．水酸基ともいう）をもち，水に溶ける．おもにエネルギー源となるが，調節物質や核酸の成分としても使われる．このような基本的な構造の糖を単糖といい，単糖が少数結合したものをオリゴ糖（少糖），多数結合した高分子を多糖という（図6-6）．糖にはこのほかアルコール類なども入る．有機溶媒に溶けやすい物質を脂質といい，基本形は長い炭素の鎖に酸の性質を示すカルボキシ基（−COOH）がついた脂肪酸である．脂肪酸は体内ではグリセロールと結合したトリグリセリド〔トリアシルグリセロール（中性脂肪の中心をなす）〕などとして存在し，おもにエネルギー源として利用されるが，細胞膜の成分になったり，中には生理活性を示すものもある．

ⓒ アミノ酸とタンパク質

炭素にアミノ基（−NH₂）とカルボキシ基（−COOH）がついた分子をアミノ酸という．タンパク質はアミノ酸が多数重合した高分子だが，タンパク質を構成するアミノ酸は20種類に限定されている．タンパク質の種類は非常に多く，運動，酵素，ホルモンなどと，多くの場面で使われる．アミノ酸の数が少ないタンパク質はペプチド（通常10個以下はオリゴペプチド）という．

ⓓ ヌクレオチドと核酸

核酸には成分となる糖の違いにより，デオキシリボースをもつDNA（デオキシリボ核酸）とリボースをもつRNA（リボ核酸）の2種類がある．いずれもヌクレオチド（糖＋塩基＋リン酸基）が重合した高分子で，DNAは遺伝子として働き，RNAはDNAを鋳型としてつくられ，タンパク質合成や調節作用にかかわる．ヌクレオチドの中にはATP（アデノシン三リン酸）やGTP（グアノシン三リン酸）のように，エネルギー物質になったり反応調節分子になったりするものもある．

POINT 混合物

空気は窒素，酸素などの混合物，食塩水は食塩〔塩化ナトリウム（NaCl）〕と水（H₂O）の混合物である．

Ⓒ 水と溶液

1．水：最も大事な分子

水は生命の維持になくてはならない．生物は大量の水を含むが（ヒトの約65％は水），これは生命が水から生まれたことと関係がある（p.68，図6-7）．水はすべての物質の中で最も温まりにくく冷めにくい（つまり比熱が大きい）ので体温維持に適し，さらに蒸発するときに大量の気化熱を奪うので，発汗により体温上昇の防止にも役立つ．また広い範囲の温度で液体状態を保ち，100℃まで液体でいられるためにさまざまな温度条件で細胞を保持できる．水は物質をよく溶かし，その中で化学反応が起こりやすく，水に物質が溶けると凝固温度が下がるため，体内の水分は0℃以下でも簡単には凍らない．水分子には互いに引きつけ合う性質があり（毛細管現象などが見られる理由），植物が水を吸い上げたり，血管内を血液がスムーズに流れることを可能にしている．

2．溶けるということ

物質がほかのものと混合して均一になった状態を溶けた（溶解）といい，できた混合物を溶液という．

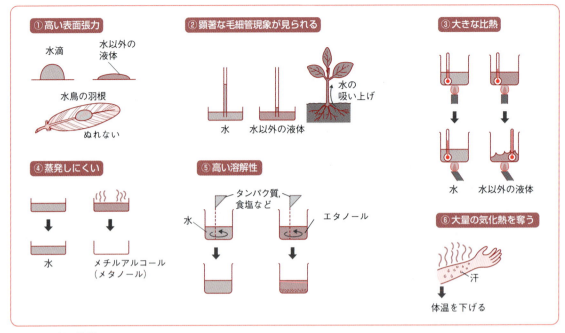

図6-7 水の特徴
さらにほかの液体と比べてpHや浸透圧を生む。物質をよく溶かすため化学反応が起こりやすく、凍りにくい。

血液は水にタンパク質、糖、アミノ酸、無機塩類、気体などが溶けた溶液に細胞（血球）が浮遊したものである。溶けたものを**溶質**、溶かすものを**溶媒**という。水に溶けやすい性質を**水溶性**あるいは**親水性**といい（例：タンパク質）、水より油や有機溶媒に溶けやすい性質を**疎水性**という（例：トリグリセリド）。エタノールのようにどちらにもよく溶けるものもある。水分子は酸素側と水素側でわずかに負と正に荷電しているが（電子を誘引する**電気陰性度**の差による）、このように分子中の電子の分布が偏る状態を**極性**があるという。極性分子は水のような極性溶媒に溶けやすく、無極性分子は無極性溶媒に溶けやすい。

解説　界面活性と乳化

内部に親水性部分と疎水性部分をもつ分子を油と水が分離したところに加えると、分子が疎水性部分で油を油滴として包むため、油が水に分散する。このような**両親媒性物質**が示す性質を**界面活性**といい、混ざった状態を**乳化**という（図）。牛乳はバターが乳化された状態にある。胆汁に含まれる胆汁酸は代表的な界面活性物質で、脂肪を分散させ、消化酵素を働きやすくさせる。

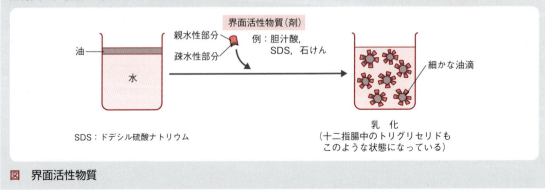

図　界面活性物質

ゲルとゾル

溶液中の溶質が互いに結合するなどして不溶化し，固化した状態を**ゲル**，液体の状態を**ゾル**という（図6-8）．ゲルは固体だが，大量の水を含む（例：生卵はゾル，ゆで卵はゲル）．

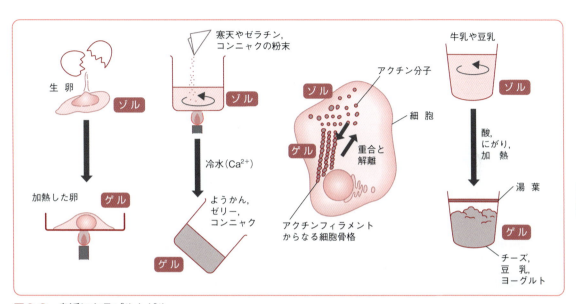

図6-8 身近にあるゾルとゲル

便利ノート◆量の大小を表す

長さ（メートル，m），質量や重さ（グラム，g），容量（リットル，L），時間（秒，s）などの程度が非常に大きい（小さい）場合，単位の前に適当な接頭語をつけ（表），1mm，1kgのように表示する．

表　量の大小を表す接頭語

	ヘクト(h)	キロ(k)	メガ(M)	ギガ(G)	テラ(T)	ペタ(P)
大きな位	(×100) $\times 10^2$	(×1000) $\times 10^3$	$\times 10^6$	$\times 10^9$	$\times 10^{12}$	$\times 10^{15}$
	デシ(d)	センチ(c)	ミリ(m)	マイクロ(μ)	ナノ(n)	ピコ(p)
小さな位	(×0.1) $\times 10^{-1}$	(×0.01) $\times 10^{-2}$	$\times 10^{-3}$	$\times 10^{-6}$	$\times 10^{-9}$	$\times 10^{-12}$

ppmは$1/10^6$，ppbは$1/10^9$．1Å（オングストローム）＝1×10^{-10} m．

濃度表現

化学反応ではグラム濃度（例：g/L）や％濃度（例：1g/Lは0.1％）よりも，分子数がわかる**モル濃度**（M）がよく使われる．1Lに1mmol（ミリモル）溶けている濃度は1mmol/Lで，1mMと表す．

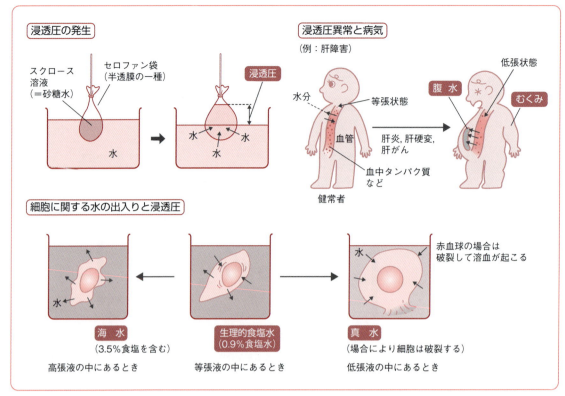

図6-9 浸透圧と水の移動：水は溶液濃度の薄い方から濃い方へ移動する

3. 水溶液の性質

a 浸透圧

▶ 半透膜

　セロファンや魚の浮き袋のような分子が通れるくらいの小さな穴の開いている材質の袋に食塩水を入れて水に浸すと，袋の中に水が浸入して水位が上がる．ここで発生する水圧を**浸透圧**という（図6-9）．浸透圧は濃い溶液を薄めようして袋の中に水が入るため起こる現象で，圧は溶けている物質のモル濃度が高いほど高い．浸透圧を発生させるような膜を**半透膜**といい，分子が通れる小さな穴が開いている．**生体膜**も半透膜である．

▶ 高張と低張

　体液や細胞内部は0.9％の食塩水（**生理的食塩水**．略して**生食**ともいう）と同じ浸透圧であり，これを**等張**という．等張より浸透圧が高い場合を**高張**，低い場合を**低張**という．水は浸透圧の低い方から高い方に移動するため，細胞を海水（3.5％食塩水と同等）に浸すと水が抜けて細胞は縮むが，**真水**に浸すと水が入って膨らむ（赤血球は破裂して**溶血**する）．

> **疾患ノート ◆ 浸透圧とむくみ**
>
> 　体液の浸透圧は無機塩類とタンパク質で保たれる．腎機能が低下すると血中の塩分量や水分量が異常になって組織に水がたまり，**むくみ**（浮腫）という状態になる．肝障害によって血中タンパク質のアルブミンがつくれなくなると，血液浸透圧が下がり，組織の水を回収できなくなり，むくみが出て，腹水がたまる．

余談 海の魚は塩辛くない

海水は高張であり,そのままだと体内塩分が濃くなってしまうが,魚(特に硬骨魚類)はエラから塩分を出し,さらに濃い尿をつくって体内の塩分を積極的に排出している(図).この機構のため,海水魚の身が塩辛いということはない.淡水魚は逆に塩分を体内に保持しようとする機構を働かせる.

ところで,サメやエイといった軟骨魚類は上述のような浸透圧調節能が発達していない.そこで,軟骨魚類では体表近くの尿素濃度を高めて塩分の浸入を防いでいる(独特の臭いがするのはこのため).また,尿素による浸透圧が海水より少し高いため,外部から水分を取り込むことができる.さらに,軟骨魚類は濃い尿をつくって排出する能力が低く,代わりに直腸近くの塩類腺から濃い塩溶液を排出している.ちなみに,ウミガメは目の塩類腺から濃い塩溶液を排出する.

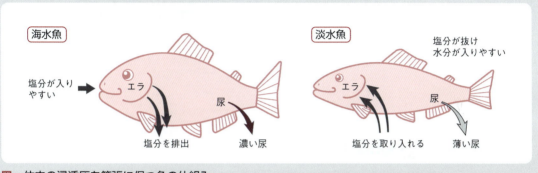

図 体内の浸透圧を等張に保つ魚の仕組み

ⓑ pH

▶酸性と塩基性

水分子はごくわずかな比率(1×10^{-7}M)で**水素イオン**(H^+)と**水酸化物イオン**(OH^-)にイオン化している.水素イオンがこの濃度にある状態を**中性**といい,それより多い場合を**酸性**,少ない場合を**塩基性**あるいは**アルカリ性**という(図6-10).水素イオンと水酸化物イオンとの積(かけたもの)は1×10^{-14}Mと一定なので,酸性では水酸化物イオンが少なく,塩基性では多い.水素イオン濃度は**pH**で表され,pH7を中性,pH7未満を酸性,pH7を超える場合を塩基性/アルカリ性という.

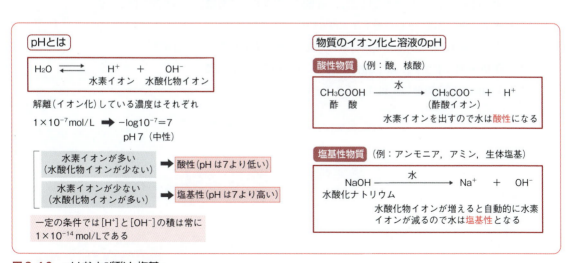

図6-10 pHおよび酸と塩基

▶生体のpH

水に溶けて酸性，塩基性の性質を示す物質をそれぞれ**酸性物質**，**塩基性物質**という．生物の体は基本的に中性であるが（実際はごくわずか塩基性側に傾いている），胃や細胞小器官のリソソームのような酸性の場所，膵液や胆汁のような塩基性の場所もある．適度の濃度の酸は酸っぱい味がし（例：食酢は酢酸を含む，レモンはクエン酸を含む），塩基性物質（例：石灰水）には刺激味がある．

解説 生物と電気

水に溶けてイオンになる（イオン化する）塩類，酸，塩基などの物質を**電解質**という．生体分子の多くは電解質である．イオンを含む水は電気を通すため，感電するのもこの理由による．神経活動や筋肉運動などもすべてイオン（Na^+やK^+など）がかかわる．イオンの濃度差がある体内では局所的に微弱な電気が流れており，**心電図**，**筋電図**，**脳波**はこのような電気を検出している．

学習内容の再Check!

以下の文章が正しいか間違っているかを，○か×で答えなさい．

☐ 1. 原子は分子を構成する基本単位で，原子核と周囲の電子からできている．
☐ 2. 地球上には，酸素，窒素など多数の元素がある．各元素は同じ重さをもっているが，原子核の構造の違いが元素の違いになっている．
☐ 3. 分子の中で原子を結びつけている化学結合は弱く，簡単な処理で容易に切れる．
☐ 4. 原子の周りの電子は簡単に出入りでき，その結果，原子は電気を帯びたイオンになる．
☐ 5. グルコースが2個結合したマルトースは分子量がグルコースより大きく，高分子という．
☐ 6. 一酸化炭素や二酸化炭素のように炭素を含む化合物を有機物という．有機物は生きた生物のみがつくることができる．
☐ 7. 生物に存在するおもな有機物には脂質，糖質，タンパク質・アミノ酸，核酸がある．一般に，糖質は油に，脂質は水に溶けやすい．
☐ 8. 溶液は純粋な単一の分子ではなく，溶媒に溶質が均一に分散している混合物である．
☐ 9. 水より油に溶けやすい性質を疎水性という．
☐10. 赤血球を10％の食塩水に入れると，細胞は膨らんで破裂し，溶血する．
☐11. DNAを水に溶かすと溶液は酸性になり，pHが7以下になる．
☐12. 1mmの100万分の1は1μmである．

7章 生化学反応と代謝

Introduction

　共有結合の変化を伴う分子の変化を化学反応という．化学反応では物理化学の法則が適用され，反応速度は濃度や温度などに依存する．生体内で起こる化学反応を代謝といい，異化と同化，物質代謝とエネルギー代謝などに分けられる．ある目的のために進む代謝の連続を代謝経路という．化学反応では自由エネルギーの出入りが見られ，生体内で起こる反応のうち，エネルギーを必要とする吸エルゴン反応は自発的には進まないが，自発的に起こるエネルギーを放出する発エルゴン反応を共役させることにより進ませることができる．大量のエネルギーを必要とする代謝反応は，高エネルギー物質であるATPの分解反応と対になって進む．

はじめに

　共有結合の変化を伴う分子の変化である化学反応ではエネルギーの移動が見られ，すべては物理化学の原則にのっとって進む．生命維持のために起こる生体内化学反応を代謝といい，必要な物質がつくられたり，不要な物質が処理されたり，エネルギーが取り出されたりする．本章では化学反応の原則や代謝の概要について述べる．

A 化学反応の概要

1. 化学反応と化学反応式

　共有結合の変化を伴い，原子構成が変化して異なる分子ができることを**化学変化**，あるいは**化学反応**という．化学反応には酸化，転移，重合などさまざまなものがある（p.74，**図7-1**）．化学反応を表す**化学反応式**は反応進行を表す矢印の左側に反応前の物質（反応物）を，右側に反応後の物質（生成物）を化学式で書く．反応にかかわるもの全部（エネルギーも含む）を**反応系**（あるいは**系**）という．

2. 化学反応の特徴と法則

　化学反応はすべて物理化学の法則に従う．反応物と生成物それぞれの原子の総数（結果的に質量数に対応する）は等しく，これを**質量保存の法則**という（**図7-1**参照）．

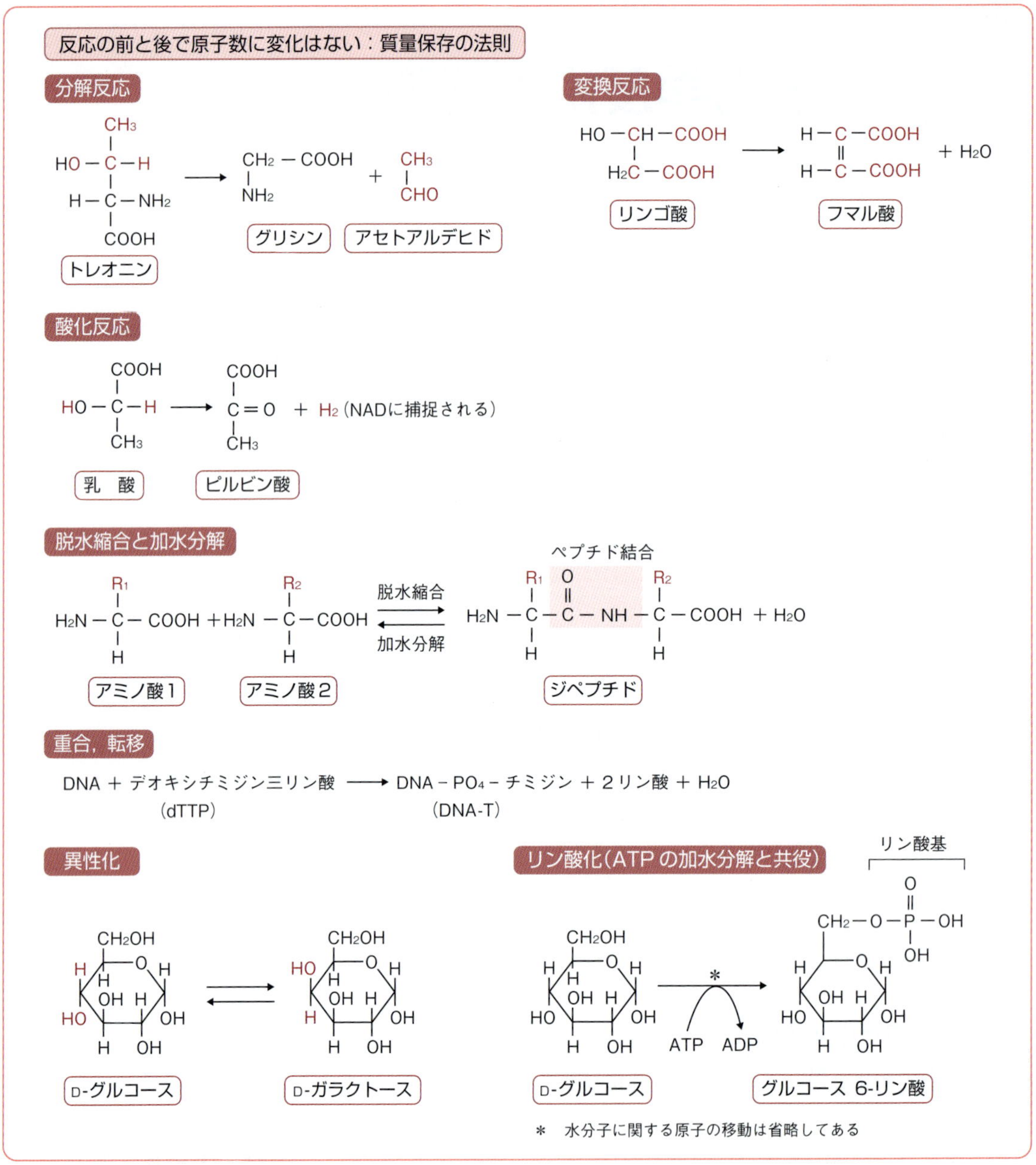
反応の前と後で原子数に変化はない：質量保存の法則
分解反応
トレオニン
グリシン
アセトアルデヒド
変換反応
リンゴ酸
フマル酸
酸化反応
H2（NADに捕捉される）
乳　酸
ピルビン酸
脱水縮合と加水分解
ペプチド結合
脱水縮合
加水分解
アミノ酸1
アミノ酸2
ジペプチド
重合，転移
DNA ＋ デオキシチミジン三リン酸 ⟶ DNA－PO4－チミジン ＋ 2リン酸 ＋ H2O
（dTTP）
（DNA-T）
異性化
D-グルコース
D-ガラクトース
リン酸化（ATPの加水分解と共役）
リン酸基
ATP
ADP
D-グルコース
グルコース 6-リン酸
＊ 水分子に関する原子の移動は省略してある

図7-1 さまざまな化学反応

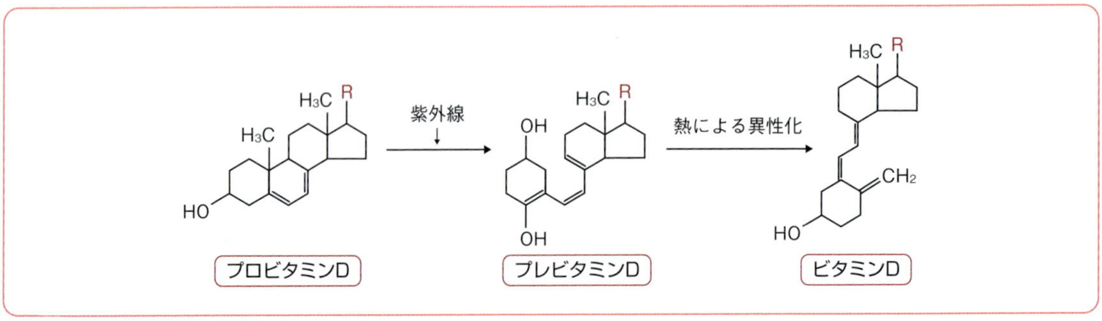
紫外線
熱による異性化
プロビタミンD
プレビタミンD
ビタミンD

図7-2 紫外線によるビタミンDの活性化

Rの種類によりビタミンD_2やビタミンD_3の区別がある．

さらに系に存在するエネルギーの総量も反応の前と後では変わらない(**エネルギー保存の法則**).化学反応における反応進行の程度は以下のように説明される.m mol のA と n mol のBが反応して p mol のSと q mol のTができる反応1の場合,**反応速度**v_1と**反応速度定数**k_1は以下の式で表される.

$$v_1 = k_1 [A]^m [B]^n$$
　　(k_1：固有の反応速度定数,[A],[B]：A,Bそれぞれのモル濃度)
$$k_1 = A \exp(-E_a/RT)$$
　　(E_a：活性化エネルギー,A：反応固有の定数,T：絶対温度,R：気体定数)

この式からわかるように,反応速度は温度と濃度に依存し,温度が10℃上がると反応速度はおよそ2倍に上昇する.反応速度はこのほか,圧力(気体の場合は重要.例：酸素とヘモグロビンとの結合),触媒の有無(**第8章**参照),光や紫外線の有無〔例：光合成,ビタミンDの活性化(**図7-2**)〕などにも依存する.

解説 活性化エネルギー

化学反応が起こるためには物質が一旦活性化状態になる必要があり,そのために必要なエネルギーを**活性化エネルギー**という(図).活性化エネルギーがほとんどない場合,反応は物質の接触によって瞬時に起こるが,大きい場合には反応を開始するために何らかの特別な措置をとる必要がある.例として,水素と酸素を反応させて水をつくる場合は,加熱で活性化エネルギーを供給するか,活性化エネルギーを下げるために白金触媒を加える.

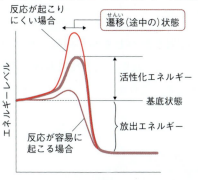
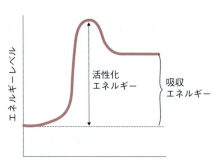

図　活性化エネルギー

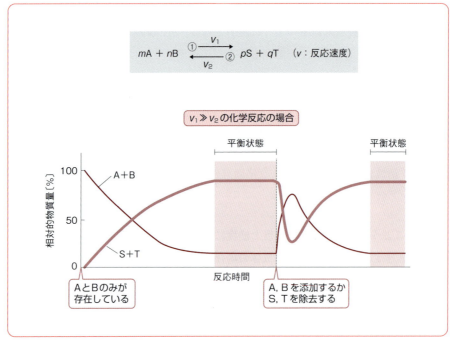

図7-3 反応の可逆性と平衡

A＋B→S＋Tという反応1が進むとき，実際にはS＋TからA＋Bができる**逆反応**である反応2も，起こりやすいかどうかの程度の違いはあるが，一定の割合で起こる（**図7-3**）．

$$v_1 = k_1 [A]^m [B]^n$$
$$v_2 = k_2 [S]^p [T]^q$$

それぞれの反応の反応速度は，上記のように表され，時間が経つとやがて両反応がつり合って**平衡状態**になる（$v_1 = v_2$）．平衡状態では両反応速度が等しいので，反応の前と後における各物質の濃度の積の比は下式のように，使用する濃度に関係なく一定となる．これを**質量作用の法則**といい，その比は平衡定数 K で表される．

$$K = (k_1/k_2) = ([S]^p[T]^q)/([A]^m[B]^n)$$

平衡定数も温度と圧力が一定であれば，反応固有の一定値となる．AやBを増やす（減らす）と，増えた（減った）分を元に戻そうとしてSとT（AとB）ができる方の反応が起こるが，これを**ルシャトリエの原理**という．生体において①→②→③→④という代謝が平衡状態にあっても，①が加わると②が増え，順次③，④が増えて生成物④がつくられるが，このような現象も上記の原理に基づく．

 律速反応

　連続する複数の反応により最終産物ができるとき，個々の反応の反応速度が異なる場合，最終産物の生成速度は最も遅い反応に依存し，そこに該当する反応を**律速反応**あるいは**律速段階**という（図）．

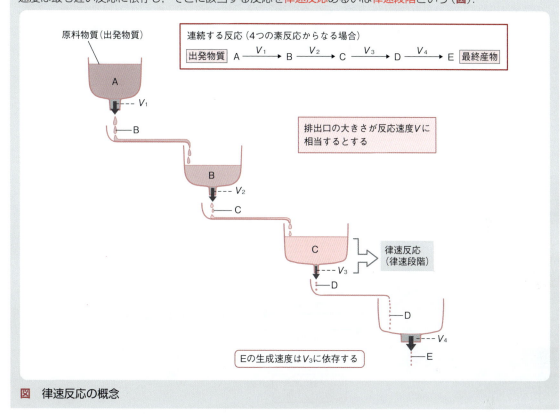

図　律速反応の概念

B 化学反応でのエネルギー

　分子には固有のエネルギーが共有結合の形で保持されているので，結合が切れるとエネルギーが熱になって外に逃げたり，それによってほかの反応が起こったりする．他方，共有結合の形成では，エネルギーを**光エネルギー**，**熱エネルギー**，**化学反応エネルギー**，**電圧**（**電位差**ともいう）などの形で供給する必要がある．物質が内部にもつエネルギーのうち合成，移送，運動など，**仕事**に使えるものを**自由エネルギー**という（G と表現する）．化学反応では自由エネルギーの出入りが見られる．自由エネルギーが減少する（エネルギーが放出される．G は負の値となる）反応は自発的に進むが，増える反応はエネルギーを供給してやる必要がある．エネルギーは最終的に**熱**という形になるため，もし自由エネルギーが仕事に使われないと熱として系に放出される．

POINT　エネルギー量と熱量

エネルギー量は**熱量**に換算することができる．エネルギー単位を**ジュール**（J）といい，1 J = 0.24 **カロリー**（cal）である．1 cal は 1 mL の水を 1℃ 上昇させる熱量で，1 kcal は 1,000 cal である．

Column

エントロピー増大の法則

　物質は常に細かく運動（振動）しており（＝熱をもつ），拡散して均一になろうとする．コップ内の熱湯は冷めていずれ室温と同じになる．この原則を**エントロピー増大の法則**という（**熱力学の第二法則**ともいう）．エントロピーは「拡散の程度」，「無秩序さ（乱雑さ）の尺度」であり，自発的に増大しようとする（図）．コップ内の水の温度が自然に変化することはなく（つまりエントロピーが減ることはなく），温度差をつくるためにはエネルギーを使って加熱・冷却しなくてはならない．この法則は生物でもあてはまり，生物はエネルギーを使ってエントロピーを減少させている．

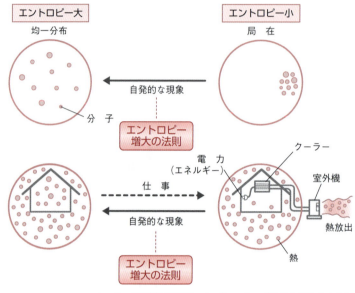

図　エントロピーの変化

C 生体内化学反応：代謝

1. 代謝：異化と同化

　生物は生きるため栄養をとり，それを化学変化させて必要な物質をつくる．生物内で行われる化学反応を**代謝**（**メタボリズム**）といい（**新陳代謝**ともいう），同化と異化に分けることができる（図7-4）．**同化**は**生合成**ともいわれ，低分子・無機物質を元に有機物ができ，それらを元にさらに大きな分子ができる．たとえば，光合成では二酸化炭素と水と光エネルギーからグルコースができる．また，**異化**は分解代謝で，有機物がより小さな分子に変化する．たとえば，デンプンが分解されてグルコースになる．

2. エネルギー代謝と反応の共役

a エネルギー代謝

　物質代謝のうち生物がエネルギー獲得のために行う代謝を**エネルギー代謝**といい，糖の異化である解

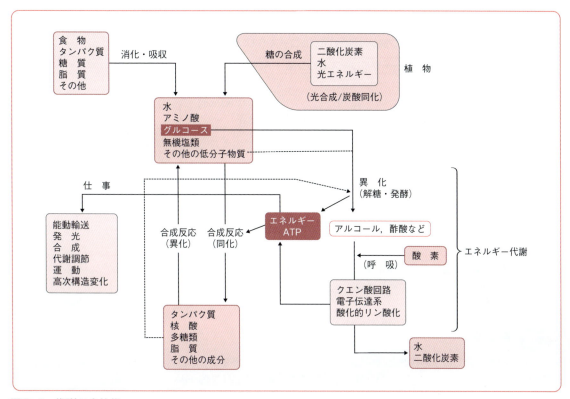

図7-4 代謝の全体像

解説 二次代謝

本書で述べている代謝の内容は，その大部分がどちらかといえば生物界に普遍的に存在し，生物の生存・維持・増殖に必須なものである（これを特に一次代謝という場合がある）．これに対し，生命維持には必須ではなく（なくとも即座の死につながらない），特定の生物にみられる代謝を**二次代謝**といい，多細胞生物では特定の時期や組織で見られることが多い．二次代謝の結果つくられる物質を**二次代謝産物**といい，アルカロイド，イソプレノイド，フェノール類，抗生物質，色素類などがあり，人間にとって有用なものも多い．二次代謝産物のなかには，それが生物を外敵から守る物質として働いているものもある（例：アオカビがつくる抗生物質のペニシリン，アブラナ科植物がつくるアリルイソチオシアネート）．

糖系や脂質の異化であるβ酸化などが含まれる．エネルギー代謝では最終的に高エネルギー物質の**ATP**がつくられる．生化学では重合反応やリン酸化反応のように，自由エネルギーを必要とするものを**吸エルゴン反応**，逆に分解反応のように自由エネルギーが放出されるものを**発エルゴン反応**という．

ⓑ 反応の共役

大きな自由エネルギーを必要とする吸エルゴン反応が**主反応**の場合，それをスムーズに進めるために発エルゴン反応が**副反応**として同時に起こり，そこで発生したエネルギーを主反応に利用するという現象が見られる．このように反応が対で起こる現象を**反応の共役**という（p.80，**図7-5**）．グルコースからエネルギー状態の高いグルコース 6-リン酸ができる吸エルゴン反応では，ATPがADPとリン酸に加水分解される発エルゴン反応が共役する．

図7-5 生化学反応に見られるエネルギー移動と反応の共役

解説 脱共役

ミトコンドリアで電子の移動と共役してATP合成酵素がATPをつくるとき，電子が酵素を活性化しないでそのまま移動する（＝脱共役）と熱が発生する．この現象が体温発生の一因となっている．

医療ノート◆薬物代謝

外来性物質を無毒化して排出するために行われる代謝を薬物代謝（解毒代謝）といい，分子の親水性を高めるような官能基の付加や分解といった反応が起こる．このような代謝はポリ塩化ビフェニル（PCB）のような外来毒物や，薬として服用した物質に対しても起こる．薬物代謝では薬物を細胞外へ直接排出する現象も見られ，これが薬の効かなくなる主要な原因の1つである．

POINT 代謝式

代謝経路における各分子の収支を相殺した形で，原料物質と（最終）産物に注目してまとめて書かれる化学反応式を代謝式という．10以上の素反応からなる解糖系によってグルコースから乳酸がつくられる複雑な現象は，以下のような簡単な代謝式で表される．エネルギー収支もこの式からわかる．

$C_6H_{12}O_6$（グルコース）$+ 2ADP + 2H_3PO_4$（リン酸）$\rightarrow 2C_3H_6O_3$（乳酸）$+ 2ATP + 2H_2O$

3．代謝経路

比較的単純な物質から複雑な物質を合成したり，逆に化合物を最終産物まで分解するような代謝の一連の流れを代謝経路といい，多数の分子と酵素がかかわる．ある物質がいろいろと化学変化して元の物質に戻るような代謝経路は回路と呼ばれる（例：クエン酸回路，尿素回路）．1つの代謝反応によって分子がAからBに変化しても別の代謝反応によってAが供給されるため，生体では各分子が常に同じ量だけ存在しているように見える．このような状態を動的平衡という．古い分子が新しい分子に入れ替わる現象は代謝回転（ターンオーバー）という（図7-6）．代謝回転に要する時間の1/2を半減期という．

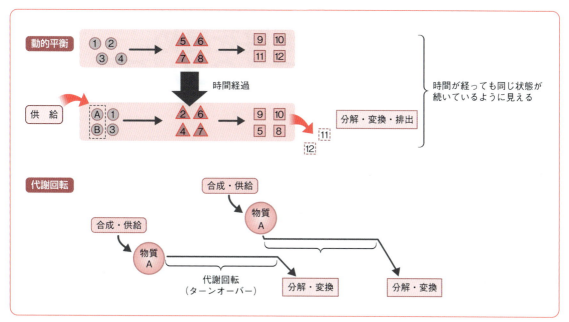

図7-6 動的平衡と代謝回転
代謝回転にかかる時間を寿命といい，その半分の時間を半減期という．

学習内容の再Check!

以下の文章が正しいか間違っているかを，○か×で答えなさい．

- □ 1. 共有結合，イオン結合，水素結合の関係する物質変化を化学反応という．
- □ 2. 化学反応式は分子の分子式，モル数，反応の方向を示す矢印を使って書かれる．
- □ 3. 化学反応の前と後では，各原子の数は必ず同じになるので，質量数も同じである．
- □ 4. 一定時間ごとに反応する分子の数を表す反応速度は，分子濃度や温度が高いほど高い．
- □ 5. ある方向に進む反応と逆方向に進む反応が同時に起こることがあり，やがて平衡に達し，反応が起こっていないように見えるが，実際にはそれぞれの反応は起こっている．
- □ 6. 化学反応にはエネルギーの出入りが見られる．一般に，合成反応ではエネルギーが放出され，分解反応ではエネルギーが吸収される．
- □ 7. 酸素と炭素をそのままおいても火がつかない（炭素が酸化されない）のは，大きな活性化エネルギーが与えられていないからである．
- □ 8. 代謝のうち，分解に向かうものを解化という．
- □ 9. 発エルゴン反応の例として，ADPとリン酸からATPができる反応がある．
- □ 10. 代謝経路が複数の反応からできているとき，最終産物の生成量は経路中で最も速い反応速度をもつ反応に依存する．

8章 酵素：反応速度を高め，代謝を調節するタンパク質

Introduction

　化学反応は生体内のような穏やかな環境でほとんど進まないため，生物は酵素というタンパク質触媒を使って反応を進める．酵素はかかわる反応と基質が特異的で，その種類は非常に多い．酵素活性の強さの目安は基質親和性と最大触媒活性であり，それぞれK_mとV_{max}で表される．可逆的阻害を起こす阻害形式にはいくつかのものがある．生体内で酵素活性はいろいろなレベルで調節され，この中には酵素の活性部位以外への結合を介して行うアロステリック調節，代謝生成物が代謝系の最初の酵素を阻害するフィードバック阻害，共有結合の変化がかかわる酵素分子の部分切断やリン酸化などがある．酵素の欠損や異常は多くの疾患にかかわっている．

はじめに

　代謝におけるそれぞれの反応は触媒活性をもつタンパク質である個々の酵素によって進められ，また酵素自身は特異的分子の結合による調節を受けたりする．本章では酵素の性質，反応機構，阻害，調節の理論的な面に加え，医療分野における酵素の利用についても説明する．

A 酵素の性質

1. 酵素は生体触媒

　化学反応は活性化エネルギー（**第7章**，p.75参照）を与えなければ効率良く進まないため，一般の化学反応では高温・高圧にし，さらに白金などの金属触媒を使って反応速度を上げる．**触媒**とは反応の前と後で変化せず，反応の平衡には影響しないが，**活性化エネルギー**を下げることで反応速度を上げる物質である．生物は体温という低い温度で反応を進めなくてはならず，このため**酵素**というタンパク質触媒を用いている（**図8-1**）．少数であるが，**リボザイム**といわれる**RNA触媒**（**RNA酵素**ともいう）もある．生体内化学反応の大部分が酵素反応であり，実際には酵素がなければ代謝はほとんど進まない．

2. 酵素反応の至適条件と特異性

a 至適条件

　酵素は物質的に不安定なタンパク質であるため，過激な温度やpHでは酵素反応は起こらず，反応には独自の**至適温度**（**最適温度**ともいう）と**至適pH**が必要である（**図8-2**）．通常，至適温度は体温に近く，至適pHは中性が多い．ただし，胃やリソソームの酵素は酸性，十二指腸で働く酵素はアルカリ性で活性が高い．酵素には金属イオンを活性化因子にもつものも多く，その場合は金属イオンの至適濃度が見られる．

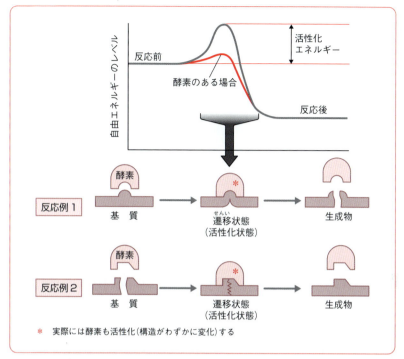

図8-1 酵素は活性化エネルギーを下げる

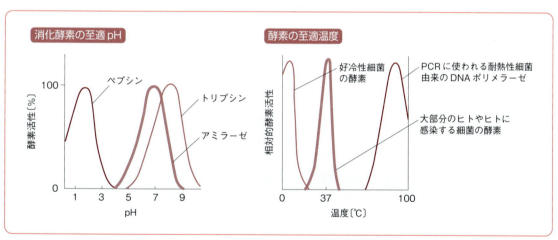

図8-2 酵素反応には至適条件がある

ⓑ 特異性

酵素は，それぞれかかわる反応が決まっている（**反応特異性**）．酵素反応にかかわり，酵素と結合する分子（＝反応物）を**基質**というが，金属触媒のように多くの反応に効果を示すものと違い，酵素はそれぞれ作用できる基質が決まっている（**基質特異性**．p.84，図8-3）．多くの酵素は逆反応も活性化するが，なかには一方の反応のみを活性化するもの，さらには正反応と逆反応で異なる酵素が使われる場合もある（例：グルコースからグルコース 6-リン酸への変換にはヘキソキナーゼが，逆反応はグルコー

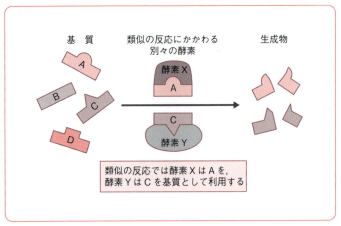

図8-3 酵素は基質特異性を示す

ス-6-ホスファターゼがかかわる）．このような現象にも基質との結合特性が関係する．

B 酵素反応の理論

1. 酵素反応の速度

酵素反応も通常の化学反応と同じく，基質濃度が高く酵素量が多ければ**反応速度**（一定時間につくられる生成物の量）は上がる（図8-4）．基質（S）→生成物という酵素反応を考えた場合，生成物のできる反応速度vは以下のように書かれる．

$$v = \frac{V_{max}[S]}{K_m + [S]}$$

この式を**ミカエリス・メンテンの式**といい，[S] は基質濃度，V_{max} は**最大速度**である．K_m は**ミカエリス定数**といい，

$$\frac{\text{基質-酵素複合体の解離の速度定数 + 基質-酵素複合体から生成物ができる速度定数}}{\text{基質と酵素から基質-酵素複合体ができる速度定数}}$$

で定義される．この式から酵素が基質と結合しやすいほどK_mは小さくなることがわかる．ミカエリス・メンテンの式から，基質の初濃度が高ければ酵素反応速度も高くなることがわかり，また，基質濃度を上げてやると反応速度は最大速度に近づくこともわかる（図8-5）．反応速度を最大速度の半分として（$V \to \frac{V_{max}}{2}$）上の式を変形すると$K_m = [S]$となり，これはK_m値が最大速度の半分の反応速度を出すのに必要な基質濃度であることを示す．ミカエリス・メンテンの式を変形すると

$$\frac{1}{v} = \frac{1}{V_{max}} + \frac{K_m}{V_{max}[S]}$$

となる．これを**ラインウィーバー・バークの式**といい，縦軸と横軸の交点からK_m値とV_{max}値を正確に求めることができる．

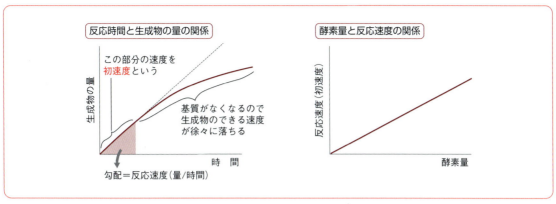

図 8-4 酵素がかかわる反応の特徴

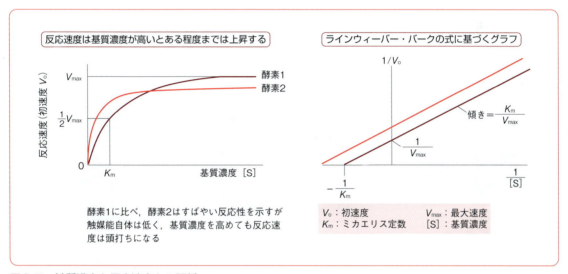

図 8-5 基質濃度と反応速度との関係

 初速度

反応が進むと基質が減るため反応速度は次第に下がる．最初の基質濃度のときの反応速度を**初速度**という．酵素の活性を測定するには初速度を測定する必要がある．

2. 酵素反応の阻害

酵素活性の阻害は，阻害物質が除かれたら阻害が消える**可逆的阻害**と，阻害物質が酵素へ強固に結合したり，酵素タンパク質が変性して（タンパク質変性剤，熱，極端なpHなどによる），変性要因を取り除いても活性が回復しない**不可逆的阻害**に分けられる（p.86，図8-6）．可逆的阻害は阻害物質が緩く酵素に結合するもので，阻害には以下の3つの阻害様式があり，ラインウィーバー・バークの式を使って K_m と V_{max} を求めることができる（p.86，図8-7）．

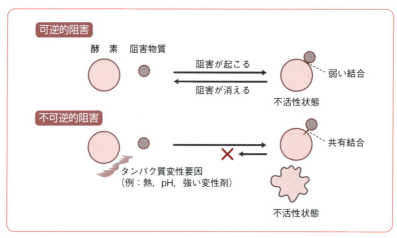

図8-6 可逆的阻害と不可逆的阻害

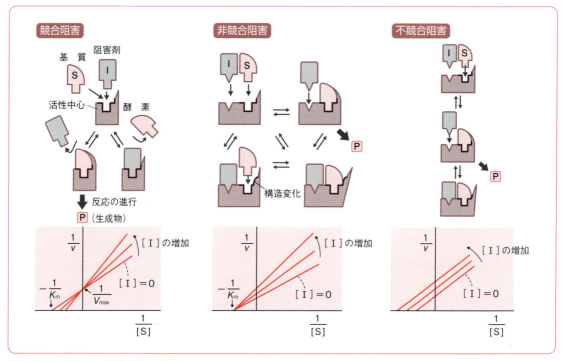

図8-7 3種類の可逆的阻害の形式

解説 活性中心

酵素分子の中で反応に実際にかかわる部分を活性中心は活性部位ともいわれる．活性中心は少数のアミノ酸から構成される酵素の基質結合部位で，触媒活性をもち，電子の受け渡しなどにかかわる．金属酵素の場合には金属原子が含まれる．

a 競合阻害

競合阻害は拮抗阻害，競争阻害ともいう．阻害物質が活性中心に結合して基質結合部位を基質との間で奪い合う．基質類似物質である場合が多いが，反応はしない（例：コハク酸デヒドロゲナーゼに対す

るマロン酸). 阻害物質は基質の酵素結合性を下げるが, 結合した基質はそのまま反応するので, K_mは上昇し(すなわち基質親和性は低下し), V_{max}は変化しない.

❺ 非競合阻害

非競合阻害では阻害物質が活性中心以外に結合するために酵素分子に影響が及び, 酵素活性が低下する. 阻害物質の結合は基質結合と無関係なため, K_mは変化しないが, 触媒能を低下させるためV_{max}は低下する.

❻ 不競合阻害

不競合阻害は反競争阻害ともいう. 阻害物質は基質-酵素複合体に結合する. 触媒効率が低下するのでV_{max}は下がる. 基質-酵素複合体が見かけ上安定化してしまうので, K_mも低下する.

解説 酵素活性測定法

酵素活性の国際単位1単位は, 30℃, 1分間に1μmolの生成物ができる酵素活性と定義される. 測定のしやすさから, 基質の減少をみる方法, 補酵素の生成量または減少量をみる方法もある. 酵素活性測定を実際に行う場合, 基質濃度をK_m値の数倍にする.

ⓒ 酵素の種類と作用

酵素は反応機構により**酸化還元酵素**, **転移酵素**, **加水分解酵素**, **脱離酵素**, **異性化酵素**, **合成酵素**に大別される(p.88, **表8-1**, p.89, **図8-8**).

❹ 酸化還元酵素

2種類の基質間の**酸化還元反応**(電子の移動)を触媒するが, 反応様式によってさらにいくつかに分類される.

① **脱水素酵素**(デヒドロゲナーゼ)は奪った水素を酸素以外の分子(通常はNAD$^+$などの補酵素)に渡すもので, 生体酸化還元反応はほとんどがこの形式である.

② **酸化酵素**(オキシダーゼ)は酸素に電子を渡すもので, 生成物として水や過酸化水素ができる.

③ **酸素添加酵素**(オキシゲナーゼ)は分子状酸素を基質に結合させる.

④ **カタラーゼ**は過酸化水素を水と酸素に分解する.

⑤ **ペルオキシダーゼ**は基質の水素を過酸化水素に渡して水をつくる.

❺ 転移酵素

転移酵素は**トランスフェラーゼ**といい, A−X + B→A + B−Xというように, 基質の原子団をほかの基質に移す. 移されるものには糖(例:グリコシルトランスフェラーゼ), アシル基(例:アセチルトランスフェラーゼ), リン酸基(例:キナーゼ), ヌクレオチド(例:DNAポリメラーゼ)など, 種々のものがある.

❻ 加水分解酵素

加水分解酵素は水によって基質を分解する酵素で**ヒドラーゼ**ともいう. 糖のグリコシド結合に作用する**グリコシラーゼ**(例:アミラーゼ), エステル結合に作用するもの〔例:トリグリセリドを分解するリパーゼ, 核酸を分解するホスホジエステラーゼ(細胞毒をもつ毒ヘビの主要毒素)〕, ペプチド結合(タンパク質やペプチド)に作用するペプチダーゼなどがある.

表 8-1 酵素の種類

分類	EC番号と酵素の例
1. 酸化還元酵素	1.1.1.1　アルコールデヒドロゲナーゼ 1.1.1.27　乳酸デヒドロゲナーゼ 1.2.3.3　ピルビン酸オキシダーゼ 1.9.3.1　シトクロム*c*オキシダーゼ 1.11.1.6　カタラーゼ 1.11.1.7　ペルオキシダーゼ
2. 転移酵素 （トランスフェラーゼ）	2.3.1.6　コリンアセチルトランスフェラーゼ 2.6.1.1　アスパラギン酸アミノトランスフェラーゼ 2.7.1.1　ヘキソキナーゼ 2.7.3.2　クレアチンキナーゼ 2.8.3.2　リンゴ酸CoA転移酵素
3. 加水分解酵素 （ヒドラーゼ）	3.1.1.7　アセチルコリンエステラーゼ 3.2.1.1　アミラーゼ 3.2.21.1　デオキシリボヌクレアーゼ（DNA分解酵素） 3.4.21.4　トリプシン 3.6.1.3　ATPアーゼ
4. 脱離酵素 （リアーゼ）	4.1.1.25　チロシンデカルボキシラーゼ 4.1.1.31　ホスホエノールピルビン酸カルボキシラーゼ 4.1.3.7　クエン酸シンターゼ 4.2.3.1　トレオニンシンターゼ 4.6.1.1　アデニル酸シクラーゼ
5. 異性化酵素 （イソメラーゼ）	5.1.1.10　アミノ酸ラセマーゼ 5.3.1.1　トリオースリン酸イソメラーゼ 5.3.1.5　キシロースイソメラーゼ 5.4.99.2　メチルマロニルCoAムターゼ 5.99.1.2　DNAトポイソメラーゼ
6. 合成酵素 （リガーゼまたはシンテターゼ）	6.1.1.1　チロシンtRNAリガーゼ 6.2.1.1　アセチルCoAシンテターゼ 6.3.1.2　グルタミン酸アンモニアリガーゼ 6.4.1.1　ピルビン酸カルボキシラーゼ 6.5.1.1　DNAリガーゼ

d 脱離酵素

脱離酵素は**リアーゼ**ともいう．加水分解によらずに分子からある基を除く酵素で，C－C結合に作用する**デカルボキシラーゼ**，C－O結合に作用する**アンヒドラーゼ**があり，二重結合をつくることが多い．逆反応では二重結合を解裂させて付加を行うので，**付加酵素**とも呼ばれる．

e 異性化酵素

異性体間の変換を触媒する**イソメラーゼ**である．光学異性体の変換（**エピメラーゼ**），アミノ酸のラセミ化（**ラセマーゼ**），シス-トランス変換，分子内転換（分子内酸化還元．例：グルコース-6-リン酸イソメラーゼ），分子内転移（**ムターゼ**），高次構造の変換（例：DNAトポイソメラーゼ）などに関与する．

f 合成酵素

合成酵素は**リガーゼ**ともいう．ATPの加水分解と共役して2分子を結合させる（例：DNAリガーゼ）．**シンテターゼ**という名称をもつものはここに含まれる．

POINT シンターゼ

合成酵素という意味だが，ATPの加水分解とは共役しないものの名称として使われる．

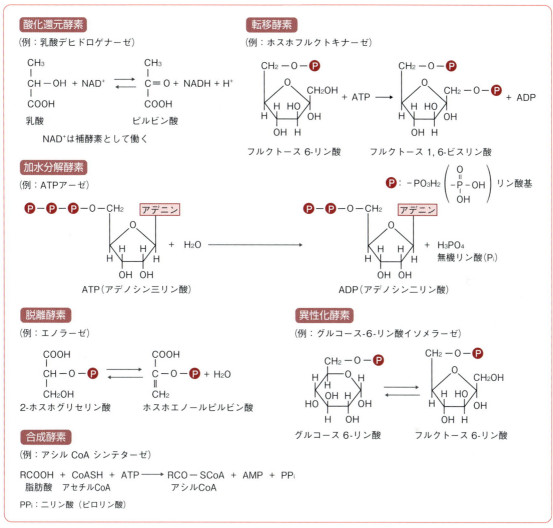

図8-8 酵素反応の例

解説 酵素命名法

酵素は基質名＋反応名＋ase(アーゼ)と命名する．シトクロム*c*酸化酵素であればシトクロム*c*オキシダーゼである．しかし中には生成物(例：RNAポリメラーゼ)や慣用名(例：カタラーゼ，トロンビン)で呼ぶものも多い．酵素には国際酵素委員会(EC)によって4つの数字(EC番号)がつけられている．

例：シトクロム*c*オキシダーゼ　EC1.9.3.1

1番目の数字は反応機構による上記の分類番号，2，3番目の数字で反応形式，基質名，活性中心などを表す．4番目の数字は通し番号である．

 アイソザイム

同一個体中にあって，ある特定の反応を触媒する酵素で，タンパク質が異なるものをアイソザイムという(イソ酵素ともいう)．

D 補酵素

酵素活性の発揮のために低分子の有機物が必須な場合，それら有機物を**補酵素**という．補酵素は一時的に酵素と結合するが，補酵素の結合する前の酵素を**アポ酵素**，結合した酵素を**ホロ酵素**という．補酵素は基質の1つで，基質から解離した原子(原子団)や基を受け取り，それをほかの基質に渡したり，逆反応で元の分子に戻し，原子団の運搬体として機能する．補酵素には水素原子を運搬するNAD（ニコ

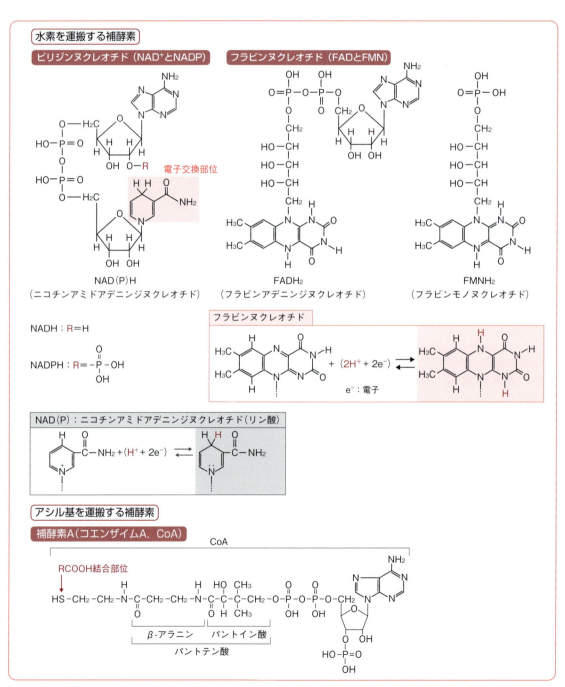

図8-9 補酵素の構造

チンアミドアデニンジヌクレオチド）や**FAD**（フラビンアデニンジヌクレオチド），アシル基の運搬をする**補酵素A**（**コエンザイムA，CoA**）などがあり（**図8-9**），水溶性ビタミンとも関連する（**第14章**参照）．補酵素には酵素の活性中心に強く結合して酵素の一部になっているものがあるが，そのようなものを**補欠分子族**という〔例：ピルビン酸カルボキシラーゼに結合するビオチン（ビタミンB_7）〕．

E 酵素活性の調節

生物は個々の酵素の量や活性を調節し，代謝系全体を調和させている．

1. 緩やかな結合による活性調節

ⓐ アロステリック酵素

酵素活性が活性中心とは異なる部位（アロステリック部位）に結合した因子によって調節されるものを**アロステリック酵素**といい，そのような作用を**アロステリック効果**という（**図8-10**）．酵素が複数の機能性サブユニット（触媒サブユニットと調節サブユニット）からなる場合もある．調節には正（活性化）と負（抑制）の両方がある．酵素ではないが，ヘモグロビンと酸素の結合も，酸素が1個結合するとさらに酸素が結合しやすくなるようにタンパク質の構造が変化するので，アロステリック効果としてとらえられる．

ⓑ フィードバック阻害

最終代謝産物などが代謝系の上流の酵素の活性を抑えるという現象を**フィードバック阻害**といい（p.92，**図8-11**），この現象もアロステリック効果によってもたらされる．たとえばリシン，メチオニン，トレオニンなどのアミノ酸合成はアスパラギン酸を出発物質にし，いずれの産物，アミノ酸もアスパラギン酸にリン酸をつけるアスパラギン酸キナーゼをフィードバック阻害で抑える．フィードバック阻害は産物をつくりすぎないようにする機構であり，代謝系の初期に働く酵素を阻害することにより，中間物質の蓄積という無駄をなくしている．

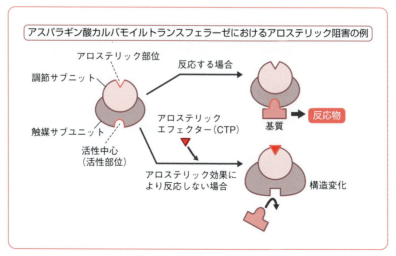

図8-10 アロステリック効果による酵素活性の調節

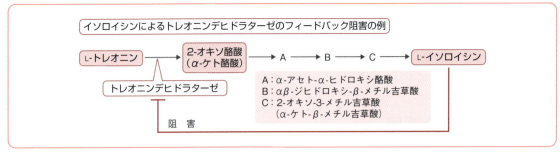

図8-11 フィードバック阻害による代謝調節

2. 共有結合の変化がかかわる酵素の修飾

a 限定分解

共有結合を伴う修飾が酵素活性を調節する例が多数知られている．その1つは**限定分解**で，不活性な酵素として翻訳されたタンパク質がタンパク質分解酵素の限定的な分解・切断によって活性型になる方式で，腸管のタンパク質消化酵素，血液凝固因子，補体活性化因子，アポトーシスで働くカスパーゼ類などの例がある（**表8-2**）．翻訳されたばかりのポリペプチドを**プロ酵素**という（**チモーゲン**ともいう）．

b リン酸化

あと1つの修飾は，酵素タンパク質中のアミノ酸が**キナーゼ**で**リン酸化**されて活性化されるといった機構で，セリンやトレオニン，あるいはチロシン側鎖をリン酸化するキナーゼが多数知られている．以上のような修飾は，すでに存在するタンパク質をすばやく活性化型にする点で機動性，迅速性に優れている．

解説 反応のカスケード

酵素の修飾・活性化が別の酵素の修飾・活性化を誘導し，さらにそれがほかの酵素を修飾・活性化するという活性化反応の連鎖を**カスケード**（小さい滝で水が流れ落ちるさまを表す）という．**血液凝固系**（**第4章**，p.43参照），**補体活性化系**（**表8-2**），**カスパーゼ活性化系**（**表8-2**）などの**加水分解カスケード**や，**プロテインキナーゼ**（タンパク質リン酸化酵素）がかかわる**リン酸化カスケード**が知られている．

表8-2 限定分解によって活性化される加水分解酵素

酵素の働く場所	活性化の内容
消化系	ペプシノーゲン → ペプシン
	トリプシノーゲン → トリプシン
	キモトリプシノーゲン → キモトリプシン
	プロリパーゼ → リパーゼ
血液凝固系	因子X —活性化因子XIa→ 活性化因子X
	プロトロンビン —活性化因子X→ トロンビン
補体活性化系	C3 —C4, C2→ C3b
	C5 —C3b→ C5b
線溶系	プラスミノーゲン → プラスミン
アポトーシス系（カスパーゼ活性化系）	カスパーゼ-3 —カスパーゼ-8/9→ 活性化カスパーゼ-3

8. 酵素：反応速度を高め，代謝を調節するタンパク質　93

F 医療と酵素

1. 医薬と酵素

疾患のなかには酵素が欠損して起こるもの，あるいは酵素が疾患の進行に深くかかわるものがあり，疾患に対して酵素を人為的に追加したり阻害するなどの措置がとられる．

ⓐ 酵素医薬

酵素医薬で多いものはペプシン，トリプシン，リパーゼなどの消化酵素で，**消化補助剤**として，酵素によっては**消炎剤**として用いられる（**表8-3**）．**リゾチーム**も抗菌消炎剤となる．このほかには，血栓溶解剤，血清脂肪改善剤，**ラクトース（乳糖）不耐症**（小腸粘膜細胞のラクトース分解酵素の欠損・低下によりラクトースが消化できず，下痢症状を呈する．牛乳を飲むと下痢をする）の治療薬としても酵素が使われる．

ⓑ 酵素阻害剤

医療分野で使用される**酵素阻害剤**はほとんどが可逆的阻害剤である（p.94，**表8-4**）．抗生物質，低分子化合物など，細胞に入りやすいものが使われる．ウイルスの酵素を阻害するものは抗ウイルス薬として重要である．

解説 新しい抗インフルエンザ薬

抗インフルエンザ薬としては，ノイラミニダーゼ阻害薬のオセルタミビル（タミフル®）やザナミビル（リレンザ®）などや，RNAポリメラーゼ阻害薬のファビピラビル（アビガン®）がある．これらに加えて，2018年春に承認された新しいタイプの抗インフルエンザ薬バロキサビルマルボキシル（ゾフルーザ®）は，ウイルスのもつ酵素のキャップ依存性エンドヌクレアーゼを阻害する．この酵素は宿主細胞のmRNAの5′末端のキャップ領域を切断し，これを自身のゲノムRNAの転写に使う．

表8-3　医薬として用いられる酵素

酵素名	作　用	適応例
ジアスターゼ（アミラーゼ）	デンプンの分解	消化補助
ペプシン	タンパク質の分解	消化補助
トリプシン	タンパク質の分解	抗炎症作用
リパーゼ	脂質の分解	消化補助
キモトリプシン	タンパク質の分解	抗炎症作用
ブロメライン	タンパク質の分解	抗炎症作用
リゾチーム	細菌の菌体分解	抗炎症作用，抗菌
トロンビン	血漿中のフィブリノーゲン分解	止血，血液凝固
ストレプトキナーゼ*	プラスミノーゲンの分解，活性化	血栓の溶解
ウロキナーゼ	プラスミノーゲンの分解，活性化	血栓の溶解
エラスターゼ	タンパク質の分解	血中脂質の改善
プロナーゼ	タンパク質の分解	抗炎症作用
ガラクトシダーゼ	ラクトースの分解	ラクトース不耐症治療
カリクレイン	キニノーゲン ――――→ キニン	降圧剤（高血圧治療薬）
アスパラギナーゼ	L-アスパラギンの分解	抗がん剤，抗白血病薬

＊　溶血性連鎖球菌の毒素でもある．

表8-4　医学的に重要な酵素阻害薬

医薬名/阻害物質*	作用機序	適応例
ペニシリンおよびセフェム系抗生物質	細菌の細胞壁合成酵素：β-ラクタマーゼを阻害	細菌感染症，抗菌薬
プラバスタチン（メバロチン®）	コレステロール合成代謝でメバロン酸をつくるHMG-CoA（3-ヒドロキシ-3-メチルグルタリルCoA）還元酵素を阻害	高コレステロール血症薬
カプトプリル	アンジオテンシン変換酵素（ACE）を阻害し，アンジオテンシンIIの生成を阻害	降圧剤（高血圧治療薬）
アシクロビル（ゾビラックス®など）	ヘルペスウイルスのDNAポリメラーゼを阻害	抗ヘルペス薬
オセルタミビル（タミフル®）	インフルエンザウイルスのノイラミニダーゼを阻害	抗インフルエンザ薬
アスピリン	プロスタグランジンエンドペルオキシダーゼ（シクロオキシゲナーゼ）を阻害し，エイコサノイドの産生を抑える	抗炎症，解熱，心筋梗塞，脳梗塞
ドネペジル（アリセプト®）	神経終末から分泌されるアセチルコリンを分解するアセチルコリンエステラーゼを阻害	アルツハイマー病
サキナビル（インビラーゼ®）およびジドブジン（レトロビル®）	エイズの原因ウイルスであるHIVのそれぞれプロテアーゼと逆転写酵素を阻害する	HIV感染症

＊　かっこ内は商品名の例.

表8-5　臨床検査の対象となる酵素

酵素名	略語	上昇が見られる疾患
アスパラギン酸トランスアミナーゼ*1	AST	肝疾患，心筋梗塞
アラニントランスアミナーゼ*2	ALT	肝疾患
γ-グルタミルトランスフェラーゼ*3	γ-GTP	アルコール性肝障害，肝炎，肝がん
クレアチンキナーゼ（クレアチンホスホキナーゼ）*4	CK（CPK）	心筋梗塞，筋疾患
乳酸デヒドロゲナーゼ*4	LDH（LD）	肝疾患，心筋梗塞
α-アミラーゼ*4		膵炎，唾液腺や十二指腸の疾患
アルカリホスファターゼ*4	ALP	骨疾患，肝疾患，腎疾患，妊娠

＊1　グルタミン酸オキサロ酢酸トランスアミナーゼ（GOT）ともいう.
＊2　グルタミン酸ピルビン酸トランスアミナーゼ（GPT）ともいう.
＊3　γ-グルタミルトランスペプチダーゼ（γ-GTP）ともいう.
＊4　アイソザイム検査も行われる.

2.　酵素検査

　細胞内に含まれる酵素が細胞死で漏出して血中に出るため，このような**逸脱酵素**を検出することにより，病変部位の特定，診断と疾患の程度，予後の状態を知ることができる（**表8-5**）．このような酵素として，肝疾患を対象とするアスパラギン酸トランスアミナーゼ（AST）やγ-グルタミルトランスフェラーゼ（γ-GTP），膵臓のアミラーゼ，骨疾患などのアルカリホスファターゼ（ALP）などがある．組織によりアイソザイムが異なる場合は，該当する臓器を絞り込むこともできる．

8. 酵素：反応速度を高め，代謝を調節するタンパク質 95

☑ 学習内容の 再 Check!

以下の文章が正しいか間違っているかを，〇か×で答えなさい.

☐ 1. 酵素は化学反応の平衡を変えることができるため，酵素によって逆反応が特異的によく進むといった現象が起こる.

☐ 2. 金属触媒と同じく，酵素も温度が高いほど効果がよく出る.

☐ 3. K_m 値が 1 mM の酵素 A と 10 mM の酵素 B では，酵素 B の方で反応が起こりやすい.

☐ 4. 酵素は非特異的タンパク質変性剤のフェノールで活性を失うが，除くと酵素活性が復活する.

☐ 5. 基質とよく似た分子が酵素阻害剤として酵素の活性中心に結合しているとき，基質量を増やすと阻害物質の阻害効果は逆に減る.

☐ 6. 酵素は反応機構により 6 種類に大別でき，2 個のアミノ酸が結合してペプチドができる反応を触媒する酵素は合成酵素（リガーゼ）に分類される.

☐ 7. 分子をより小さな分子に分解する反応を触媒する酵素はすべて加水分解酵素に分類される.

☐ 8. 酸化還元酵素類は酵素反応に酸素が直接かかわらないものが大部分である.

☐ 9. 補酵素とは作用の似た別の酵素のことで，組織によって存在様式が異なる場合がある.

☐ 10. 補酵素の多くは脂溶性ビタミンと深い関連がある.

☐ 11. ある物質が酵素 A の活性部位に結合し，それによって酵素 A の活性が正や負に調節される現象をアロステリック効果という.

☐ 12. フィードバック阻害は，必要以上に物質をつくらせない仕組みである.

☐ 13. 血液凝固系では，凝固開始シグナルが合成酵素に作用して，ほかの合成酵素を活性化型にし，その酵素がまたほかの合成酵素を活性化型にするという連鎖反応が起こる.

☐ 14. 血栓ができるのを阻止して脳梗塞や心筋梗塞を防ごうという場合，血栓を溶かす酵素プラスミノーゲンを活性化する酵素が薬として使用される場合がある.

☐ 15. ウイルスだけに効く薬はなかなかできないが，オセルタミビル（商品名タミフル®）はインフルエンザウイルス特有の酵素を阻害するため，ウイルス特異的な効き目を発揮する.

8

糖質とその代謝

> **Introduction**
>
> 糖質はエネルギー産生や生命維持に必要な物質合成のための主要な材料となる．糖質の構造の基本は単糖だが，単糖が結合したオリゴ糖や多糖も多数存在する．また，化学修飾されて重合した糖がタンパク質や脂質と結合することにより，特異的な細胞機能を果たすこともある．糖の異化によってエネルギーを取り出すには，まずグルコースを解糖系で分解し，クエン酸回路でさらに代謝する．グルコースの代謝はダイナミックであり，余裕がある場合はグリコーゲンとして貯蔵される．グルコースは必要に応じ，グリコーゲンの分解や糖新生経路によりつくられる．糖代謝にかかわる酵素の欠陥が原因で起こる疾患が多数知られている．

はじめに

食料として最も一般的な物質である糖は，エネルギー源になるだけでなく，調節物質や細胞構成要素など，さまざまな形で利用される．本章では，はじめに糖の種類をその分子構造とともに解説し，続いていくつかの糖代謝経路とその意義，そしてその制御などについて述べる．

I 糖質の種類

A 糖質の構造的特徴

1. 糖質とは

糖質(英語でsaccharide)とは3〜9個の炭素に複数の**ヒドロキシ基**(−OH．**水酸基**ともいう)が結合し，末端に**アルデヒド基**(−CHO)，あるいは内部に**ケトン基**(>C＝O)をもつ分子を単位とするものの総称で，**糖**(英語でsugar)という場合もある．多数のヒドロキシ基をもつため基本的に親水性である．糖質は加水分解により基本単位の糖になるが，これを**単糖**という．単糖が少数結合したものを**オリゴ糖**(**少糖**)，多数結合した(重合した)高分子を**多糖**という．単糖は炭素の1位にアルデヒド基をもつ**アルドース**と2位にケトン基をもつ**ケトース**に分類される(**図9-1**)．単糖のアルデヒド基やケトン基は反応性に富む．

> **余談　糖質か炭水化物か**
>
> 糖質は一般に炭素と水とが化合した形〔$C_mH_{2n}O_n → C_m(H_2O)_n$〕をもつので**炭水化物**ともいわれるが，この用語は食品表示で使われることが多い．栄養学では糖質に非消化性食物繊維を加えたものを炭水化物と表現するようである．

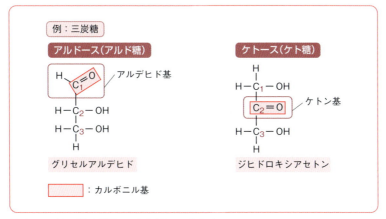

図9-1 糖の基本構造：アルドースとケトース

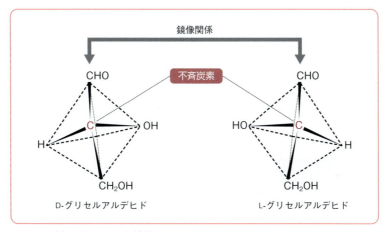

図9-2 糖に見られる異性体

2. 糖は水中で環状構造をとる

　炭素5, 6個の糖は水溶液中でアルデヒドやケトンがヒドロキシ基と結合して環状構造をとる．六炭糖では5位炭素と結合してグルコースのような六員環（6個の原子でつくられる環状構造．この形を**ピラノース環**という）をとるが，4位炭素との間ではフルクトースのような五員環（この形を**フラノース環**という）をとる場合もある．リボースなどの五炭糖はフラノース環構造をとる．

3. 糖の異性体

　糖の炭素に結合する原子（団）の向きが2通りあり，しかも炭素が複数個存在するため，糖には多くの**異性体**（同じ分子式で表されるが，異なる分子構造や立体構造をもつもの）が存在する．

a D, L異性体

　最も小さな糖であるグリセルアルデヒドでは2位の炭素につくヒドロキシ基が右と左という鏡像関係にあるものが存在しうる（図9-2）．アルデヒド基から最も遠い不斉炭素につくヒドロキシ基が右にあるものを**D型**，左にあるものを**L型**という．天然のものの多くはD型である（注：DL系分類による．D体，L体ともいう．アミノ酸のDL表記は不斉炭素に結合する基の立体配置を基準にしている．p.149, 図12-1参照）．

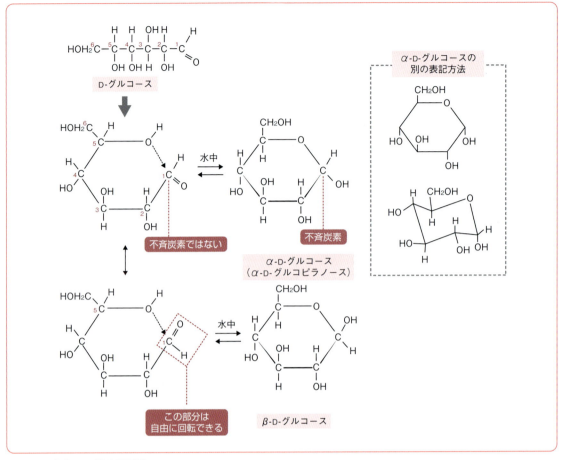

図9-3 水中での糖の環状化

解説 光学異性体と不斉炭素

分子が光を屈折させる活性を**旋光性**という．この性質を示す異性体を**光学異性体**といい，**右旋性**（d型／＋）と**左旋性**（l型／−）に分けられる．dとlは右（dextro）と左（levo）に由来する（R, Sという表現法もある）．両者が混在したもの（dlと表す）は**ラセミ体**という．4種類すべての結合位置に別々の原子団が結合する対称性のない炭素（**不斉炭素**）をもつ有機物に見られる性質である．鏡像異性体のD型はD-グリセルアルデヒドの立体配置を基準にした表記法であり，実際の旋光性とは無関係で，D型でも右旋性とは限らない．

b エピマー

不斉炭素につくHとOHが逆の異性体を**エピマー**という．それぞれのエピマーは異なる物質で，名称も違う．D-グルコースの2-エピマーはD-マンノースだが，4-エピマーはD-ガラクトースである．

c アノマー

糖が環状構造をとると六炭糖アルドースの1位（ケトースでは2位）の炭素が不斉となって新たな異性体が生まれる．それぞれの異性体を**アノマー**という（図9-3）．環状分子構造で示した場合，アノマー炭素につくOHがそこから最も遠い不斉炭素（グルコースの場合は5位）につく置換基と反対側にあるものを**α**，同じ側にあるものを**β**とする．**アノマー性OH**は反応性が高く，ほかの分子と結合して**グリコシド**（**配糖体**．糖と糖あるいは糖以外の分子が結合したもの）を形成するため，グリコシドヒドロキシ基ともいう（結合様式を**グリコシド結合**という）．

> **余談** 糖の構造は簡略化して表記される
>
> 糖は環状構造のときにのみ1位の炭素が不斉になってα，βのアノマー異性体になる（図）．α-D-グルコースは，正しくはα-D-グルコピラノースと記載すべきだが，αとβ，フラノースとピラノースは相互に変換しうるので，これらは省略して表記される．

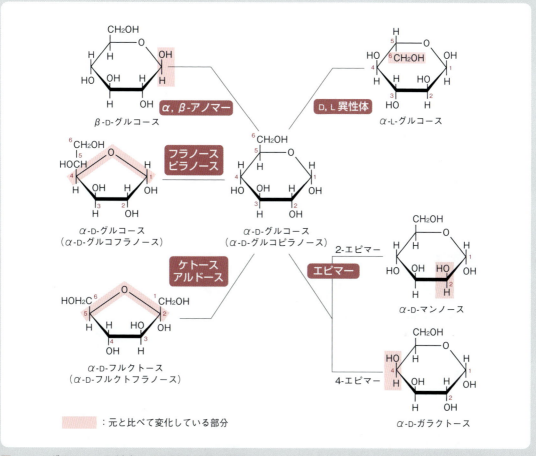

図　α-D-グルコースを基本とする糖異性体の構造

B 単　糖

1. 基本となる糖

単糖は炭素数により，グリセルアルデヒドとジヒドロキシアセトンなどの三炭糖，エリトロースなどの四炭糖などと分類されるが，両者は代謝経路の途中で出現する代謝中間産物で，生物学上重要なものは**五炭糖**（ペントースともいう）と**六炭糖**（ヘキソースともいう）である（p.100，図9-4）．五炭糖で特に重要なものは核酸合成に使われる**リボース**である．六炭糖は甘みを示すものが多いが，重要なものは**グルコース**（ブドウ糖ともいう）で，糖代謝の中心となる．六炭糖にはこれ以外にもラクトースの成分である**ガラクトース**，甘みが強く果物に多く含まれる**フルクトース**（**果糖**ともいう）などがある．

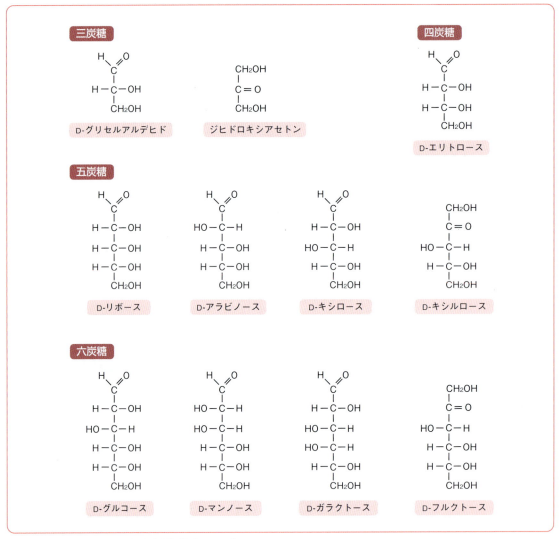

図9-4 代表的な単糖の構造（線状構造で示す）

2. 単糖の誘導体

単糖には上述のような**単純糖質**とは別に，修飾基をもつ**糖誘導体**が多数知られている（**図**9-5）．

ⓐ アミノ糖

アミノ糖は2位の炭素にアミノ基がついたもので，重要なものはグルコース誘導体の**グルコサミン**，グルコサミンの窒素がアセチル化された**N-アセチルグルコサミン**である．アミノ糖の1位が酸となった**ノイラミン酸**（**シアル酸**ともいう）は動物組織に見られる．

ⓑ 酸化誘導体

6位の炭素が酸化された**ウロン酸**（例：**グルクロン酸**）は動物組織に見られる．1位が酸化されたものは**アルドン酸**という（例：**グルコン酸**）．

ⓒ 糖アルコール

1位炭素の還元ででき，植物に広く見られる（例：キシリトール）．

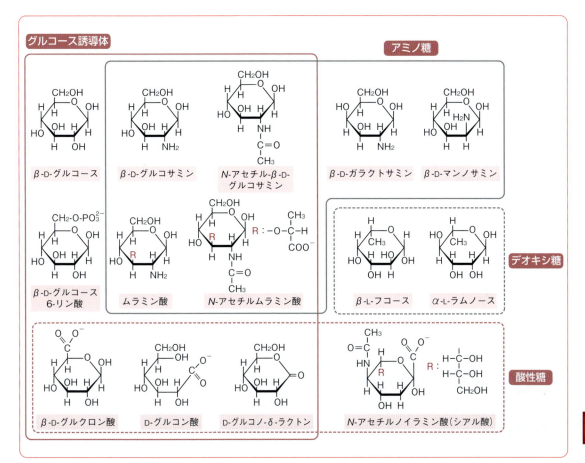

図9-5　おもな六炭糖の誘導体

d デオキシ糖

ヒドロキシ基の1つが還元されてHになったもので，生物学上，特に重要なものにDNAの成分となる**デオキシリボース**がある．

> 📖 **健康ノート ◆ 糖アルコールはダイエット向き**
>
> **糖アルコール**には**キシリトール**，ソルビトール，マンニトールなどがある．植物や藻類，菌類などでつくられ，多くは甘みを示す．しかし小腸からの吸収が悪いためカロリーになりにくく，ダイエット食品の甘味料として利用される．細菌にも利用されにくいので虫歯（う歯）になりにくい．これを応用した例としてキシリトールガムがある．

3. アルコールも糖に分類される

脂肪族炭化水素の水素がヒドロキシ基になったものを**アルコール**という．エチルアルコール，グリセロールなどは糖の代謝経路で出現し，ヒドロキシ基をもつという特徴があるため，アルコール類は広い意味で糖に入れられる．炭素鎖が短いものを**低級アルコール**，長いものを**高級アルコール**というが，低級アルコールは水溶性を示す．ヒドロキシ基の数で一価アルコール，二価アルコール，三価アルコール（例：グリセロール）などと分類する．アルコールのヒドロキシ基が酸化されるとアルデヒドやケトン

になる（例：アセトアルデヒドはエタノールの酸化物）．

POINT フェノール類

芳香環（炭素6個からなるベンゼン環）をもつ炭化水素の水素がヒドロキシ基になったものをフェノール類といい，ベンゼン環が強い電子誘引性をもつため，酸性の性質を示す．

C オリゴ糖

単糖が2～10個程度までグリコシド結合で結合した分子をオリゴ糖（少糖）という．単糖の数により二糖，三糖というが，重要なものは二糖類で，甘みを示すものが多い（図9-6）．グルコースが α1→4 結合で結合したものはマルトース（麦芽糖．水飴の成分），ガラクトースとグルコースが β1→4 結合で結合したものはラクトース（乳糖．乳汁の甘み），グルコースの α1位がフルクトースの β2位と結合したものはスクロース（ショ糖．いわゆる砂糖）である．スクロースは植物によりつくられる．前者2つは還元性ヒドロキシ基をもつ．

こぼれ話　甘みを人為的に高めた転化糖

スクロースを加水分解したグルコースとフルクトースの混合物を転化糖という．グルコースの甘みはスクロースの半分だがフルクトースはスクロースより甘いので，結果的に転化によって甘みが強くなる．食品工業でよく利用される．

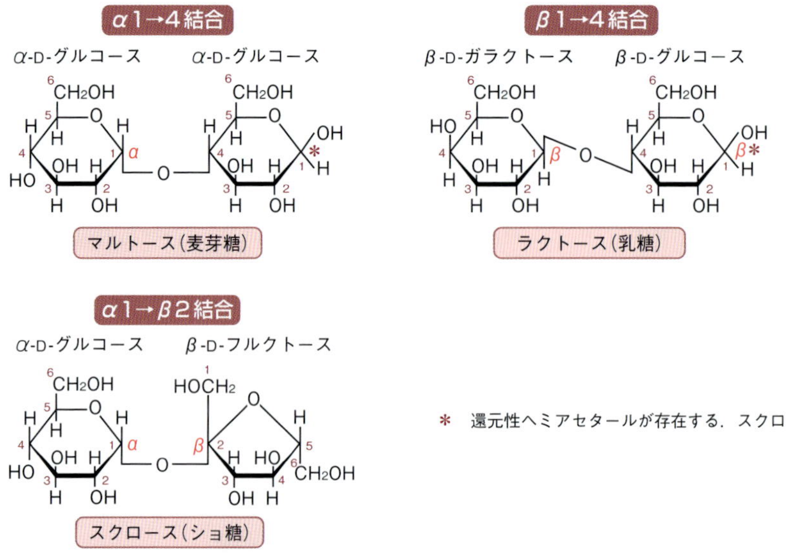

* 還元性ヘミアセタールが存在する．スクロースは非還元性

図9-6　二糖類の分子構造

D 多糖

1種類の糖からなる**ホモ多糖(単純多糖)**と複数種の糖からなる**ヘテロ多糖(複合多糖)**がある.

1. ホモ多糖

a 貯蔵多糖

栄養として貯蔵される多糖である.**デンプン**は植物の種子(例：イネ，トウモロコシ)や球根(例：イモ)に含まれるグルコースの重合した多糖で，天然のものは重合形態の異なるアミロースとアミロペクチン(もち米に多い)の混合物である(図9-7).**アミロース**は α1→4結合をもつが，**アミロペクチン**はそれに加え α1→6結合という分岐構造をもつ.水中で熱すると膨張し，粘度を増して糊化する.**グリコーゲン**はアミロペクチンに似た構造をもつ動物の貯蔵多糖で，肝臓と筋肉に多く含まれる.デキストランは微生物がつくる多糖である.

> **解説 ヨウ素デンプン反応**
>
> デンプンに**ヨウ素液**〔ヨウ素-ヨウ化カリウム液.例：うがい薬のポビドンヨード(商品名イソジン®)〕を滴下するとヨウ素がアミロースのらせん状構造に入り込んで結合し，紫色を呈する.デンプンの組成により色が青(アミロース)から赤紫(アミロペクチン)と異なり，グリコーゲンは赤褐色となる.アミラーゼで消化されると呈色しないため，デンプンやアミラーゼの検出に使われる.

b 構造多糖

重要なものはグルコースが β1→4結合で重合した**セルロース**で，植物の細胞壁に含まれる(図9-7).紙の成分となり，また綿花の綿はほぼ純粋なセルロースである.化学的処理を経てさまざまに利用されている(例：セルロイド，セルロースアセテート，レーヨンなどの繊維).**キチン**は N-アセチルグルコ

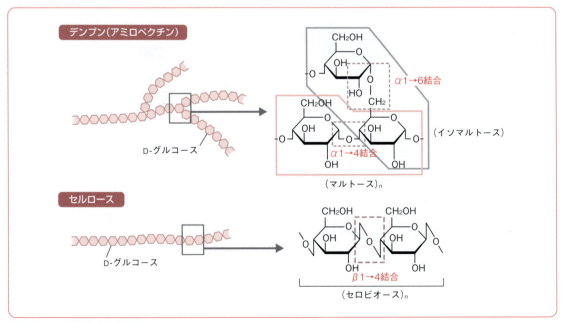

図9-7　ホモ多糖の重合構造

サミンが重合した多糖で，エビやカブトムシの殻の成分になっている．

> **Column**
>
> **セルロースを食べる動物**
> 　ヒトを含む大部分の動物の消化系はグルコースのβ1→4結合を加水分解できる酵素（セルロースをオリゴ糖まで分解するセルラーゼと，それをさらにグルコースまで分解するセロビアーゼ）がないため，セルロースは食物とならない．しかし草食動物やシロアリの腸にはこれらの酵素をもつ微生物が共生しているため，紙や木や綿織物を餌にすることができる．

2．ヘテロ多糖

　動物細胞の細胞外マトリックスには，二糖を単位として重合したヘテロ多糖がタンパク質と結合した**プロテオグリカン**が豊富に存在する（**図9-8**）．このようなヘテロ多糖を**グリコサミノグリカン**といい（以前は**酸性ムコ多糖**といわれていた），成分となる糖は**N-アセチルグルコサミン**や**N-アセチルガラクトサミン**，**グルクロン酸**などである（**表9-1**）．グリコサミノグリカンには**ヒアルロン酸**，**コンドロイチン硫酸**，**ヘパラン硫酸**などがあり，組織特異性を示す．**ヘパリン**はヘパリンプロテオグリカンの成分として肝臓などの細胞内に含まれ，血液凝固阻止活性がある．細菌の細胞壁にはN-アセチルグルコサミンとN-アセチルムラミン酸からなるヘテロ多糖があり，また寒天の成分である**アガロース**はD-ガラクトースとL-アンヒドロガラクトースからなるヘテロ多糖である．

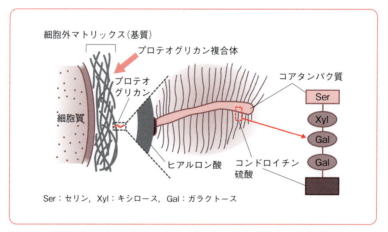

図9-8 細胞外マトリックスに存在するプロテオグリカンの構造

表9-1 グリコサミノグリカンの構造と組織分布

グリコサミノグリカン	構成成分	おもな分布
ヒアルロン酸	[グルクロン酸-N-アセチルグルコサミン]$_n$	皮膚，関節液，水晶体
コンドロイチン	[グルクロン酸-N-アセチルガラトサミン]$_n$	角膜
コンドロイチン4-硫酸	[グルクロン酸-N-アセチルガラクトサミン4-硫酸]$_n$	軟骨マトリックス
ヘパリン	[グルクロン酸/L-イズロン酸2-硫酸-N-アセチルグルコサミン/N-スルホグルコサミン6-硫酸]$_n$	肝臓や小腸の細胞内
ヘパラン硫酸	[グルクロン酸/L-イズロン酸2-硫酸-N-アセチルグルコサミン/N-スルホグルコサミン6-硫酸]$_n$	腎臓，肺，肝臓などの細胞膜

9. 糖質とその代謝 ⠿ 105

E 複合糖質

多糖やオリゴ糖がタンパク質や脂質と結合したものを**複合糖質**といい，生物活性をもつものが多い．複合糖質中の糖部分を**糖鎖**といい，細胞認識能にかかわる．

1. プロテオグリカン

上述したグリコサミノグリカンを糖鎖にしてコアタンパク質に多数結合したものを**プロテオグリカン**という．プロテオグリカンは膜タンパク質や分泌タンパク質に存在しており，糖鎖が分子量の大部分を占める．コアタンパク質がほかのグリコサミノグリカンと結合し，網目状の巨大なプロテオグリカン複合体を形成して，**細胞外マトリックス**を強固にしている．

2. 糖タンパク質と糖脂質

多糖ではなく，枝分かれしたオリゴ糖がタンパク質に結合したものを**糖タンパク質**という．糖鎖結合様式の1つは**N-グリコシド型**（アスパラギン酸型，血清型ともいう）で，多くの血清タンパク質，乳腺や肝臓由来の分泌タンパク質に見られる．もう1つは**O-グリコシド型**（ムチン型ともいう）で，消化管や粘膜から分泌される粘性物質である**ムチン**の構成成分である．オリゴ糖を糖鎖にもつ脂質は**糖脂質**といい，細胞表面で生理活性物質の受容体となる（**第11章**参照）．

Ⅱ 糖質の代謝

F 解糖系

糖代謝に利用される基本の糖は**グルコース**である．グルコースは小腸から吸収され，血中（グルコース濃度は80〜100 mg/dL）に入り，**インスリン**の作用を介して細胞に取り込まれる．

1. 解糖系での反応

ⓐ 活性化

グルコースが乳酸にまで異化される現象を**解糖**，代謝経路を**解糖系**といい〔**エムデン-マイヤーホフ-パルナス（EMP）経路**，**エムデン-マイヤーホフ（EM）経路**ともいう〕，糖代謝の根幹をなす（p.106，**図9-9**）．グルコースはリン酸化されて**グルコース 6-リン酸**，異性化されてフルクトース 6-リン酸，さらにリン酸が結合してフルクトース 1,6-ビスリン酸となる．これを活性化状態になるという．フルクトース 1,6-ビスリン酸は解裂して**グリセルアルデヒド 3-リン酸**（GAP）と**ジヒドロキシアセトンリン酸**になるが，両者は相互に変換しうるので，都合1 molのグルコースから2 molのGAPができることになる．

ⓑ ATP合成

GAPは酸化（実際には脱水素）とリン酸化によって1,3-ホスホビスグリセリン酸となる．リン酸はADPに移されてATPがつくられ，その後いくつかの代謝反応を経て再度ATPが産生されて**ピルビン酸**となるが，ピルビン酸は還元されて最終産物の**乳酸**になる．酸素があるとピルビン酸はミトコンドリア

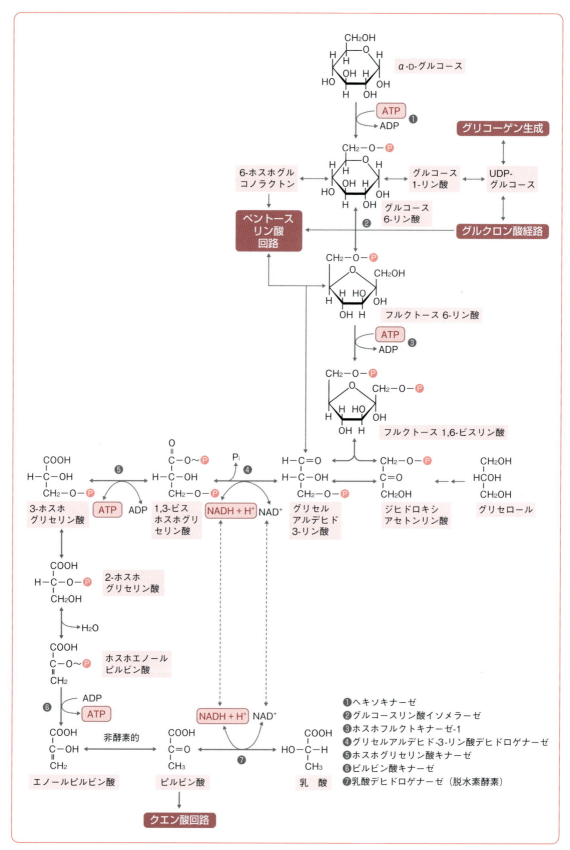

図9-9 解糖系およびほかの代謝系との関連

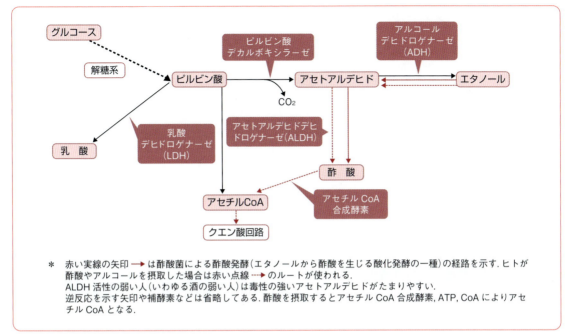

* 赤い実線の矢印 → は酢酸菌による酢酸発酵（エタノールから酢酸を生じる酸化発酵の一種）の経路を示す．ヒトが酢酸やアルコールを摂取した場合は赤い点線 ⇢ のルートが使われる．
ALDH活性の弱い人（いわゆる酒の弱い人）は毒性の強いアセトアルデヒドがたまりやすい．
逆反応を示す矢印や補酵素などは省略してある．酢酸を摂取するとアセチルCoA合成酵素，ATP，CoAによりアセチルCoAとなる．

図9-10 発酵とアルコール摂取に関する代謝経路

に入り，さらにクエン酸回路で代謝される．

2．解糖系の意義とエネルギー産生

解糖系はほかのほとんどの糖代謝経路と部分的に重複し，糖代謝全般に重要な役割をもつ．代謝経路や以下の代謝式を見てわかるように，解糖系では酸素は使われていない．

$$C_6H_{12}O_6（グルコース）+ 2\,ADP + 2\,P_i \rightarrow 2\,C_3H_6O_3（乳酸）+ 2\,ATP$$

この経路はクエン酸回路に入るまでの準備となる経路だが，筋肉を無酸素状態で激しく動かす場合は解糖系でエネルギーがつくられる．生物が基質を異化（酸化）してエネルギーを得ることを**呼吸**というが，解糖系は**無気呼吸**（無酸素状態で起こる呼吸．**嫌気呼吸**ともいう）のための代謝経路といえる．解糖系では最初にATPを使って2度のリン酸化が起こり，グリセルアルデヒド3-リン酸以降は2度のATP合成であわせて2×2＝4個のATPがつくられるため，差し引き2個のATPができることになる＊．

3．発　酵

a 種　類

微生物が糖を分解してエネルギーを得る過程で，人間に有用な有機物を代謝産物としてつくる現象を**発酵**という（有害なものができる場合は**腐敗**という）．**アルコール発酵**，**乳酸発酵**，**酢酸発酵**などが工業的・食品的に重要で，それぞれ特有な微生物を使って行う（図9-10）．アルコール発酵，乳酸発酵ではグルコースが解糖系でピルビン酸となり，乳酸発酵を行う乳酸菌はそれを還元して乳酸とする．

＊　ピルビン酸までだと，さらに2 molのNADH + H⁺（簡略化のため以降NADHと略す）もできるが，ここで取り出された水素は酸素がある場合にのみATP合成に使われる（p.111参照）．

 **バイオエタノール**

糖質（高分子多糖を加水分解してできたグルコースなど）をエタノール発酵させてつくるエタノールを**バイオエタノール**という．

b アセトアルデヒドを経由する発酵

酵母（例：ビール酵母，パン酵母）が行うアルコール発酵では，ピルビン酸は**アセトアルデヒド**になり（ここでCO_2ができる），**アルコールデヒドロゲナーゼ**（アルコール脱水素酵素）による還元で**エタノール**となる．アルコール発酵を行っている酵母に酸素を与えるとピルビン酸がクエン酸回路に入るため，アルコール発酵は停止する（**パスツール効果**という）．酢酸菌はエタノールからアセトアルデヒドを経て酢酸をつくるが，この過程は酸化反応なので，酢酸発酵は**酸化発酵**といわれる．

健康ノート◆飲酒で見られる代謝

飲酒で**エタノール**を摂取すると肝臓で代謝される．エタノールはアルコールデヒドロゲナーゼ（ADH）で酸化されて**アセトアルデヒド**となり，それがさらにアセトアルデヒドデヒドロゲナーゼ（ALDH）により酢酸に酸化される．酢酸はCoAと結合してアセチルCoAになり，クエン酸回路で代謝される（p.107, 図9-10）．飲酒が原因の不快感や二日酔いの原因物質は発がん性も示唆されている毒性の強いアセトアルデヒドである．

G グリコーゲン代謝

1．グリコーゲンの合成と分解

a 合成

動物は食事でグルコースを十分摂ると**グリコーゲン**をつくって肝臓や筋肉に貯蔵する（図9-11）．解糖系の2番目の基質であるグルコース 6-リン酸がグルコース 1-リン酸に変換され，ここにUTPからUDPが転移してエネルギーをもった**UDP-グルコース**ができる．UDP-グルコースはグリコーゲンシンターゼによって重合し，さらに分枝酵素も働いて分枝構造をもつグリコーゲンができる．

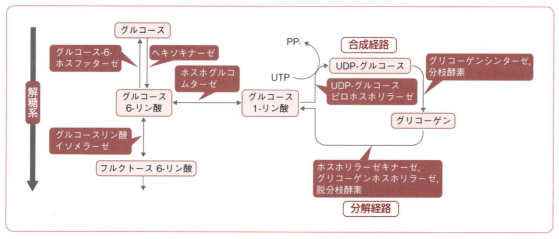

図9-11　グリコーゲン代謝

ⓑ 分 解

グルコースが必要になるとグリコーゲンは合成とは別の経路で分解されるが，分解にかかわる酵素は**加リン酸分解**という特殊な反応（グリコーゲン$_{n残基}$＋P_i→グリコーゲン$_{n-1残基}$＋グルコース 1-リン酸）を行う**グリコーゲンホスホリラーゼ**（ホスホリラーゼともいう）である．グリコーゲンは$\alpha 1\rightarrow 4$結合を切られながら，グルコース 1-リン酸として末端から順次外される．グリコーゲンホスホリラーゼは，それをリン酸化するホスホリラーゼキナーゼや脱分枝酵素などと複合体を形成している．グルコース 1-リン酸は解糖系の基質であるグルコース 6-リン酸に変換され，筋肉や組織ではそのまま解糖系を下るが，肝臓では脱リン酸化されてグルコースとなり，血中に放出される．

> 📖 健康ノート◆エネルギー貯蔵と肥満
>
> 高エネルギー物質ATPは貯蔵することができないため，動物は**エネルギー物質保存**のためにグリコーゲンをつくる．グリコーゲンはすぐにグルコースに異化されるため，状況に応じてエネルギーを供給するという目的には適しているが，その貯蔵量は限定的（肝重量の5％程度）である．そこで糖代謝基質を脂質合成経路に回して**トリグリセリド合成**を高め，それを皮下に蓄えようとする．食べすぎると**肥満**になるのはこのような仕組みが働くためである．

2. グリコーゲン代謝の調節

グリコーゲン代謝はグルコース利用状況によって合成に向かったり分解に向かったりするが，この調節は**グルカゴン**や**アドレナリン**といったホルモンで行われる（**図9-12**）．空腹でグルコースが必要になると，これらホルモンによって刺激されたシグナル伝達系により**アデニル酸シクラーゼ**が活性化し，

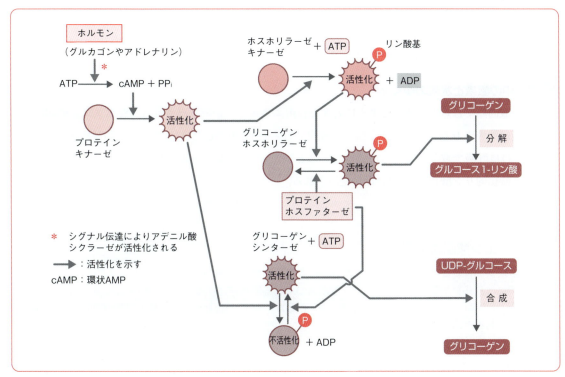

図9-12 グリコーゲン代謝におけるホルモン制御

環状AMP（cAMP）濃度が上がる．cAMPはプロテインキナーゼを活性化し，それがホスホリラーゼキナーゼを活性化する．これによってグリコーゲンホスホリラーゼが活性化し，グリコーゲン分解が促進されて**グルコース**が増える．他方グリコーゲン合成は，ホルモンで活性化されたプロテインキナーゼによってグリコーゲンシンターゼが不活性化されるために抑えられる．なお，**インスリン**はタンパク質のリン酸化や脱リン酸化を引き起こすが，上述とは逆に，結果的にグリコーゲンの合成を高め，分解を抑える．

Ⓗ クエン酸回路

1. クエン酸回路はミトコンドリアにある

ⓐ 概　要

解糖系の代謝産物である**ピルビン酸**は酸素のある条件では**ミトコンドリア**に移動し，**クエン酸回路**（トリカルボン酸回路，**TCA回路**，**クレブス回路**ともいう）で代謝される（**図9-13**）．ミトコンドリアに入ったピルビン酸はまずCoAとNAD$^+$という2種類の補酵素の存在下で**アセチルCoA**（活性酢酸ともいう），CO$_2$，NADHとなる．アセチルCoAは**オキサロ酢酸**にアセチル基を移して**クエン酸**になり，以下の代謝経路を経てオキサロ酢酸，そして再びクエン酸に戻るため，この経路をクエン酸回路という．

ⓑ 産　物

クエン酸の代謝産物であるイソクエン酸が**2-オキソグルタル酸**（α-ケトグルタル酸ともいう）になるとき，NADHとCO$_2$ができ，さらに2-オキソグルタル酸が**スクシニルCoA**になるときにもNADHとCO$_2$ができる．スクシニルCoAが**コハク酸**になるときには**GTP**（ATPと同等と仮定する）ができ，さらに**フマル酸**になるときに**FADH$_2$**ができる．**リンゴ酸**からオキサロ酢酸に変換されるときにもNADHがつくられ，その後クエン酸に戻る．クエン酸回路は以下の代謝式にまとめられる．

アセチルCoA + 3NAD$^+$ + FAD + GDP + P$_i$ + 2H$_2$O → 2CO$_2$ + CoA + 3（NADH + H$^+$）+ FADH$_2$ + GTP

ⓒ 基質中の酸素と水素のゆくえ

クエン酸回路では以下に述べるように大きな自由エネルギーが取り出される．なおクエン酸回路自体では酸素は消費されないが，**二酸化炭素**が放出される（CO$_2$中のCとOはグルコースC$_6$H$_{12}$O$_6$にあったもので，Oは呼吸で取り込んだものではないことに注意）．グルコースがもっていた**水素**は補酵素にわたされ，酸化的リン酸化でATP合成に使用される．

解説 クエン酸回路の調節

クエン酸回路が動くためにはアセチル基を受け取るオキサロ酢酸の存在が必須である．このため，ミトコンドリアにはピルビン酸から**オキサロ酢酸**を直接つくる経路が存在する．一方，ATPが十分にあると（相対的にADPが少ないと）クエン酸回路の必要性は下がるが，クエン酸回路はATPやNADHで抑制され，ADPで活性化されるという機構が存在する．

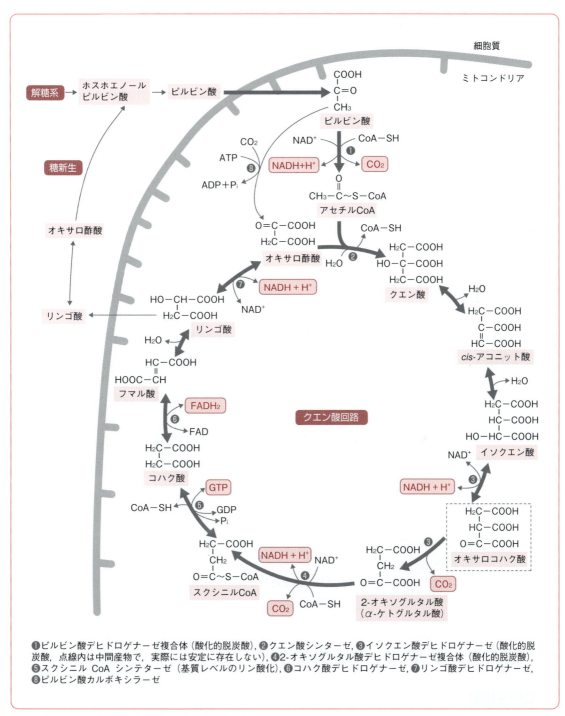

図9-13 クエン酸回路およびその関連代謝経路

2. クエン酸回路までのATP収支

　ここでグルコースからの**エネルギー収支**を考えてみる．解糖系では1 molの**グルコース**から**ATP**とNADHが2 molできる（p.112，**図9-14**）．以下すべて2倍にして計算すると，クエン酸回路に入るときにできるNADHが2 mol，クエン酸回路に入ってからできるNADHは6 mol，$FADH_2$は2 molとなる．

> **呼吸と燃焼**
>
> 　生物学では**呼吸**（**細胞内呼吸**）を，糖が異化（酸化）されてエネルギー（＝ATP）が取り出される過程としている．このため解糖や発酵のように，酸素を用いないでATPをつくる代謝も呼吸の一種であり，そのような呼吸を**無気呼吸**（**嫌気呼吸**）という．これに対し，ミトコンドリアで行われる酸素を使う呼吸を**好気呼吸**という．質量保存の法則を発見した**ラボアジェ** A. L. Lavoisier は「呼吸と燃焼は等価」といった．確かにグルコース異化の全代謝はグルコース燃焼の化学反応式と同じである．
>
> 　　　　$C_6H_{12}O_6$（グルコース）＋$6O_2$ → $6CO_2$ ＋ $6H_2O$ ＋自由エネルギー
>
> 　ダイエットのキャッチコピーで「脂肪を（糖の代謝系に移して）燃やす！」といった表現は言い得て妙であるが，上で述べたように，好気呼吸では炭素が酸素と反応して二酸化炭素になっているわけではなく，両者は決して等価ではない．

さらにATP相当のGTPが2 molつくられる．NADH 1 molは約2.5 mol*のATPに相当し，$FADH_2$は約1.5 mol*のATPに相当するため，1 molのグルコースからできる全ATPは32 molとなる．解糖系だけでできるATP量と比べるといかに多いかがわかる．

図9-14 グルコース1 molから産生されるATPのモル数

I 糖新生：グルコースを再生する

1. 糖新生経路

　グルコースは異化されるだけでなく，解糖系やクエン酸回路の基質から生合成される．これを**糖新生**という（図9-15）．糖新生は解糖系をさかのぼるようにして進むが，フルクトース 1,6-ビスリン酸からフルクトース 6-リン酸に脱リン酸化される部分と，グルコース 6-リン酸からグルコースに脱リン酸化される部分では解糖系とは異なる酵素が使われる．ただエノールピルビン酸から上流へ戻ることがで

＊　ATP合成酵素の活性化に何個のプロトンが必要かという，この前提が変わるとATP収支も変わりうる．以前の教科書では2.5 mol（NADH）／1.5 mol（$FADH_2$）が3 mol／2 molとされていたため，収支が38 molと書かれている．

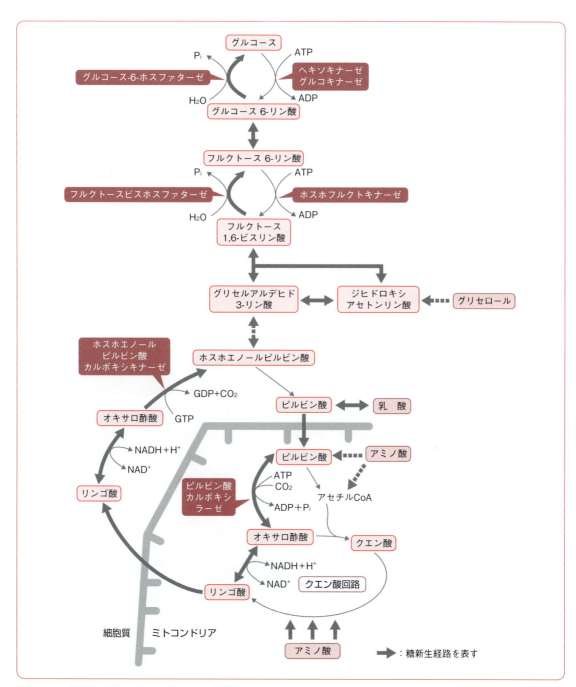

図9-15 糖新生経路とそれに使われる基質と酵素

きないため，**ピルビン酸**はまずミトコンドリアに入り，クエン酸回路のピルビン酸カルボキシラーゼを使う側路に入って**オキサロ酢酸**になる．オキサロ酢酸はクエン酸回路を1つ戻って**リンゴ酸**になり，細胞質に出る．その後リンゴ酸はオキサロ酢酸を経て**ホスホエノールピルビン酸**になり，上で述べたようにグルコースがつくられる．クエン酸回路にあるそれ以外の基質は回路を回り，リンゴ酸からミトコンドリア外に出る．解糖系の最終産物の乳酸もピルビン酸を経由してグルコースになる．

2. 糖新生の生理的意義

ⓐ 絶食した場合
　糖新生経路はおもに肝臓で働く．動物がしばらくの間食事しないとグリコーゲンが使い果たされる．絶食が続くと食事以外の方法でグルコースを確保して血糖値を一定にしなくてはならず，糖新生経路は生命維持にとってきわめて重要である（低血糖は生命の危険を招くため）．糖新生の基質として生理的に供給されるものは3つある．

ⓑ 糖新生の3つの基質
　第一はアミノ酸で，アミノ酸が脱アミノされ，残った糖部分がクエン酸回路に入る．第二は乳酸である．第三はトリグリセリドで，その成分である脂肪酸とグリセロールのうち，前者は異化産物のアセチルCoAがクエン酸回路を経由し，後者は解糖系をさかのぼりグルコースに変換される．絶食すると皮下脂肪が落ちるだけでなく，筋肉もやせ細るのは（筋肉タンパク質は頻繁に代謝回転されているため），このような機構による．血糖値上昇に働くホルモンのグルカゴンはグリコーゲン分解を促進するだけではなく，解糖系を抑える働きもある．

> **解説　乳酸を介する個体内のグルコース再利用：コリ回路**
> 　筋肉には解糖系産物の乳酸がたまりやすいが，乳酸は肝臓に運ばれ，糖新生経路によってグルコースになり，循環系で筋肉などに供給される．ここで見られる筋肉（解糖：グルコース〜乳酸）→肝臓（糖新生：乳酸〜グルコース）→筋肉という循環系をコリ回路という（図）．

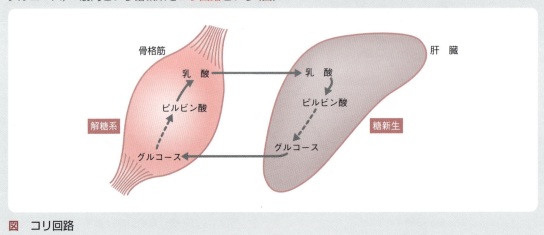

図　コリ回路

J ペントースリン酸回路

ⓐ 循環経路
　グルコース 6-リン酸を出発物質とし，ペントース（五炭糖）を経由して解糖系に戻る代謝経路をペントースリン酸回路という（図9-16）．まずグルコース 6-リン酸の酸化で6-ホスホグルコノラクトンが生成し，それが酸化されたあとに酸化的脱炭酸を受けて五炭糖のリブロース 5-リン酸ができるが，ここまで2 molのNADPH（＋H$^+$）が生成する．その後リボース 5-リン酸/キシルロース 5-リン酸（グルク

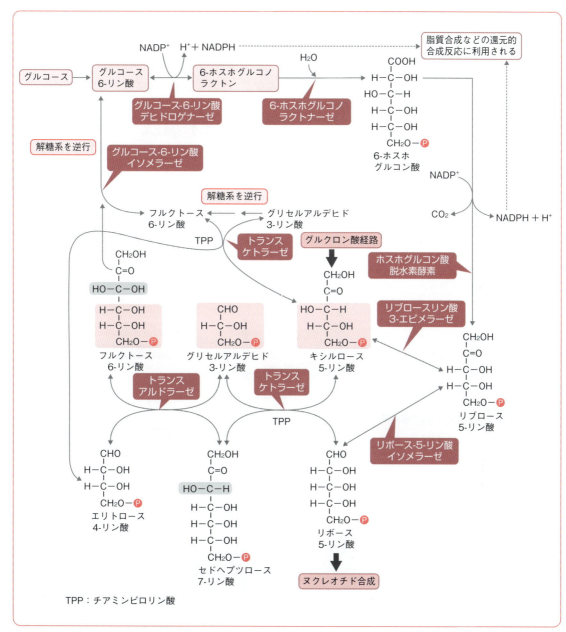

図9-16 ペントースリン酸回路

ロン酸経路と連絡する）を経て三炭糖と七炭糖になり，六炭糖（フルクトース 6-リン酸），四炭糖（エリスロース 4-リン酸）を経て解糖系に入り，グルコース 6-リン酸に戻る．

b 意 義

　ペントースリン酸回路はATPをつくる代謝系ではない．この代謝系の意義の1つは，脂肪酸，ステロイド，コレステロールといった**脂質合成**やその他の反応において還元剤として必要になる**NADPH**をつくることであり，もう1つの意義はヌクレオチドの材料である**リボース 5-リン酸**をつくることである（**第13章**参照）．リボース 5-リン酸はこの回路でしかつくることができず，ペントースリン酸回路は生命維持に必須である．

K グルクロン酸経路

グルクロン酸経路では，グルコースはまずグリコーゲン合成経路と同じ経路で**UDP-グルコース**ができたあと，UDP-グルクロン酸，そして**グルクロン酸**となる（**図9-17**）．グルクロン酸はその後L-グロン酸，キシリトールなどを経て**キシルロース 5-リン酸**となる．キシルロース 5-リン酸は**ペントースリン酸回路**に入り，フルクトース 6-リン酸やグリセルアルデヒド 3-リン酸となって解糖系に合流する．この経路で重要な物質は**UDP-グルクロン酸**で，グリコサミノグリカン合成においてグルクロン酸供与体として働くほか，UDP-キシロース（これはグリコサミノグリカンとコアタンパク質の連結に働く）の前駆体となり，さらには**グルクロン酸抱合**（毒物にグルクロン酸を付加して可溶性を高め，排出を容易にする）に供される．

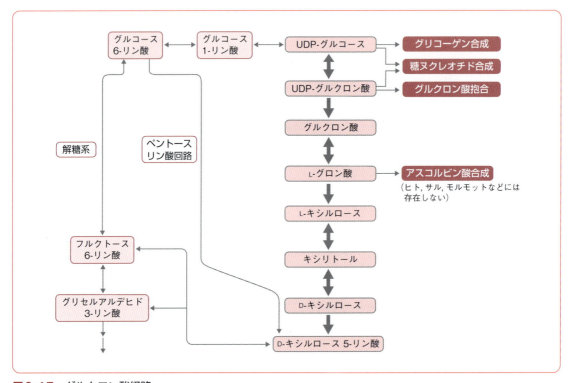

図9-17 グルクロン酸経路

健康ノート◆ビタミンCの摂取

ビタミンC（アスコルビン酸）はグルクロン酸経路の基質である**L-グロン酸**からグロノラクトンオキシダーゼによってつくられるが，ヒトにはその酵素がなく，ビタミンCは必須栄養素となる．

解説 ABO式血液型物質は糖鎖

ABO式血液型は赤血球表面の糖鎖構造の違いによる（**第4章**，p.44参照）．糖鎖が遺伝情報をもたないのに血液型が遺伝するのは，特異的糖鎖が特異的グリコシルトランスフェラーゼでつくられるからである．

グルコース以外の単糖の利用

　グルコース以外の糖で食物として摂取されるおもなものは**ガラクトース**（ラクトースの成分）と**フルクトース**（スクロースの成分）である（図）．ガラクトースはリン酸化後，UDP-ガラクトースからUDP-グルコースになって利用される．フルクトースはフルクトース 1-リン酸に変換後，グリセルアルデヒドとジヒドロキシアセトンリン酸となり，解糖系で代謝される．

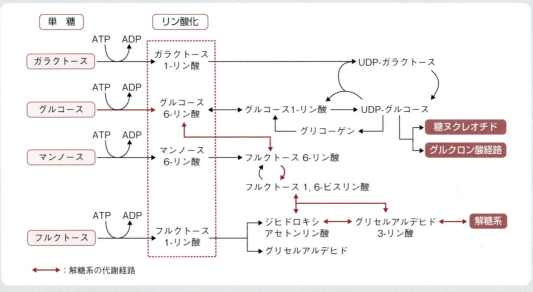

図　グルコース以外の六炭糖の代謝

複合糖質の合成

　糖タンパク質の糖はゴルジ体において，**グリコシルトランスフェラーゼ**によって順次連結される（図）．糖前駆体となる**糖ヌクレオチド**の合成では，ヌクレオチド（UDP，GDPあるいはCMP）のリン酸基末端が糖の1位に転移する反応が起こる．糖ヌクレオチドは大きなエネルギーをもっている．

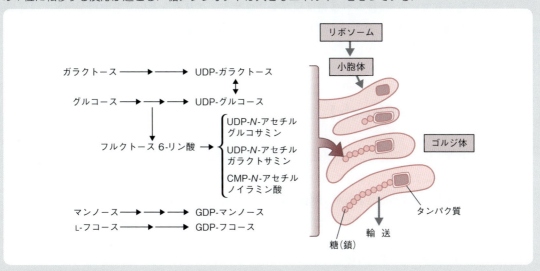

図　複合糖質の生合成
タンパク質に糖鎖が結合する場合を例にとり，示した．

118 ❖ Ⅱ．生化学編

> **余談** 血液型に関する都市伝説
>
> 血液型に関し，巷ではいろいろと噂されている．わが国や韓国では血液型と性格の間には関連性があると信じている人が多い．しかし，p.116の解説にあるように，ABO式血液型（**第4章**，p.44 参照）の区別は細胞表面の糖鎖付加酵素の種類の違いであり，両者が関連するとは考えにくい．この説明として，わが国や韓国ではそれぞれの血液型の人が比較的万遍なく分布することに原因があるように思われる（A型：B型：AB型：O型＝4：2：1：3）．しかし，極端な血液型分布の国も多く（例：ブラジルの先住民はすべてO型），また，骨髄移植により血液型が変化するという事実があることからも，この噂はほとんど科学的根拠のないものだということがわかる．もう1つの噂として，「ある血液型の人は特定の感染症に罹る確率が低い」というものがある．血液型が細胞表面の糖鎖構造の違いによるものなので，もし糖鎖が病原体と何らかの相互作用があるとするならば，この説はあながち嘘でないのかもしれない．特定の血液型とがんとの罹患率に相関があるのではないかという話を聞くことがあり，事実それに沿った研究例がいくつか報告されているが，これも「細胞間相互作用に糖鎖がかかわる」という事実を考えると，信憑性があるのかもしれない．

Ⓛ 糖代謝にかかわる疾患

糖の消化・吸収にかかわる酵素の欠損が原因の疾患としては，小腸粘膜細胞のラクトース分解酵素（**β-ガラクトシダーゼ**．ラクターゼともいう）が原因の**ラクトース不耐症**（牛乳を飲むと下痢の症状が出る）やスクロース分解酵素が原因のショ糖不耐症がある．単糖代謝の酵素異常症には，フルクトース尿症や**ガラクトース血症**（原因酵素は複数あるが，水晶体への代謝物沈着により白内障の原因にもなり，ガラクトース尿症を併発しやすい）などいくつかのものが知られている．また**グリコーゲン代謝**においてグリコーゲンシンターゼの欠陥やグリコーゲン分解酵素の欠損により，肝臓や筋肉に正常や異常のグリコーゲンが蓄積し，肝肥大，血糖異常，筋肉運動障害などの症状を呈する疾患である**糖原病**（**糖原蓄積症**ともいう）が多数知られている（例：ポンペ病，マッカードル病）．さらに糖鎖の分解過程に働くリソソーム酵素が欠損しているため，グリコサミノグリカン（p.104，**表9-1**）やその分解中間体が組織に蓄積し，臓器障害，知能障害，運動障害などを起こす多数の**糖タンパク質代謝異常症**や**酸性ムコ多糖代謝異常症**が知られている（酸性ムコ多糖は現在グリコサミノグリカンという名称だが病名では従来からの旧名が使用されている）．これらはいずれも**リソソーム病**の一種である．

☑ 学習内容の 再 Check! ▷ ▷ ▷ ▷ ▷ ▷ ▷ ▷

以下の文章が正しいか間違っているかを，○か×で答えなさい．

☐ 1．糖質は一般にカルボキシ基をもつので水に溶けて水素イオンを放出し，甘みがある．

☐ 2．糖質は単糖を基本構造とするが，単糖が2個以上結合した糖を多糖という．

☐ 3．D-グルコースの3位の炭素にある水素とヒドロキシ基が入れ替わった物質はグルコースの異性体で，溶液中でD-グルコースと変換しうる．

☐ 4．スクロースを二価の銅と反応させたら，銅が還元された．

☐ 5．粉末状態のグルコースにはα体，β体という区別はない．

☐ 6．スクロース，ラクトース，マルトースのいずれにも含まれる単糖はフルクトースである．

9. 糖質とその代謝 • 119

□ 7. エタノールは有機溶媒に溶けるが，脂質ではなく糖質に分類される．

□ 8. グリコーゲンとセルロースはどちらもグルコースが重合した高分子で，動物で前者はエネルギー貯蔵物質として，後者は細胞構築物質として使われる．

□ 9. 血清タンパク質や分泌タンパク質の多くには短い糖鎖が結合し，細胞認識能にかかわる．

□10. 複合糖質とはオリゴ糖がタンパク質や脂質と結合したもので，ヒアルロン酸やコンドロイチンもここに含まれる．

□11. グルコースは解糖系で乳酸に代謝されるが，酸素があると代謝効率が上がる．

□12. 解糖系途中のグリセルアルデヒド 3-リン酸から下流で 2 個の ATP が合成されるが，前の段階ですでに 1 個の ATP を消費しているため，正味の ATP 産生量は 1 個となる．

□13. アルコール発酵している酵母は気泡を大量に出す．この気体は酸素である．

□14. ピルビン酸はアセチル CoA になってミトコンドリアに入り，クエン酸回路に供される．

□15. グルコースに余裕があるとグリコーゲンがつくられるが，この代謝反応はアドレナリンやグルカゴンによって抑えられる．

□16. クエン酸回路は基質の炭素を呼吸で取り込んだ酸素に結合させ，二酸化炭素として放出する．

□17. 解糖系やクエン酸回路で補酵素に移った水素も，ATP 合成に貢献している．

□18. 糖新生は糖代謝基質を元にグルコースをつくる反応だが，ピルビン酸の場合，解糖系をさかのぼるというシンプルな経路でグルコースにつくり変えられる．

□19. 筋肉中で生じた乳酸はコリ回路により，肝臓でグルコースに形を変え，再び筋肉に戻る．

□20. 核酸合成に必要な糖であるリボースはクエン酸回路でつくられる．

□21. ペントースリン酸回路では脂質合成などに必要な $FADH_2$ が産生される．

□22. 単糖が複合糖質の糖鎖合成に利用される場合，糖はいったん ATP や GTP と結合して糖ヌクレオチドになる．

□23. 糖尿病はグリコーゲン代謝異常によって起こる病気である．

□24. 牛乳を飲んで下痢をする人は，ラクトース分解酵素が欠損している可能性がある．

9

生体エネルギーとATP合成

Introduction

　生物は有機物を酸化・分解して糖に含まれる化学エネルギーを取り出し，高エネルギー物質のATPをつくるが，大部分のATPは酸化的リン酸化で合成される．脱水素酵素により基質にあった水素を受け取った補酵素は，電子を電子伝達系に渡し，電子はより還元電位の高い物質に移動し，エネルギーを放出しながら酸素に行き着く．電子を失った水素〔水素イオン(H^+)．プロトンともいう〕はプロトンポンプでミトコンドリア膜間腔に汲み出されるが，プロトンのマトリックスに戻る力がATP合成酵素を活性化し，それによりADPとリン酸からATPがつくられる．プロトンは電子を受け取った酸素と結合して水となるが，これが好気呼吸に酸素を必要とする理由である．

はじめに

　生命を維持することはエネルギーを得ることにほかならない．エネルギーは物質の酸化により得られるが，生物は酵素と補酵素，そして電子伝達系を巧みに使い，効率よくグルコースからエネルギーを得ている．本章では生体内酸化反応の理論基盤とそこに関与する機構について説明する．

A 生体内酸化還元

1. 細胞内呼吸の概要

a グルコースの利用

　細胞内呼吸は細胞内で有機物を酸化・分解し，有機物がもつエネルギーを取り出す**エネルギー代謝**である（図10-1）．呼吸の基本的材料は**グルコース**である．グルコースは二酸化炭素と水を原料に植物が光エネルギーを使ってつくったものであり，グルコースにはエネルギーが蓄積されていることになる．グルコースを酸素存在下で加熱して完全に**燃焼**（＝酸化）させると水と二酸化炭素ができるが，開放されたエネルギーは熱として空気中に発散してしまう．生物はグルコースを徐々に酸化し，各段階で発生するエネルギーを**ATP**合成のために利用し，できたATPを生命活動に使っている．

b ATPを得るステップ

　第9章で述べたように，**解糖系**や**クエン酸回路**自体で少量のATPがつくられるが，取り出せるエネルギーはそれだけではなく，脱水素酵素によって基質から補酵素に移された水素にも多くのエネルギーが含まれている．細胞はこのエネルギーを巧妙な方法で取り出し，大量のATPをつくっている．

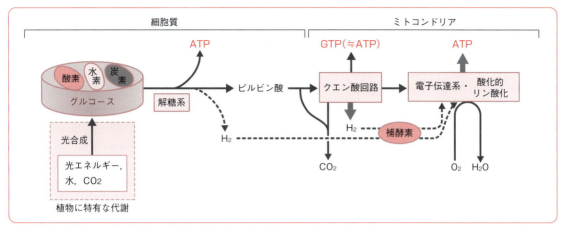

図 10-1　好気呼吸する生物がエネルギー (ATP) を得る過程
植物は光合成でも ATP を合成する．

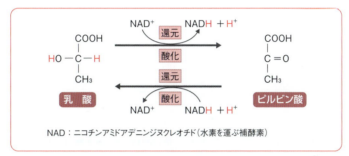

図 10-2　生物に見られる酸化還元反応の一例

2. 酸化と還元

　酸素と結合することを**酸化**といい，酸化と逆の反応は**還元**という．水素が酸化されて（すなわち酸素が水素で還元されて）水になることから，水素が離れることも酸化と同等である．化学では電子を受け取ることを「還元」，電子が奪われることを「酸化」と定義する．酸素は電子を引きつける電気陰性度が高く，水素が結合しても水素のもつ電子は酸素に奪われる形になっている．二価鉄と二価銅との間で酸化還元反応を起こすと三価鉄と一価銅になる（**価数**は不足電子数，つまり酸化度を表す）．二価鉄は酸化され，二価銅は還元され，鉄にあった電子1個が銅に移動する．酸化と還元は必ず同時に起こる（**酸化還元反応の共役**）が，これは生体分子でも同じである．脱水素酵素によって基質が酸化される場合，基質から電子とともに外れた水素は補酵素に移動し，結果的に補酵素が還元される（**図10-2**）．

3. 電位差はエネルギーを生む

ⓐ 電位差

　上述した鉄と銅の間の反応からわかるように，物質により**電子の移りやすさ**に違いがあることがわかる．電子がどれだけ移動しやすいかを**電位**という概念で表すことができるが，この基準となるのはある標準状態で水素イオン（**プロトン**ともいう）の還元を元に測定された個別反応の還元されやすさの程度，すなわち電子の受け取りやすさで，これを**標準還元電位**（E_0'）といい，V の単位で表す（p.122，**表10-1**）．還元反応だけを見た場合，酸素がプロトンと電子を受け取って水になる場合の E_0' は高く（0.816V），逆

表10-1 標準還元電位

還元反応の種類		標準還元電位(E_0')(V)
$\frac{1}{2}O_2 + 2H^+ + 2e^-$	→ H_2O	0.816
シトクロムc(Fe^{3+}) + e^-	→ シトクロムc(Fe^{2+})	0.254
$2H^+ + 2e^-$	→ H_2 (pH 0)	0.000
ピルビン酸 + $2H^+ + 2e^-$	→ 乳酸	-0.185
$NAD^+ + H^+ + 2e^-$	→ NADH	-0.320
$2H^+ + 2e^-$	→ H_2 (pH 7.0)	-0.414

e^-：電子．

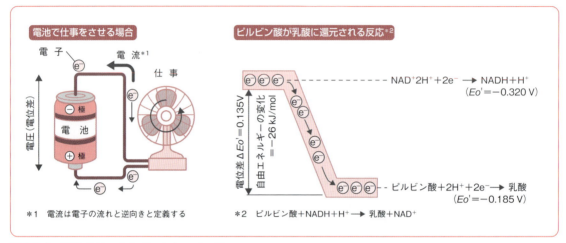

図10-3 電位差はエネルギーをもっている

に水中のプロトンが還元されて水素になる場合のE_0'は低い(-0.414 V)．電子はE_0'の高い反応に向かう性質をもつ．

b エネルギーの発生

電池の正極と負極に導線をつなぐと，電圧によって電子が移動するので（これを「電流が流れる」という．電池の場合も電子はマイナス極からプラス極に流れる），そこにモーターをはさむとモーターが回って仕事をする（図10-3）．このことは生体内でも同じで，標準還元電位の差〔**標準還元電位差**（$\Delta E_0'$)〕はエネルギーを含む．$\Delta E_0'$が正の大きな値ほど電子との結合性が高く（還元されやすく），大きな負の値ほど電子を放しやすい（酸化されやすい）．

4．補酵素を介する電子の移動

生体内で電子が移動する酸化形式にはいくつかあるが，大部分は水素が2個1組で基質から外れて**補酵素**に移動する（すなわち補酵素の還元）**脱水素反応**である（図10-4）．この場合は電子も2個一緒に移動するため，**酸化型**NAD^+や**FAD**は**還元型**NADHとH^+やFADH$_2$となる〔水素の1つは電子を2個もつ**水素化物イオン**（H^-）として，あとの1つは電子を失ったプロトンとして移動する〕．NAD^+がエネルギー産生に対して使われるのに対し，細胞内では$NADP^+$よりもNADPHの濃度が高く，NADPHは物質を還元する合成反応に使われる．

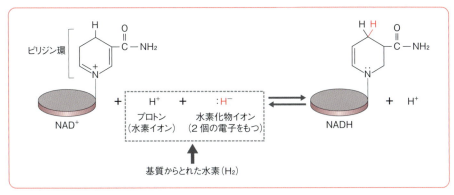

図10-4 NADの酸化還元反応
ピリジン環の部分を詳しく表す．

> **解説 水素の多い有機物はエネルギー含有量も多い**
>
> 水素が結合している炭素は水素が離れるときに電子を2個失うので，還元状態にある（すなわち自由エネルギーを取り出すことができる）と表現する．有機物から取り出されるエネルギーは炭素の還元状態と相関する．酸素（または窒素も）は電子を引く力が強いので，電子が離れにくい．

B 高エネルギー物質：ATP

a エネルギーの取り出し

　生物は酸化還元反応で取り出された自由エネルギーを使って，**ADP**（アデノシン二リン酸）と**無機リン酸**から**ATP**（アデノシン三リン酸）を合成する（p.124，図10-5）．ATPがADPや**AMP**に加水分解されるときには，逆にエネルギーが放出される＊．リン酸結合の形成には大きなエネルギーが必要なため，リン酸を含む化合物はいずれもエネルギー状態が高い（例：**クレアチンリン酸**，**アセチルCoA**）．加水分解によって－25kJ/mol以上の負の自由エネルギー変化があるものを**高エネルギー物質**（**高エネルギーリン酸化合物**ともいう）といい，ATPはその代表的なものである（p.124，表10-2）．

b エネルギー利用

　ATPはエネルギー状態が高い上に分解もされやすいため，利用しやすい物質である．ATPはそれを必要とされている場所で加水分解され，生合成，運動，運搬，能動輸送，調節，発光，分子構造変換のために使われ，生体における**エネルギー通貨**のような役割をもつ．

> **解説 ATP合成の3つの様式**
>
> ATPはすでに述べたように，基質にあるリン酸基の移動によりつくられる**基質レベルのリン酸化**のほか，光合成による**光リン酸化**（第15章，p.201），そしてp.126で述べる**酸化的リン酸化**によってつくられる．

＊ AMPになると，細胞内では副産物の二リン酸（ピロリン酸ともいう）がさらにピロホスファターゼで無機リン酸にまで加水分解され，より大きなエネルギーが取り出される．例：RNA合成．

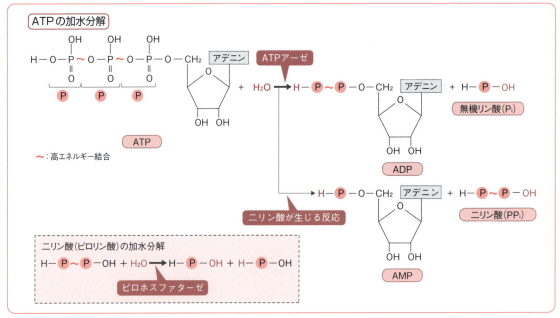

図10-5 ATPの構造とリン酸基の加水分解

表10-2 加水分解により放出される自由エネルギー

高エネルギーリン酸化合物	自由エネルギー変化〔kJ/mol〕
ホスホエノールピルビン酸	−61.9
クレアチンリン酸	−43.0
ATP（→ADP + P$_i$）	−30.5
ATP（→AMP + PP$_i$）	−45.6
PP$_i$（→2P$_i$）	−19.0
フルクトース6-リン酸	−15.9
アセチルCoA	−31.4

kJ：キロジュール，PP$_i$：ニリン酸（ピロリン酸），P$_i$：無機リン酸．

C 電子伝達系とATP合成

ミトコンドリアでは補酵素に移動した水素を元に，以下の過程を経てATPと水がつくられる（図10-6）．
① 水素の電子がE_0'の高いものに順次移動し，エネルギーが放出される．
② 生じたエネルギーで駆動するポンプにより，プロトンがマトリックス外に汲み出される．
③ プロトンがマトリックスに戻る力を利用し，ATP合成酵素がATPをつくる．
④ 電子は最終的に酸素に移り，プロトンが結合することで水ができる．

1．電子伝達系
a 電子伝達系の構成

上述した①にかかわる機構を**電子伝達系**といい（**呼吸鎖**ともいう），かかわる因子群はミトコンドリア内膜にある（図10-7）．因子群とは膜に固定されている複合体Ⅰ～Ⅳと，膜内を移動できる**補酵素Q**（**CoQ**）と**シトクロムc**（**cyt.c**）である．

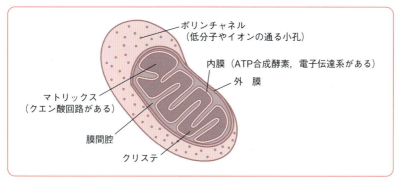

図10-6 ミトコンドリアの内部構造と好気呼吸系

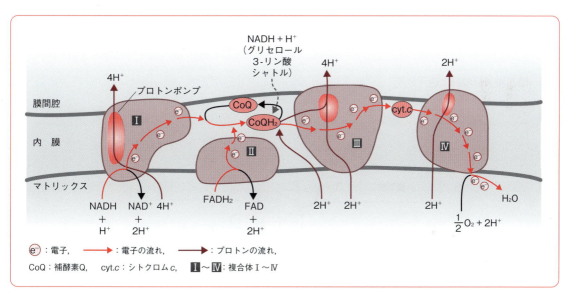

図10-7 電子伝達系の構造
リンゴ酸-アスパラギン酸シャトルでマトリックスに入った場合はNADH，クエン酸回路のフマル酸→コハク質からの場合はFADH$_2$が用いられる．

b 電子の流れ

複合体ⅠではNADHの水素がプロトンと電子に分かれ，電子は複合体Ⅰの内部を転移してプロトンとともにCoQに渡る．複合体は**プロトンポンプ活性**をもち，プロトンをマトリックスの外に汲み出す．FADH$_2$の水素は複合体Ⅱから入り，電子は複合体Ⅱの内部を通ってCoQに渡る．電子とプロトンをもったCoQは複合体Ⅲに入り，電子はいくつかの因子を転移して複合体Ⅲの外にあるシトクロムcに渡り，プロトンは複合体にあるプロトンポンプにより汲み出される．電子をもったシトクロムcは電子を複合体Ⅳ中の各因子に渡し，ここでもプロトンポンプが働いてプロトンが汲み出される．電子は最後にマトリックス内にある酸素に渡り，プロトンが結合して水ができる．

2. ミトコンドリアにおけるATP合成

a 合成機構

ミトコンドリアの**膜間腔**（内膜と外膜の間）にたまったプロトンは，濃度勾配を下ってマトリックスに戻ろうとする**化学浸透**という力を内在している．内膜には**ATP合成酵素**があり，プロトンの流入に

解説　サプリメントにもなっている補酵素Q

補酵素Q(CoQ)はコエンザイムQ10(CoQ10)ともよばれ，サプリメントとしてもよく知られた物質である．ビタミンQとよばれていたこともある．体内で合成できるのでビタミンではないが，細胞の活力維持に必要な物質であることに間違いない．CoQは別名/略称であり，化学物質名はユビキノンである（図）．イソプレン側鎖の炭素数が高等動物では10なのでQ10の名が与えられている．電子伝達系では複合体Ⅰにおいて2個の電子を受けて還元型のユビキノールとなり，複合体Ⅲにおいてその電子をシトクロム*c*に渡してユビキノンに戻る．

図　ユビキノンの酸化還元

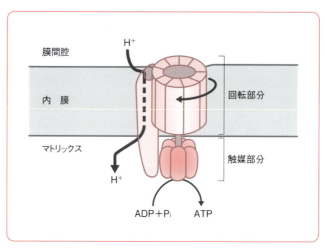

図10-8　ATP合成酵素の構造

よって分子が機械的に駆動し，ADPとリン酸からATPを合成する（図10-8）．以上のように電子をもつ物質の酸化とATP合成が組み合わさったこの機構を**酸化的リン酸化**という．

b 合成効率

1個の**ATP合成**に4個のプロトンが必要とすると，NADH由来の10個のプロトンからは2.5個のATP，FADH$_2$由来の6個のプロトンからは1.5個のATPが合成される．この計算によると**第9章**で述べたように，1 molのグルコースから32 molのATPができる（注：ATP合成に必要なプロトン数を4.3個とする新しい説もあり，その場合，ATPは32 molでなく30 molとなる．なおクエン酸回路でできるGTPをATPに変換するエネルギーを差し引くと，さらに29 molに減るともいわれている）．このときのエネルギー効率は36%で，残りは熱に変わる．プロトンの中にはATP合成と共役しないでマトリックスに戻るものがあるが，このようなATP合成と共役しない浸透を**脱共役**といい，**発熱**の大きな要因である．

余談 プロトンの移動による酵素活性化と胃酸との関係

ATP合成酵素と似た構造をもつ酵素にV型プロトンポンプがある．この酵素は胃酸分泌腺の細胞膜などにあり，ATPが加水分解のエネルギーによってATP合成酵素とは逆の方向にポンプが回り，プロトン（水素イオン）が細胞の外へ排出される．胃液が酸性となるのはこのためである．

Column 脳や筋肉ではATP合成量が2 mol少ない？！

細胞質のNADHがミトコンドリアのマトリックスに入る場合，直接は入らずリンゴ酸-アスパラギン酸シャトルという輸送機構が働く．しかし脳や筋肉ではグリセロール 3-リン酸シャトルという別の輸送機構が働き，電子は複合体Ⅲから電子伝達系に入る（p.125，図10-7参照）．このため，複合体Ⅰで汲み出されるべきプロトン4個分（＝ATP 1個分．グルコース1個あたりで計算するとATP 2個分）の損が出てしまい，ATP合成量も32－2＝30 molとなる．細菌にはミトコンドリアがないので32 molのままである．

解説 生命維持に酸素が必要な理由

外呼吸で肺から取り込まれて細胞に入った酸素は，電子伝達系において最後の電子受容体として利用され，ゆえにこの過程は好気呼吸といわれる．酸素がないと電子伝達系の電子は排出される場所がなくなり，呼吸系は即座に停止してしまう．生物の中には電子受容体として酸素を必要としないものがいるが（ある種の細菌），そのような生物は酸素の代わりに硝酸塩，硫酸塩，鉄などを使用して無気呼吸（嫌気呼吸，無酸素呼吸ともいう）を行う．

こぼれ話 青酸カリの毒性の正体

シアン化カリウム（青酸カリともいう）などの青酸化合物は電子伝達系複合体Ⅳ中のシトクロム c オキシダーゼに結合してその機能を阻害する．このため，電子が流れなくなり，呼吸が停止してしまう．

学習内容の再Check!

以下の文章が正しいか間違っているかを，〇か×で答えなさい

- ☐ 1. 生体内酸化反応の大部分には，酸素は直接関与しない．
- ☐ 2. どんなときでも酸化と還元は同じだけ，同時に起こる．
- ☐ 3. 生体で見られる酸化反応にかかわる補酵素の中には，CoA，CoQ，FADなどが含まれる．
- ☐ 4. 生物は自由エネルギーをADP合成で捕らえ，それを物質の合成や分解といった反応に利用する．
- ☐ 5. 補酵素が基質から奪った水素は直接酸素に渡されて水となる．
- ☐ 6. プロトンポンプはミトコンドリアの膜間腔にあるプロトンをマトリックスに戻す装置である．
- ☐ 7. ATP合成酵素が行う反応の逆反応はATP加水分解反応である．
- ☐ 8. 体温（熱）は，電子伝達系で各電子受容体から電子が除かれる（酸化される）ときに発生する．

11章 脂質とその代謝

Introduction

脂質の基本となるものは脂肪酸である．これがグリセロールと結合したものがトリグリセリド，いわゆる中性脂肪で，エイコサノイドやステロイドも脂肪酸が元になってできている．脂質以外のものを含む脂質を複合脂質といい，細胞膜の成分にもなるリン脂質や糖脂質が多数含まれる．脂質は血液中でリポタンパク質という巨大な複合体をなしている．栄養として摂ったトリグリセリドは加水分解され，グリセロールは解糖系から，脂肪酸はβ酸化で分解されたあとクエン酸回路に入り，いずれもエネルギー産生に利用される．脂肪酸，ステロイド，エイコサノイドはいずれもアセチルCoAが元になって生合成される．

はじめに

脂肪酸を基本に組み立てられる脂質にはさまざまな種類があり，その働きも多様である．脂質の代謝経路は糖の代謝経路と深く関連し，相互変換される．本章では脂質の種類とその代謝経路について詳しく説明するとともに，脂質に関連する疾患についても言及する．

I 脂質の種類

生物が利用する物質のうち，ベンゼンやクロロホルムのような無極性の**有機溶媒**に溶けやすいものを**脂質** lipid といい，エネルギー物質以外にもさまざまな役割がある（**表11-1**）．

A 脂肪酸と中性脂肪

1. 脂肪酸の種類

脂肪酸は脂質の基本となる物質で，炭素と水素からなる直鎖状の炭化水素の鎖の末端に酸の性質を示す**カルボキシ基**（-COOH）をもつ**有機酸**の一種で，**カルボン酸**に含まれる（**表11-2**）．炭素数が2〜5，6〜10，11以上のものをそれぞれ**短鎖脂肪酸**，**中鎖脂肪酸**，**長鎖脂肪酸（高級脂肪酸）**という．酢酸も広義には**脂肪酸**に含まれる＊．脂肪酸が生体内で単独で存在することは少なく，大部分はグリセロールの**エステル**（酸とアルコール性OHが $-\overset{\overset{O}{\|}}{C}-O-$ で結合したもの）である**中性脂肪**として存在する．

＊ 炭素3以下のものを脂肪酸から除く場合もある．

表11-1 脂質の役割

役割	脂質の種類
貯蔵エネルギー	トリグリセリド（中性脂肪）
生体膜成分	リン脂質，コレステロール，糖脂質
組織保護	ロウ，セラミド
脂質の消化促進	胆汁酸
脂質運搬体	リポタンパク質
生体機能調節	エイコサノイド，イノシトールリン脂質，セラミド
ビタミン，ホルモン	ビタミンA，E，D，K，ステロイドホルモン

表11-2 脂肪酸の種類

脂肪酸名	炭素数	分子式	二重結合の数と位置[1]	融点（℃）
飽和脂肪酸				
ギ酸[2]	1	$HCOOH$		8.4
酢酸	2	CH_3COOH		16.7
プロピオン酸	3	C_2H_5COOH		−21.0
酪酸	4	C_3H_7COOH		−7.9
吉草酸	5	C_4H_9COOH		−34.5
カプロン酸	6	$C_5H_{11}COOH$		−3.0
カプリル酸	8	$C_7H_{15}COOH$		16.7
カプリン酸	10	$C_9H_{19}COOH$		31.4
ラウリン酸	12	$C_{11}H_{23}COOH$		44.0
ミリスチン酸	14	$C_{13}H_{27}COOH$		54.0
パルミチン酸	16	$C_{15}H_{31}COOH$		63.0
ステアリン酸	18	$C_{17}H_{35}COOH$		69.6
アラキジン酸	20	$C_{19}H_{39}COOH$		75.5
不飽和脂肪酸				
パルミトレイン酸	16	$C_{15}H_{29}COOH$	1 (9)	5.0
オレイン酸	18	$C_{17}H_{33}COOH$	1 (9)	13.4
リノール酸	18	$C_{17}H_{31}COOH$	2 (9, 12)	5.0
α-リノレン酸	18	$C_{17}H_{29}COOH$	3 (9, 12, 15)	−11.0
γ-リノレン酸	18	$C_{17}H_{29}COOH$	3 (6, 9, 12)	−26.0
アラキドン酸	20	$C_{19}H_{31}COOH$	4 (5, 8, 11, 14)	−49.5
EPA（エイコサペンタエン酸）	20	$C_{19}H_{29}COOH$	5 (5, 8, 11, 14, 17)	−54.0
DPA（ドコサペンタエン酸）	22	$C_{21}H_{33}COOH$	5 (7, 10, 13, 16, 19)	−78.0
DHA（ドコサヘキサエン酸）	22	$C_{21}H_{31}COOH$	6 (4, 7, 10, 13, 16, 19)	−44.0

[1] カルボキシ基の炭素を1として番号をつけ二重結合の位置をかっこ内に示す．
[2] 通常，脂肪酸に分類されないギ酸も示した．

健康ノート ◆ 中鎖脂肪酸とダイエット

中鎖脂肪酸はエネルギー代謝に使われるが，中性脂肪としてグリセロールには組み込まれない．直接皮下脂肪にならない油ということで，ダイエットの観点から注目されている．

余談 油と脂

油脂という語句は調製された脂質の一般的用語である．油脂のうち常温で液体状態のものを油（脂肪油 oil．例：サラダ油），固体状態のものを脂（脂肪 fat．例：バター）と呼び分ける．

解説 脂肪酸の水溶性

脂肪酸のアルキル基とカルボキシ基はそれぞれ疎水基，親水基のため，基本的に両親媒性を示す．疎水基の短い酢酸は水によく溶けるが，炭素数が長くなると疎水性が強くなり，溶けにくくなる．

脂肪酸の炭素が単結合のみで連結されているものを**飽和脂肪酸**（例：パルミチン酸，ステアリン酸），二重結合をもつものを**不飽和脂肪酸**〔例：オレイン酸，リノール酸（**図11-1**）〕といい，不飽和化したものは同じ炭素数でも融点が下がる（つまり低温でも固化しにくい）．健康面で注目されている**EPA（エイコサペンタエン酸）**や**DHA（ドコサヘキサエン酸）**も不飽和脂肪酸の一種である．不飽和脂肪酸は細

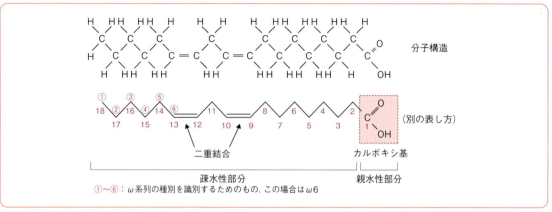

図11-1 リノール酸の構造

解説 不飽和脂肪酸のω系列

不飽和脂肪酸はその生合成経路に基づいて特定の**ω系列**（**n系列**ともいう）に分類されるが，これは最初の二重結合がカルボキシ基の反対側の炭素から何番目の炭素にあるかによって識別できる．たとえば，リノール酸（図11-1）は最初の二重結合が6番目にあるので，ω6系列である．よく知られたω系列としてω3系列（例：α-リノレイン酸，EPA，DHA），ω6系列（例：リノール酸，アラキドン酸），ω9系列（例：オレイン酸）があるが，これらの不飽和脂肪酸は二重結合が油脂の融点を下げて細胞膜の流動性を高め，また血中コレステロール濃度を下げるなどの効果が示唆されており，医学的，栄養学的に注目されている．

トランス脂肪酸は健康をむしばむ？！

不飽和脂肪酸の二重結合している炭素は自由に回転できず，そこから伸びる炭素は向きが同じか反対かのいずれかになる．これら異性体のうち，前者の折れ曲がった形をシス型といい，後者の伸びた形をトランス型という（図）．天然の不飽和脂肪酸はほとんどがシス型である．水素を使って不飽和脂肪酸から付加価値の高い**マーガリン**やショートニングなどの固形油脂を製造する（炭素に水素を結合させて二重結合をなくして飽和脂肪酸にする．融点が上がって固化する）と，副産物として**トランス不飽和脂肪酸**ができる．トランス脂肪酸は悪玉コレステロールを増やし，動脈硬化や心筋疾患を悪化させるといわれている．

図 二重結合のシス型とトランス型

胞膜や脂肪の流動性維持や分子形の保持に効くため生命維持にとって必須であるが，ヒトは不飽和度の高い脂肪酸（例：リノール酸，リノレイン酸，アラキドン酸）を合成することができないか合成量が乏しいため，それらは必須脂肪酸となっており，栄養として摂取しなくてはならない．

2. エイコサノイド

エイコサノイドは不飽和脂肪酸であるアラキドン酸の誘導体で，生理活性をもつ．中央に環状構造をもつシクロオキシゲナーゼ系分子と，もたないリポキシゲナーゼ系分子の2種類があり（図11-2），前者にはプロスタグランジン（PG）とトロンボキサン（TX）が含まれ，後者にはロイコトリエン（LT）が含まれる．PGにはPGAやPGEなどいくつかの種類があり，子宮の収縮や弛緩，血管の拡張や収縮，気管の拡張や収縮など，多彩な生理活性を示す．TXには血小板凝集，血管や気管の収縮といった作用があり，LTは白血球を集める走化性誘導能がある．

3. 中性脂肪

中性脂肪は代表的な単純脂質で，グリセロールのヒドロキシ基に脂肪酸がエステル結合したものである．脂肪酸はグリセロールに3個まで結合でき，脂肪酸が1個，2個のみもつものそれぞれをモノグリセリド（モノアシルグリセロール），ジグリセリド（ジアシルグリセロール）というが，生体に見られる大部分は3個の脂肪酸をもつトリグリセリド（トリアシルグリセロールともいう．TGと略す）である（図11-3）．1個のTG内の3個の脂肪酸が同じことはまれである．脂肪酸はTGの形になって植物の種子や動物の脂肪組織に蓄積される．食事として摂る脂質のほとんどはTGで，脂肪酸としては炭素長16のパルミチン酸と，18のステアリン酸，オレイン酸，リノール酸が多い．脂肪消化酵素のリパーゼは

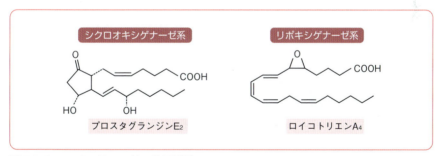

図11-2 エイコサノイドの分子構造

図11-3 トリグリセリド（トリアシルグリセロール）

脂肪酸とグリセロールとの間の**エステル結合**を加水分解する．

> **余談　ロウ**
> 一価や二価の第一級の高級アルコールと，高級脂肪酸のエステルを**ロウ**（蝋，ワックス）といい，化学的に安定で，多くは常温では固体である．天然のロウはある種の動植物によってつくられる（例：ミツバチ由来のミツロウ，アブラヤシ由来のパームロウ）．

B 複合脂質

脂質に脂質以外の成分が結合したものを**複合脂質**という（図11-4）．

1．リン脂質
a グリセロリン脂質

リン酸をもつ脂質を**リン脂質**といい，**グリセロリン脂質**と**スフィンゴリン脂質**がある．グリセロリン脂質のうち，グリセロール炭素の1位と2位に脂肪酸が結合し，3位にリン酸がエステル結合したものを**ホスファチジン酸**という（図11-4）．ホスファチジン酸のリン酸部分に種々の分子がエステル結合したものがリン脂質で，**ホスファチジルコリン（レシチン）**，**ホスファチジルエタノールアミン**，ホスファ

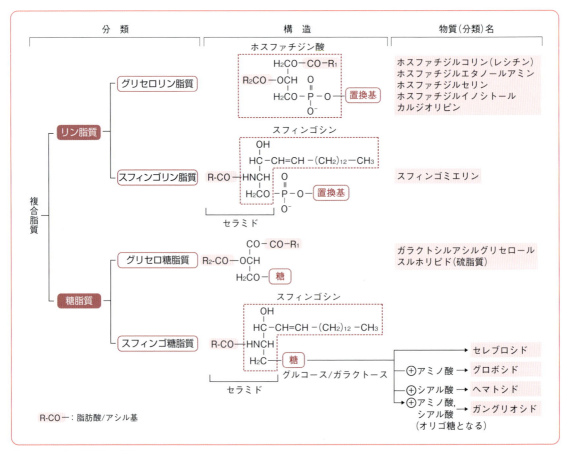

図11-4　複合脂質の分類

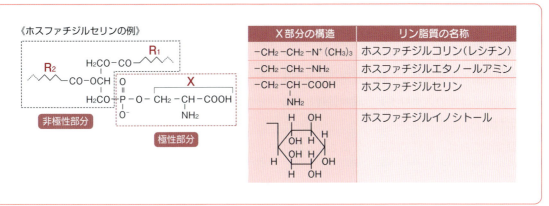

図11-5 グリセロリン脂質の構造と置換基

チジルセリン，ホスファチジルイノシトールがあり（図11-5），生体膜（脂質二重膜．第2章参照）の主成分となる．レシチンは神経組織や血清に多く，またホスファチジルイノシトール（イノシトールリン脂質）は細胞質側に存在して細胞内シグナル伝達にかかわる．リン脂質中でのグリセロールとアシル基は非極性だが，リン酸とそれに付随する置換基は強い極性をもつため，分子は両親媒性を示す．ホスファチジルグリセロールが2個連結した分子をカルジオリピンといい，ミトコンドリアに含まれる．リン脂質中の1位の炭素がビニルエーテル結合した脂肪酸をもつものをプラスマローゲン類といい（例：エタノールアミンプラスマローゲン），神経組織（特にミエリンの細胞膜），心臓，筋肉に多い．

ⓑ スフィンゴリン脂質

スフィンゴシンに脂肪酸が結合したセラミド（皮膚の角質層にあって表皮保湿成分として働いたり，シグナル伝達に関与する分子）にさまざまな原子団が結合したものをスフィンゴ脂質といい，なかでもリン酸が結合したものをスフィンゴリン脂質という．スフィンゴリン脂質も細胞膜の成分となるが，コリンの結合したスフィンゴミエリンは神経組織に多い．

2. 糖脂質

ホスファチジン酸誘導体のうち，リン酸や塩基性基の代わりに糖を含むものを糖脂質といい，細菌や植物に多いグリセロ糖脂質と動物に多いスフィンゴ糖脂質に分けられる．糖脂質もリン脂質と同様，生体膜の構成成分となる．スフィンゴ糖脂質は糖とセラミドからなり，糖が1個ついたものはセレブロシド（例：ガラクトセレブロシド）という．上記のものにさらにアミノ酸がついたものをグロボシド（赤血球の血液型物質となっている），シアル酸がついたものをヘマトシド，両方ついているものをガングリオシド（複数のシアル酸をもつ）という．ガングリオシドは免疫やシグナル伝達にかかわり，インフルエンザウイルスの吸着受容体にもなる．

Ⓒ ステロイドとテルペノイド

1. ステロイド

ステロイド核をもつ化合物を総称してステロイドといい，多くの場合，炭素17位に脂肪族（炭素が鎖状に連なった分子の総称）の置換基をもつが，機能面で以下のように分けられる（p.134，図11-6）．

ⓐ ステロール

3位にヒドロキシ基，17位に側鎖をもつものの総称である．このうち**コレステロール**は動物に大量に存在するステロールで，血液中にもリポタンパク質の形で多量に存在する．コレステロールはリン脂質につぐ**生体膜**の主要成分で，膜の安定化と弾力化にかかわるため，不足すると組織がもろくなる．肝臓でつくられ，ほかのステロイド合成の材料となる．

ⓑ 胆汁酸

肝臓でつくられ，胆嚢で濃縮・分泌される胆汁の主成分で，いくつかの成分の混合物である．**コール**

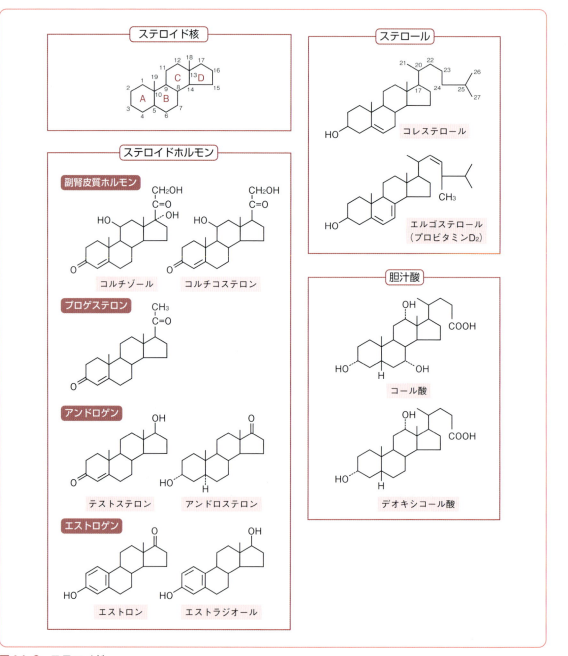

図11-6 ステロイド

酸などの**一次胆汁酸**が腸内細菌によって変化し，**デオキシコール酸**などの**二次胆汁酸**となる．胆汁酸はグリシンやタウリンなどが結合した抱合型になっており，抱合型胆汁酸の塩は水溶性を獲得し，十二指腸で脂肪を分散させる**界面活性剤**として機能する．

c プロビタミンD

ビタミンDの前駆体にはいくつかの型がある．ビタミン機能にかかわるものはプロビタミンD$_2$とプロビタミンD$_3$で，前者はキノコ類に多く，後者は動物組織に多い．**プロビタミン**は不活性型で，**紫外線**により活性型ビタミンDに変化する．カルシウムイオンとリン酸の血中濃度維持などを介して**骨代謝**にかかわり，不足するとくる病になる．

d ステロイドホルモン

ホルモン作用を示す多くのステロイドがある．**副腎皮質ホルモン**は糖代謝にかかわる**グルココルチコイド**（**糖質コルチコイド**．例：コルチゾール，コルチゾン）とミネラル（無機塩類）の代謝にかかわる**ミネラルコルチコイド**（**鉱質コルチコイド**．例：アルドステロン）に大別される．ほかのグループは**性ホルモン**で，生殖腺などから分泌される．**男性ホルモン**（アンドロゲンともいう）にはテストステロンやアンドロステロンが，**女性ホルモン**〔エストロゲン，**卵胞ホルモン**（濾胞ホルモン）ともいう〕にはエストロンやエストラジオールがある．**黄体ホルモン**（プロゲステロンともいう）は黄体から分泌される．性ホルモンはわずかな構造の違いでまったく異なる生理作用を発揮する．

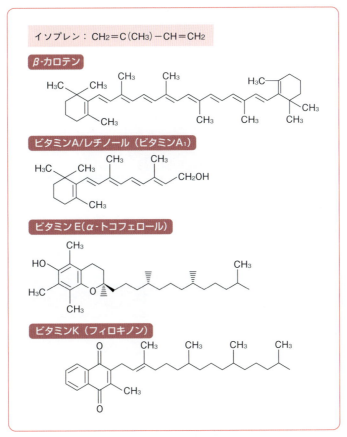

図11-7 イソプレンと非ステロイド脂溶性ビタミン

2. テルペノイド

イソプレンが複数結合してできるものをテルペノイドといい，植物によってつくられる（p.135，図11-7）．狭義のテルペノイドは植物の香り成分となる種々のテルペン類を指す．カロテノイドは植物の色（黄色から赤）の成分で，リコピン，キサントフィル，カロテンなどがある．β-カロテンが動物に吸収されると体内でビタミンA（レチノールともいう）に変換され，視細胞に含まれる視物質として使われる．炭素鎖30のトリテルペン（例：肝油に含まれるスクアレン）はコレステロールの合成中間体になる．ビタミンKやビタミンEといった脂溶性ビタミンもイソプレンからつくられる．

D タンパク質結合脂質とリポタンパク質

脂質はタンパク質と結合した結合脂質となって組織中で安定に存在できる．このような脂質のうち，血液中に存在するものをリポタンパク質（リポプロテイン．リポは脂質の意味）といい，親水性である．水不溶性で脳にあるものはプロテオリピドという．血液中のリポタンパク質はトリグリセリド，コレステロール，リン脂質を内部に含み，アポリポタンパク質（アポタンパク質ともいう）を含むリン脂質で包まれた巨大な球形の粒子で（図11-8），粒子の比重の軽い方からキロミクロン，VLDL（超低密度リポタンパク質），LDL（低密度リポタンパク質），HDL（高密度リポタンパク質）と分類される（表11-3）．比重が小さいほど径が大きく，脂質の含有率が高い．アポリポタンパク質には複数の種類があり，リポタンパク質により組成が異なる．遊離脂肪酸は血液中でアルブミンと結合しているが，この状態の複合体はリポタンパク質とはいわない．

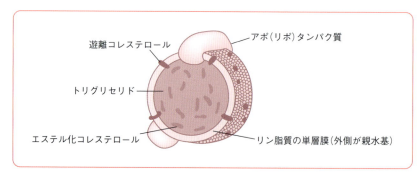

図11-8 リポタンパク質の内部構造

表11-3 リポタンパク質の組成と働き

リポタンパク質	直径 (nm)	密度 (g/mL)	アポ(リポ)タンパク質	組成〔重量%〕タンパク質	リン脂質	コレステロール	トリグリセリド	機能
キロミクロン	80～1,000	<1.006	A-Ⅳ, B-48, C-Ⅱ, C-Ⅲ, E	2	9	4	85	食事由来の脂質を血中へ運ぶ
VLDL	30～75	0.95～1.006	B-100, C-Ⅰ, E	10	18	19	50	内在性トリグリセリドの末梢への輸送
LDL	20～25	1.006～1.063	B-100	23	20	45	10	コレステロールを肝臓から末梢へ輸送
HDL	8～10	1.063～1.210	A-Ⅰ, A-Ⅱ, A-Ⅳ, C-Ⅰ, C-Ⅱ, C-Ⅲ, D, E	55	24	17	4	余剰コレステロールを肝臓に戻す

II 脂質の代謝

E 脂肪酸の分解

1. トリグリセリドの分解
ⓐ グリセロール
　トリグリセリド（TG）はおもにエネルギー源として利用される．細胞に入ったTGはまずリパーゼによって脂肪酸とグリセロールに加水分解される（図11-9）．グリセロールはリン酸化されたあと，グリセロール-3-リン酸デヒドロゲナーゼ（脱水素酵素）で酸化されてジヒドロキシアセトンリン酸となり，そのまま解糖系で利用される．

ⓑ 脂肪酸
　一方，脂肪酸はATPとCoA（補酵素A）存在下でアシルCoAシンテターゼ（合成酵素）によりアシルCoAとなる（図11-10）．アシルCoAの異化はミトコンドリアで行われるが，アシルCoAはそのまま

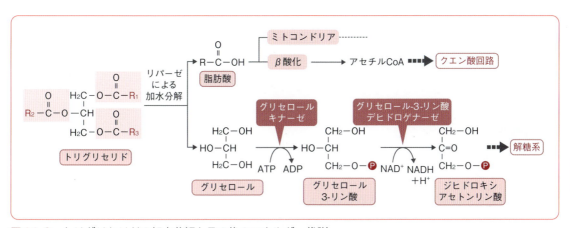

図11-9 トリグリセリドの加水分解とその後のエネルギー代謝

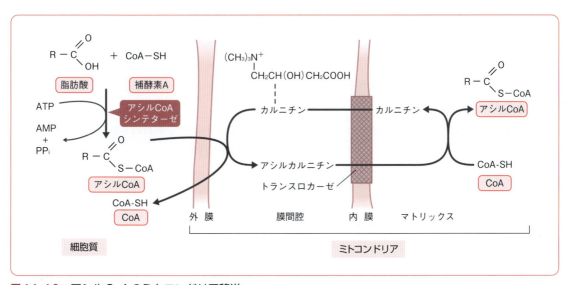

図11-10 アシルCoAのミトコンドリア移送

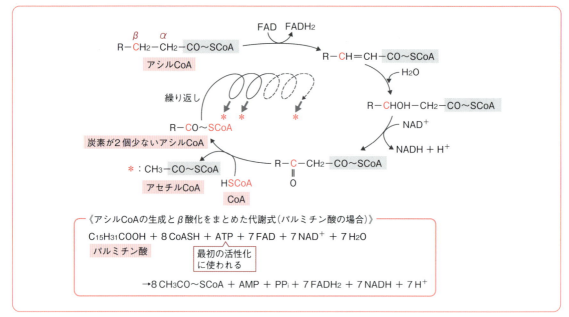

図11-11 β酸化の進行過程

ではミトコンドリアの内膜を通過できないため，**カルニチン**にアシル基を受け渡し，内部にあるCoAと交換反応を起こしてアシルCoAとなる（カルニチンがアシルCoAの運搬因子になっている）（**図11-10**）．

2．β酸化

ⓐ アセチルCoAの切り出し

まず**アシルCoA**のカルボキシ基から数えて1番目（α）と2番目（β）の炭素の間がFAD存在下で酸化され，続いて水が付加されて二重結合が解消される（**図11-11**）．さらに酸化反応によってβ位のヒドロキシ基がケト基になり，ここに新たなCoAが作用することによってα-β間が切断される．すると元からあったアセチル基がアセチルCoAとして切り出されるとともに，新たなCoAが末端となったβ炭素に結合し，炭素数が2個分短いアシルCoAとなる．このサイクルを**β酸化**といい，これが連続的に起こることにより脂肪酸の炭素が2個ずつ短くなり，できたアセチルCoAはクエン酸回路に入って代謝される．奇数炭素をもつ脂肪酸はC3のプロピオニルCoAにまで異化されたのち，炭素が付加され，C4のスクシニルCoAとなって直接クエン酸回路に入る．

ⓑ エネルギー産生効率

β酸化では1つの分子から多数のアセチルCoAができ（パルミチン酸であれば8個），1分子のパルミチン酸であれば106分子のATPがつくられ，エネルギー産生効率はグルコースの数倍となる．1分子のTGから見るとその量はさらに3倍以上となり，いかに脂肪の熱量が多いかがわかる．

> **解説　ペルオキシソームでのβ酸化は熱発生にかかわる**
>
> **アシルCoA**は**ペルオキシソーム**内でも**β酸化**される（ミトコンドリアで代謝されない炭素数20以上のものが優先的に代謝される）．ただし，ペルオキシソームには電子伝達系やATP合成系がないため，基質から奪われた水素は過酸化水素合成に使われ，過酸化水素はカタラーゼで水になる．このときに熱が発生する．

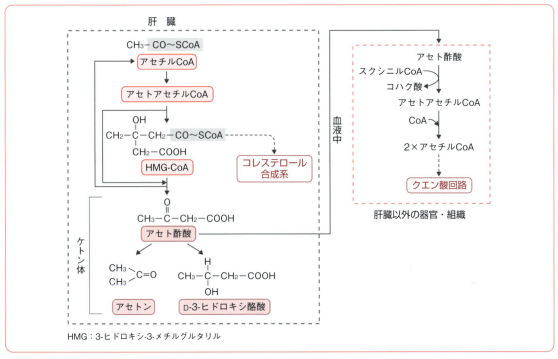

図11-12 アセチルCoAからのケトン体生成，およびその代謝

3. ケトン体の生成

　肝臓では，脂肪酸代謝が活発化するとクエン酸回路の能力を超えてアセチルCoAができ，アセチルCoAからアセトアセチルCoAを経てアセト酢酸が蓄積しやすい（図11-12）．アセト酢酸は二酸化炭素を放出してアセトン，還元されてD-3-ヒドロキシ酪酸になるが（アセト酢酸，アセトン，D-3-ヒドロキシ酪酸はケト基をもつので，ケトン体といわれる），肝臓ではアセト酢酸を代謝してアセチルCoAに戻す酵素がないため，ケトン体は細胞を出てほかの臓器に運ばれ，そこでアセチルCoAに変換され，クエン酸回路で代謝される．筋肉や脳（脳にはβ酸化系がない）ではケトン体は重要なエネルギー源となる．

疾患ノート◆ケトーシスとアシドーシス

　糖尿病などの糖代謝障害があったり絶食すると脂肪酸利用の割合が増え，その結果ケトン体が増えて，血液や尿に高濃度のケトン体が出現するケトーシス（ケトン症）となる．ケトン体が酸性（acidic）なために血液が酸性に傾き，アシドーシスも起こる．

F 脂肪酸の合成

1. アセチルCoAの準備

　脂肪酸合成の材料はアセチルCoAである．このため，糖質を過剰に摂取してATPに余裕ができると，ミトコンドリアに入ったピルビン酸からできたアセチルCoAは脂肪酸合成に回され，これがトリグリセリドとなって脂肪組織に蓄えられる．脂肪酸合成は細胞質で行われるが，アセチルCoAはそのままではミトコンドリア外へ出ることができない（p.140，図11-13）．そこでまずいったんクエン酸に変換

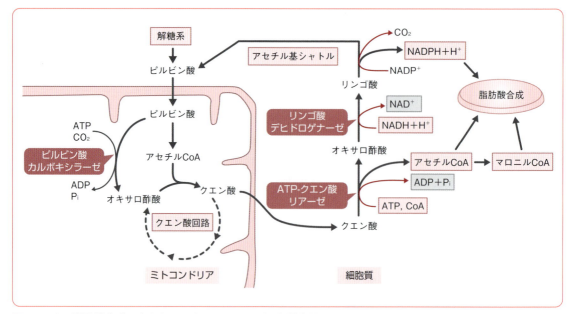

図11-13 脂肪酸合成にかかわるアセチルCoAの細胞質移送

され，それからミトコンドリアの外に出て，ATPとCoAの存在下でアセチルCoAに戻る．副産物のオキサロ酢酸はリンゴ酸，ピルビン酸を経て再びミトコンドリアに入るが，この機構を**アセチル基シャトル**といい，そのとき脂肪酸合成に必要な**NADPH**もつくられる．

2. 脂肪酸合成反応

a 縮合反応

　脂肪酸の新生経路は分解反応とは無関係である．脂肪酸合成では**アセチルCoA**が材料となるが，重合反応に供される直接の分子は炭素が1つ多い**マロニルCoA**である（**図11-14**）．マロニルCoAはアセチルCoAと炭酸塩およびATPを材料に，**アセチルCoAカルボキシラーゼ**と**ビオチン**（**ビタミンB₇**ともいわれる）の働きでつくられる．この酵素はcAMPを上げる血糖上昇ホルモンのグルカゴンで抑制され，インスリンで活性化される（つまり血糖が必要なときには脂肪酸をつくらず，糖を取り込んだら脂肪酸をつくる）．マロニルCoAはアセチルCoAとの間で脱炭酸により**縮合**し，さらに還元，脱水，還元と反応が進んで，炭素4の脂肪酸（**ブチリル基**）ができる．

b 反応の連続

　上述の反応が連続して起こって炭素が2個ずつ増えるため，脂肪酸の炭素数は偶数となる．縮合以降の反応には7種類の酵素がかかわり，これらの酵素は**アシルキャリアタンパク質（ACP）**とともに巨大タンパク質を構成し，脊椎動物では1本のペプチドからなる．アシル基はタンパク質についたパントテン酸誘導体のスルフヒドリル基（-SH）とエステル結合しており，反応はタンパク質上で進み，最後に加水分解されて脂肪酸が遊離する．マロニル基融合後の還元反応に必要な大量の**NADPH**は，すでに述べた**ペントースリン酸回路**（**第9章**，p.114参照）と上述の**アセチル基シャトル**により供給される．飽和脂肪酸から不飽和脂肪酸への変換は小胞体で行われる．

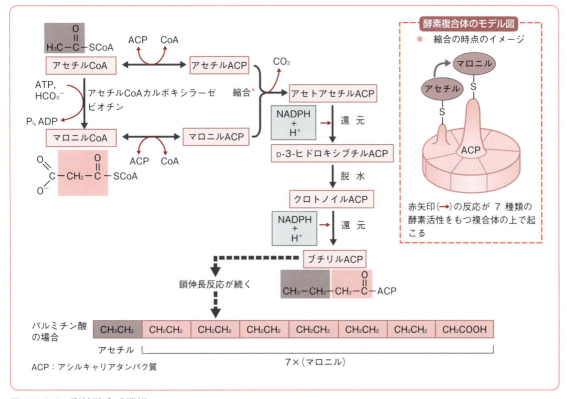

図 11-14 脂肪酸合成機構

> 📖 **健康ノート◆パントテン酸と脂肪酸合成**
>
> CoAにはビタミン（ビタミンB₅）のパントテン酸（p.90, p.187参照）が含まれ，アシル基とACP複合体の結合にもパントテン酸がかかわる．パントテン酸は脂肪酸合成に重要であり，欠乏するとさまざまな疾患を引き起こす．

G ホスファチジン酸を経由するトリグリセリドとリン脂質の合成

a トリグリセリド合成

　グリセロールに脂肪酸が2個，リン酸が1個ついた**ホスファチジン酸**は脂質合成の重要な中間代謝産物である．ホスファチジン酸合成の始まりは解糖系基質である**ジヒドロキシアセトンリン酸**で，まずこの物質が還元されてグリセロール3-リン酸ができ，ここにATPとCoAが関与し，アセチルトランスフェラーゼの働きで脂肪酸のアシル基が炭素1位の位置に結合し，同様の反応で2位にもアシル基が結合することによりホスファチジン酸となる（p.142, 図11-15）．ここからリン酸基が外れてジグリセリドになり，再びアシル基転移反応が起こって**トリグリセリド**となる．

b グリセロリン脂質合成

　ホスファチジルコリンやホスファチジルエタノールアミンといった**グリセロリン脂質**は，ジグリセリドとUDP-コリンあるいはCDP-エタノールアミンからつくられる．なお，グリセロリン脂質はそれぞれ特異的な**ホスホリパーゼ**で加水分解される．

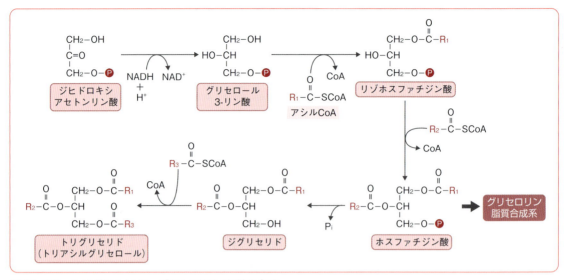

図11-15 トリグリセリド，グリセロリン脂質の合成

医療ノート◆アラキドン酸カスケードと抗炎症薬

ホスホリパーゼA_2によってリン脂質から高度不飽和脂肪酸である炭素20のアラキドン酸が切り出される．アラキドン酸からシクロオキシゲナーゼのかかわる反応でプロスタグランジン，プロスタサイクリン，トロンボキサン，リポキシゲナーゼのかかわる反応でロイコトリエンといったエイコサノイドが合成される．これをアラキドン酸カスケードという（図）．ステロイド系抗炎症薬は，ホスホリパーゼA_2やシクロオキシゲナーゼの働きを抑えることにより，炎症に付随する血管拡張や腫れを抑える．他方，アスピリンやインドメタシンのような非ステロイド系抗炎症薬は，シクロオキシゲナーゼを阻害してエイコサノイド生成を抑え，解熱・鎮痛・抗炎症効果を発揮する．

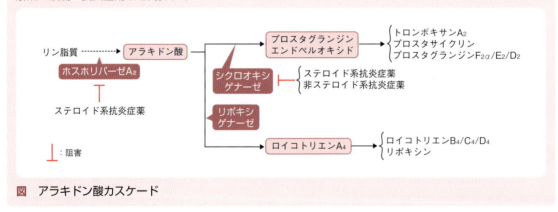

図 アラキドン酸カスケード

H ステロイドの合成

1. コレステロールの合成

コレステロールの複雑な環状構造は，アセチルCoAを元に肝臓でつくられる．まずアセチルCoAとその誘導体のアセトアセチルCoAからHMG-CoA（3-ヒドロキシ-3-メチルグルタリルCoA）ができ，そ

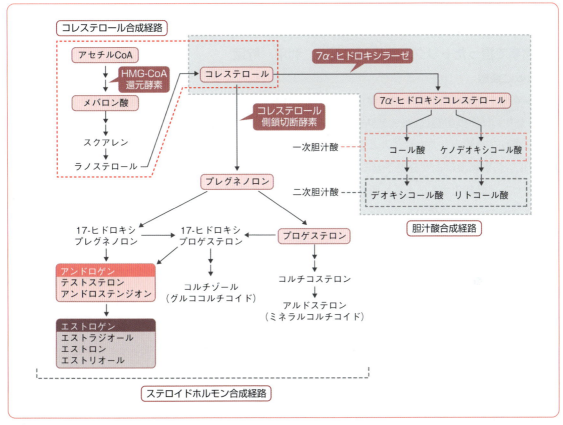

図 11-16 ステロイド合成の全体像

れが還元されて**メバロン酸**となる．このときに働く**HMG-CoA還元酵素**はコレステロール自身から負のフィードバック制御を受ける．メバロン酸は縮合反応を経て**スクアレン**（C_{30}）となり，環状化によって**ラノステロール**になり，その後数段階の反応を経て**コレステロール**（C_{27}）となる．コレステロールはステロイドホルモン，胆汁酸，ビタミンDなどの前駆体となる．

医療ノート ◆ 抗コレステロール薬

高コレステロール血症の治療に使われる**抗コレステロール薬**は，コレステロール生合成の調節酵素である**HMG-CoA還元酵素**を標的としている．

2. ステロイドホルモンの合成

　コレステロールは17位に長い側鎖をもつ．副腎においてコレステロール側鎖切断酵素によってこの側鎖が除かれ，**ステロイドホルモン**に共通の前駆体である**プレグネノロン**，そして黄体ホルモン（プロゲステロンともいう）になる（図11-16）．代謝系はそこから男性ホルモン（**アンドロゲン**ともいう）を経て女性ホルモン（**エストロゲン**ともいう）に至る経路，コルチコステロンを経て**アルドステロン**となる経路（**ミネラルコルチコイド合成系**），**コルチゾール**がつくられる**グルココルチコイド合成系**に分かれる．このほかプレグネノロンから17-ヒドロキシプレグネノロンを経由する経路も存在する．

I 生体における脂質の貯蔵と輸送

1. 食事で摂ったトリグリセリドの運搬，利用，貯蔵

a 吸収と運搬

　小腸細胞から吸収されたリパーゼによる**トリグリセリド（TG）**の消化物は細胞内で再構成されて再びTGになり，ほかの脂質（コレステロール，リン脂質など）やアポリポタンパク質とともに**キロミクロン**となってリンパ管そして血管に入る（図11-17）．キロミクロン中のTGは血中の**リポタンパク質リパーゼ**（LPL．食事刺激により分泌される）によって加水分解されてグリセロールと脂肪酸になるため，キロミクロンは微細化する．多量の脂肪を摂取したあとの血液はキロミクロンで白濁しているが，この機構により速やかに清浄化する．

b 利用と貯蔵

　その後グリセロールと脂肪酸は細胞に入り，前節で述べたように異化されて**エネルギー源**になるか，肝臓などでTGに組み立てられる．脂肪酸は**脂肪組織**でTGとして貯蔵されたり，筋肉でエネルギー源となる．糖はTGより優先的にエネルギー源として利用されるため，糖が十分ある場合，TGはおもに貯蔵に回る．空腹時など，エネルギー供給が不十分な場合には，脂肪酸がエネルギー源として利用される．脂肪組織に蓄積されているTGはアドレナリン，グルカゴン，成長ホルモンなどの**ホルモン感受性リパーゼ**によって加水分解され，エネルギー源として各組織で利用される．

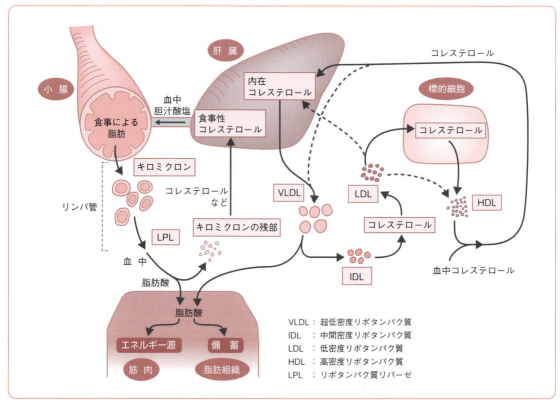

図11-17 リポタンパク質を介する体内脂質の移動

2. 血中リポタンパク質と脂質の動態

キロミクロン中の脂質の大部分はTGで，食事性TGを肝臓や組織に運ぶ．肝臓ではコレステロールが合成される．肝臓のTG，コレステロール，リン脂質はリポタンパク質であるVLDLによって搬出され，筋肉や脂肪細胞で脂肪酸を遊離し，IDL，そしてLDLへと代謝される．LDLはコレステロール含量が高く，LDL受容体を介して種々の組織や細胞に取り込まれ，肝臓や組織にコレステロールを渡す．家族性高コレステロール血症患者はLDL受容体が欠損していることが知られている．HDLは肝臓や小腸でつくられ，組織の余剰コレステロールや血管内のコレステロールを取り込み，それを肝臓に戻す．

健康ノート ◆ LDLは悪玉コレステロール？！

組織にコレステロールを運ぶ血中のLDLが酸化・変性すると受容体と結合せず，血中に残ってマクロファージを刺激し，炎症様の組織変化を誘導してアテローム性（粥状）動脈硬化症の原因になる．このような理由により，LDLは俗に悪玉コレステロールといわれ，逆にコレステロールを回収して肝臓に戻すHDLは善玉コレステロールといわれる．

J 脂質異常症

1. 脂質異常症

血漿中の脂質が異常に増加する病態を脂質異常症といい，トリグリセリド（TG）とコレステロールなどの主要脂質がリポタンパク質として存在するため，高リポタンパク質血症ともいう．脂質異常症は増加しているリポタンパク質や脂質の種類により，Ⅰ型（キロミクロンのみが増加してTGが高い），Ⅱa型（LDLのみが増加し，コレステロールが高い）などと分類されている（表11-4）．高LDLであっても

表11-4 脂質異常症（高リポタンパク質血症）の分類

型	増加しているリポタンパク質	特徴
Ⅰ	キロミクロン	高トリグリセリド血症
Ⅱa	LDL	高コレステロール血症
Ⅱb	LDL，VLDL	高コレステロール血症，高トリグリセリド血症
Ⅲ	VLDL，IDL	高コレステロール血症，高トリグリセリド血症
Ⅳ	VLDL	高トリグリセリド血症
Ⅴ	キロミクロン，VLDL	高トリグリセリド血症

LDL：低密度リポタンパク質，VLDL：超低密度リポタンパク質，IDL：中間密度リポタンパク質．

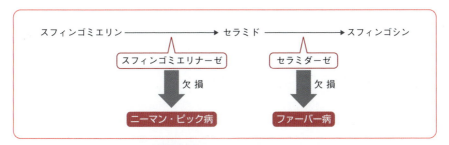

図11-18 スフィンゴリン脂質代謝にかかわる疾患

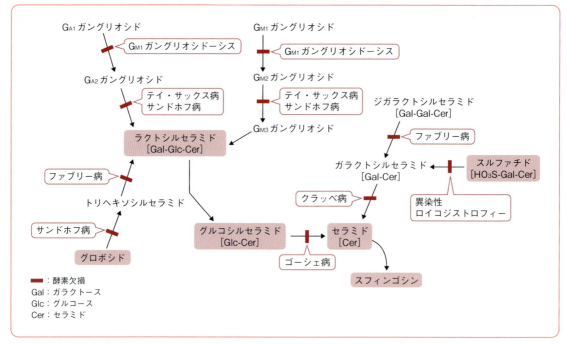

図11-19 スフィンゴ糖脂質代謝とその異常症

HDLが十分あればあまり問題視されず，むしろ低HDL血症が問題視される．脂質異常症は遺伝子や素質によるもの（例：代謝異常，LDL受容体欠損）のほか，食事性あるいは甲状腺機能障害やネフローゼなどの基礎疾患に由来するものなど，その成因はさまざまである．

2. スフィンゴ脂質代謝異常

先天性脂質代謝異常で特定の脂質が蓄積する疾患を**脂質蓄積症**といい，とりわけ問題になるのはリソソームで起こるスフィンゴ脂質の異化に欠陥をもつ**スフィンゴ脂質蓄積症**で，リソソームに代謝中間体がたまるため**リソソーム病**の中に含まれる．**スフィンゴリン脂質**の場合，**スフィンゴミエリン**の異化ではスフィンゴミエリナーゼによってセラミドができ，それがセラミダーゼによりスフィンゴシンになる．前者の酵素欠損で**ニーマン・ピック病**，後者の酵素欠損で**ファーバー病**となり，それぞれ基質となる物質が蓄積する（p.145，**図11-18**）．**スフィンゴ糖脂質**の代謝・分解では糖が外されながら異化されるが，関連する酵素欠損によりその手前の分子がたまる．**ゴーシェ病**，**ファブリー病**などが知られている（**図11-19**）．

> **こぼれ話 悪役コレステロールに助け船？**
>
> **コレステロール**は**脂質異常症（高脂血症**ともいう）の中心的物質であるが，それが**動脈硬化**や心臓病，脳血管障害のおもな原因といわれ，コレステロールに対する悪役のイメージが定着してしまった．しかし，コレステロールは細胞膜や血管などの組織に弾力を与えており，健康維持に必要という側面があることも事実である．実は以前から「コレステロール値の高い方が高寿命」という話が一部にあり，それを裏づけるデータも蓄積している．それをふまえてか，最近になり，厚生労働省の食事摂取基準からコレステロールの摂取基準値が撤廃された．動脈硬化血管の内壁にできる**粥状硬化巣**にコレステロールが局在することがコレステロール悪役説の根拠だが，病変進展の真の原因は血管壁の炎症であり，炎症を抑えることが重要という考え方もある．

11. 脂質とその代謝 147

☑ 学習内容の 再 Check!

以下の文章が正しいか間違っているかを，○か×で答えなさい．

☐ 1. 脂質はおおむね水に溶けにくく，有機溶媒に溶けやすい．

☐ 2. サラダ油の主成分は脂肪酸である．

☐ 3. 同じ食用油でも冷蔵庫で固まる油と固まらない油があるが，固まるものは不飽和脂肪酸の比率が高いためと考えられる．

☐ 4. 必須脂肪酸は食品として摂る必要がある脂肪酸で，ある種の飽和脂肪酸がここに入る．

☐ 5. 子宮収縮剤として使用されるプロスタグランジンはエイコサノイドの一種で，アラキドン酸からつくられる．

☐ 6. トリグリセリドとはグリセロールと脂肪酸のエステルで，グリセロールには脂肪酸が2個，リン酸が1個結合している．

☐ 7. トリグリセリドを加水分解する酵素をホスホジエステラーゼという．

☐ 8. ホスファチジン酸は脂肪酸の一種で，リン脂質の成分となっている．

☐ 9. セラミド，セレブロシド，ガングリオシドにはスフィンゴシンが含まれている．

☐ 10. 性ホルモン，ビタミンD，ビタミンA，テルペンはステロイドに分類される．

☐ 11. 血中で脂質を運搬する微粒子をリポタンパク質といい，そのうち最も比重が重く，かつ直径の大きなものはキロミクロンである．

☐ 12. 脂質の中でおもにエネルギー源として利用されるものはトリグリセリドである．

☐ 13. 細胞膜の主成分になっている脂質はリン脂質，コレステロール，トリグリセリドの3種類である．

☐ 14. β酸化とは脂肪酸の異化形式で，酸素を使って脂肪酸を酸化し，エネルギーを得る．

☐ 15. リソソームは脂質酸化を行うことで熱を発生させる細胞小器官である．

☐ 16. 脂質代謝が活発化するとアセト酢酸などのケトン体が蓄積し，これらは肝臓でエネルギー源として利用される．

☐ 17. 脂肪酸の合成はβ酸化の逆反応で行われ，還元剤としてNADPHが使われる．

☐ 18. ホスファチジン酸はトリグリセリドとリン脂質の共通の前駆体である．

☐ 19. コレステロール合成の重要な中間体であるメバロン酸を合成する酵素のHMG-CoA還元酵素は，抗コレステロール薬の標的となる．

☐ 20. 性ホルモン合成では，女性ホルモンは男性ホルモンからつくられる．

☐ 21. 食事で多量に脂肪を摂ると中性脂肪が細かな油滴になっているために血液が濁るが，やがて血中のリパーゼが効いて血液を清浄化する．

☐ 22. LDLは肝臓にコレステロールを戻し，HDLは肝臓からコレステロールを組織に運ぶ．

11

12章 アミノ酸とタンパク質

> **Introduction**
>
> タンパク質は細胞活動や生体活動で実際に働く分子であり，その種類と役割は実に多様である．タンパク質は20種類のα-L-アミノ酸からなるが，個々のアミノ酸は物理化学的性質がそれぞれ異なる．アミノ酸がペプチド結合で少数結合したものはペプチドといい，あるものは生理機能をもっている．タンパク質の鎖は局所的に特徴的な二次構造をとり，さらに分子全体では折りたたまれた三次構造をとり，種類によってはサブユニット構造をとる．これらをタンパク質の高次構造といい，高次構造は基本的には一次構造で自発的に決まる．何らかの原因により高次構造が壊れると，タンパク質は変性して活性を失う．

はじめに

生命活動の表舞台で役割を果たしている物質は膨大な数のタンパク質である．タンパク質は20種類のアミノ酸がさまざまに連結した高分子である．本章ではアミノ酸，およびそれが連結したペプチドとタンパク質について，その物性と生体での役割について述べる．

A アミノ酸

タンパク質は20種類のアミノ酸が遺伝情報に従って結合（重合）した分子である．

> **こぼれ話　プロテイン（protein）？　蛋白（eiweiss）？**
>
> タンパク質は英語でprotein（プロテイン．最も大事なものという意味）というが，ドイツ語では卵白を意味するeiweissという．日本語では，ドイツ語を翻訳した蛋白が使われている．

1. アミノ酸の構造

a α-L-アミノ酸

炭素に塩基の性質を示す**アミノ基**（$-NH_2$）と酸の性質を示す**カルボキシ基**（$-COOH$）が結合した分子を一般に**アミノ酸**という．タンパク質を構成するアミノ酸は，カルボキシ基をもつ炭素（**α炭素**）にアミノ基が結合するα-アミノ酸である．α炭素はこのほか水素と，アミノ酸特異的な原子団である**側鎖**をもつ．グリシンは例外であるが，α炭素は**不斉炭素**であり（**第9章**参照），旋光性の異なる**D型**と**L型**の2種類の鏡像異性体が存在するが，天然のタンパク質に含まれるアミノ酸はすべてL型（カルボキシ基と側鎖をそれぞれ上と背面にしたときにアミノ基が左に位置する）である（**図12-1**）．

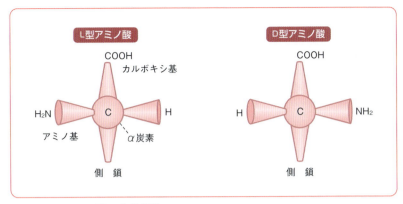

図 12-1　アミノ酸の立体構造

b 20種類のアミノ酸

　タンパク質を構成するアミノ酸は，側鎖の違いにより20種類存在する（p.150，**表12-1**）．チロシン，トリプトファン，フェニルアラニンは芳香族の側鎖を，アラニンやロイシンは脂肪族の側鎖を，メチオニンとシステインは硫黄を含む側鎖をもつ（**含硫アミノ酸**．このためタンパク質は通常，硫黄を含む）．タンパク質内部に見られる標準アミノ酸以外のアミノ酸（例：4-ヒドロキシプロリン，6-*N*-メチルリシン）は，翻訳後に修飾されたものである．ある種のタンパク質では，システインの硫黄がセレンに置換した**セレノシステイン**が翻訳時に取り込まれるという例が知られている．

2. アミノ酸の物理化学的性質

a 電　荷

　アミノ酸が水に溶けると，アミノ基とカルボキシ基それぞれが水素イオンを捕らえるか放出するかして，正と負の両方のイオンをもつ（**両性イオン**）．アミノ酸によっては側鎖に解離基をもつものもあるが，イオン化の程度はpHにより異なる（**図12-2**）．正と負の電荷がつり合うpHがそれぞれのアミノ酸にあり，**等電点**という．等電点は側鎖に依存する．多くのアミノ酸はpH5〜6の等電点をもつ**中性アミノ酸**であるが，側鎖が塩基性の性質をもつヒスチジン，リシン，アルギニンは**塩基性アミノ酸**に分類され，逆に酸性の性質をもつグルタミン酸とアスパラギン酸は**酸性アミノ酸**に分類される．アミノ酸を等電点より酸性側（塩基性側）に置くと正（負）に荷電する（**図12-2**）．アミノ酸の種類や量に依存して，タンパク質も固有の等電点をもつ．

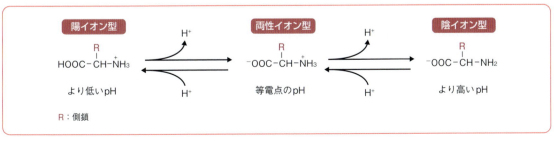

図 12-2　アミノ酸のイオン化

150 ❖ Ⅱ．生化学編

表12-1 タンパク質を構成するアミノ酸

分類		名称	略号 3文字	略号 1文字	側鎖の構造*1	分子量	等電点	疎水性*2
中性アミノ酸 / 脂肪族アミノ酸		グリシン	Gly	G	$-H$	75.1	6.0	
		アラニン	Ala	A	$-CH_3$	89.1	6.0	○
	分枝鎖アミノ酸	バリン	Val	V	$-CH\begin{smallmatrix}CH_3\\CH_3\end{smallmatrix}$	117.1	6.0	
		ロイシン	Leu	L	$-CH_2-CH\begin{smallmatrix}CH_3\\CH_3\end{smallmatrix}$	131.2	6.0	○
		イソロイシン	Ile	I	$-CH\begin{smallmatrix}CH_3\\CH_2-CH_3\end{smallmatrix}$	131.2	6.0	
	ヒドロキシアミノ酸	セリン	Ser	S	$-CH_2-OH$	105.1	5.7	
		トレオニン	Thr	T	$-CH\begin{smallmatrix}OH\\CH_3\end{smallmatrix}$	119.1	6.2	
	含硫アミノ酸	システイン	Cys	C	$-CH_2-SH$	121.2	5.1	○
		メチオニン	Met	M	$-CH_2-CH_2-S-CH_3$	149.2	5.7	
	酸アミドアミノ酸	アスパラギン	Asn	N	$-CH_2-C\begin{smallmatrix}NH_2\\O\end{smallmatrix}$	132.1	5.4	
		グルタミン	Gln	Q	$-CH_2-CH_2-C\begin{smallmatrix}NH_2\\O\end{smallmatrix}$	146.2	5.7	
イミノ酸		プロリン	Pro	P	$^-OOC-C\begin{smallmatrix}H\\+\\NH_2\end{smallmatrix}\begin{smallmatrix}CH_2-CH_2\\ \\CH_2\end{smallmatrix}$ 中性pHにおける全構造	115.1	6.3	
芳香族アミノ酸		フェニルアラニン	Phe	F	$-CH_2-\bigcirc$	165.2	5.5	○
		チロシン	Tyr	Y	$-CH_2-\bigcirc-OH$	181.2	5.7	
		トリプトファン	Trp	W	$-CH_2-C$ (インドール環)	204.2	5.9	
酸性アミノ酸		アスパラギン酸	Asp	D	$-CH_2-COO^-$	133.1	2.8	
		グルタミン酸	Glu	E	$-CH_2-CH_2-COO^-$	147.1	3.2	
塩基性アミノ酸		リシン	Lys	K	$-(CH_2)_4-\overset{+}{N}H_3$	146.2	9.7	
		アルギニン	Arg	R	$-(CH_2)_3-NH-C\begin{smallmatrix}NH_2\\ \overset{+}{N}H_2\end{smallmatrix}$	174.2	10.8	
		ヒスチジン	His	H	$-CH_2-C=CH$ (イミダゾール環)	155.2	7.6	

＊1 電離（イオン化）しやすいものはイオンの形で示す．
＊2 疎水親水度データ（Kyte J and Doolittle RF：J Mol Biol, 157：105-132, 1982）による．

ⓑ 疎水性

　グリシンやアラニン，芳香族アミノ酸，脂肪族分枝鎖アミノ酸，そしてメチオニンやプロリンは非極性の側鎖をもつことから疎水性アミノ酸に分類される．タンパク質内では疎水性アミノ酸どうしが集まって分子の内部に位置する傾向があり，タンパク質内は電荷と疎水性の両方の性質によって折りたたまれる．

解説 アミノ酸の役割

アミノ酸はタンパク質やペプチドの成分となるだけではなく，神経伝達物質，窒素化合物合成の前駆体（例：甲状腺ホルモン，メラニン色素，ヌクレオチド），尿素回路や筋肉組織の成分になるなど，非タンパク質性の役割も含め，多様な働きがある（表）．

表　アミノ酸の役割

役　割	例
タンパク質の成分	20種類のアミノ酸
窒素化合物合成の前駆体	ヌクレオチド（グルタミン，アスパラギン酸から），一酸化窒素（アルギニンから），ヒスタミン（ヒスチジンから），セロトニン（トリプトファンから），チロキシン／ドーパミン／アドレナリン／メラニン（チロシンから）
神経伝達物質	グルタミン酸，グリシン，γ-アミノ酪酸（GABA）*，タウリン*（解毒にも関与）
尿素回路の成分	オルニチン*，シトルリン*
筋肉細胞の成分	クレアチン*
うま味成分	グルタミン酸

＊ 非タンパク質構成アミノ酸．

POINT 紫外線によるタンパク質測定

芳香族の化学構造は280 nmの紫外線に対する吸収極大を示す．この性質を利用し，タンパク質濃度をこの波長の紫外線吸収の程度で測定することができる．

B ペプチド

a 結合様式

アミノ基とカルボキシ基の間の脱水縮合により，2個のアミノ酸は**ペプチド結合**で連結される（**図12-3**）．ペプチドやタンパク質の個々のアミノ酸単位は**残基**といわれる（注：アミノ酸単位のR部分に注目する場合は側鎖という）．ペプチドは線状分子で，遊離アミノ基をもつ**アミノ末端**と，遊離カルボキシ基をもつ**カルボキシ末端**がある（それぞれ**N末端**，**C末端**ともいう）．ペプチド結合は2種類の結合様式の分

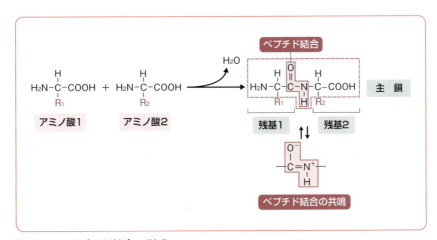

図12-3　ペプチド結合の形成

表12-2 生物活性をもつペプチド

生物活性	例
ホルモンあるいは生理活性物質	バソプレッシン，グルカゴン，インスリン，P物質，成長ホルモン，ニューロペプチドY，エンケファリン，グルタチオン
抗生物質	バシトラシン，ポリミキシンB，バンコマイシン，アクチノマイシン
毒	α-アマニチン（タマゴテングダケ由来），コノトキシン（イモ貝由来），ヘビ神経毒

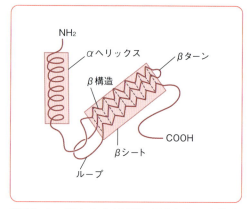

図12-4 ポリペプチド鎖に見られる二次構造

子が混ざって存在する**共鳴構造**をとっているため，炭素と窒素は自由に回転できず，それに付随する原子を含む6個の原子が平面上に並ぶ．しかしα炭素は自由に回転できるため，ペプチド鎖は比較的柔軟で多様な分子形をとることができる．

b 種類

アミノ酸の個数が数十個までのものを**ペプチド**（そのうち2〜10個程度までのものを特に**オリゴペプチド**という），それ以上のものを**ポリペプチド（ポリペプチド鎖）**という．ポリペプチドが高次構造をとって機能を現す場合に**タンパク質**と呼ばれる．ヒトの中でペプチドが単独で機能を発揮する例が，神経伝達物質，ホルモン，生理活性物質として多数知られている（**表12-2**）．ある種の抗生物質，毒貝や毒グモの神経毒の成分もペプチドである．

> **余談 アスパルテーム**
> フェニルアラニンのメチルエステルとアスパラギン酸が結合したジペプチドの**アスパルテーム**は砂糖の200倍の甘みをもち，カロリーがほとんどないため，ダイエット甘味料として利用される（例：**人工甘味料**やダイエットコーラの甘み）．

C タンパク質

アミノ酸の組み合わせによってできるタンパク質の種類は非常に多く，少なくともタンパク質をコード（指定）する遺伝子（ヒトでは約22,500個）の数だけある．

1. タンパク質の高次構造

a 二次構造

ペプチド鎖が隣り合うアミノ酸残基の影響で，特異的立体構造をとる場合がある（**図12-4**）．1つは右回転構造の**αらせん（αヘリックス）**，あと1つはジグザグな**β構造**である．β構造が同じ位相で平行または逆平行に並んだ状態を**βシート**という．αヘリックスやβ構造が180度で折れ曲がる部分をβターン，不定形につながっている部分を**ループ**という．以上をタンパク質の**二次構造**というが，どのような二次構造をとるかはアミノ酸配列（**一次構造**）に依存する．

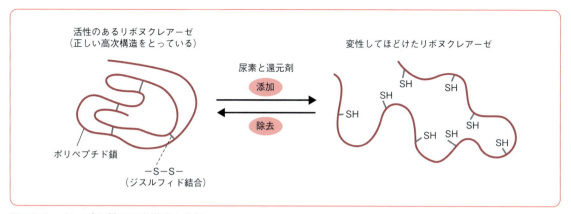

図12-5 タンパク質の三次構造と変性

ⓑ 三次構造

二次構造を局所にもつペプチド鎖がゆるい結合力(第6章参照)によって折りたたまれ,分子全体で一定の立体構造をとる.これを**三次構造**という(図12-5).連続した二次構造がいくつか集まって形成する独立した構造を**モチーフ**といい,機能領域を形成することが多い.三次構造はモチーフの集まりであるといえる.このため複数のモチーフを人為的に連結させて,付加機能をもつタンパク質をつくることができる.三次構造形成にかかわる特殊な結合として,システイン残基にある**スルフヒドリル基(SH基)**どうしが酸化されて共有結合した**ジスルフィド結合(S-S結合)**がある.ジスルフィド結合は異なるポリペプチド鎖の連結にも使われる.

ⓒ 四次構造

三次構造をとる同種あるいは異種のタンパク質が複数個ゆるく結合して機能的タンパク質となる場合がある.そのような構造を**四次構造**,あるいは**サブユニット構造**といい,各ポリペプチドを**サブユニット**という.**ヘモグロビン**は α サブユニット2個+β サブユニット2個の計4個のサブユニットからなる.

> **こぼれ話 パーマ液はなぜ臭い?**
>
> パーマ(パーマネントウエーブ)で髪をカールするときに使用する液のにおいは還元剤に特有のものである.髪のタンパク質**ケラチン**はジスルフィド結合で多数の線維が結合し,丈夫な毛を形成している.カールした髪に還元剤をつけて加熱するとジスルフィド結合が切れるが,液を洗い流して酸化剤で処理すると,ジスルフィド結合が元とは違う場所でつくられる.この結合が髪のタンパク質線維を固定化するため,三次構造の変化した恒久的(パーマネント)ウエーブができる.

2. タンパク質の変性

ペプチド結合が切断されることなく,タンパク質の高次構造が破壊され,その物性が変化することを**変性**といい,多くの場合,タンパク質としての活性が失われる.変性の原因としては化学的要因〔**変性剤**.例:極端なpH,有機溶媒,**界面活性剤**,**水素結合切断試薬(尿素,塩酸グアニジン**など)〕と物理的要因(例:加熱,凍結,撹拌や発泡,放射線や紫外線,超音波)がある.変性するとタンパク質は不規則な折れ曲がり構造(**ランダムコイル構造**)をとり,サブユニット構造も壊れる.タンパク質変性剤で三次構造を破壊しても,変性剤を除くと自然に本来の三次構造をとって活性が復活する場合がある

154 ❖ Ⅱ．生化学編

（これを**再生**という）ことから，タンパク質の高次構造は一次構造から自動的に，おそらく最も安定な形になるように決まると考えられている．細胞内には正しい三次構造を積極的にとらせるように働くタンパク質，**シャペロン（分子シャペロン**ともいう）も存在する．

3．タンパク質の分類（表12-3）

ⓐ 機能による分類

タンパク質は酵素や生化学反応の担い手，あるいは調節因子やホルモンとして働き，また構造維持，栄養や貯蔵，運動や収縮，細胞骨格や細胞接着，輸送，さらには生体防御や受容など，生命活動のほぼすべての局面にかかわる．

ⓑ 組成による分類

ポリペプチド鎖のみからなるタンパク質を**単純タンパク質**，タンパク質以外の成分を含む（結合している）ものを**複合タンパク質**という．複合タンパク質の中には金属タンパク質，糖タンパク質，脂質を含む**リポタンパク質**，リン酸の結合したリン酸化タンパク質，RNAを含むリボタンパク質，ヘムタンパ

表12-3　タンパク質の分類

種類			例
機能による分類	酵　素		トリプシン，アルコールデヒドログナーゼ
	構造タンパク質		コラーゲン，ケラチン
	細胞骨格タンパク質		チューブリン，アクチン
	収縮性（筋）タンパク質		アクチン，ミオシン
	接着タンパク質		カドヘリン，フィブロネクチン
	防御タンパク質		免疫グロブリン，インターフェロン
	調節タンパク質		インスリン，転写調節タンパク質
	受容体/チャネルタンパク質		ナトリウムチャネル，ホルモン受容体
	輸送タンパク質		トランスフェリン，ヘモグロビン
	栄養タンパク質/貯蔵タンパク質		アルブミン，カゼイン
組成による分類	単純タンパク質		アルブミン，トリプシン
	複合タンパク質	糖タンパク質	免疫グロブリン，トランスフェリン
		リポタンパク質	HDL，LDL
		金属タンパク質	フェリチン，カルモジュリン
		ヘムタンパク質	ヘモグロビン
		フラビンタンパク質	コハク酸デヒドログナーゼ
		リン酸化タンパク質	カゼイン
構成による分類	単量体タンパク質		α-アミラーゼ，血清アルブミン，タイチン*，アポBタンパク質
	オリゴマー/多量体タンパク質		ヘモグロビン，キモトリプシン，プロテアソーム，RNAポリメラーゼ
形状による分類	球状タンパク質		酵素，ホルモン，ミオグロビン
	線維状タンパク質		ケラチン，コラーゲン，フィブロイン
局在による分類	膜タンパク質		ホルモン受容体，接着タンパク質
	核タンパク質		ヒストン，DNAポリメラーゼ
	分泌タンパク質		トリプシン，カゼイン
物理化学的性質による分類	硬タンパク質		ケラチン，フィブロイン
	塩基性タンパク質		ヒストン，プロタミン
	酸性タンパク質		ペプシン，グリア線維性酸性タンパク質

＊　タイチンは分子量300万の最も大きな単量体タンパク質である．

ク質，フラビンタンパク質（酵素の補欠分子族になっている）などがある．染色体はDNA-タンパク質複合体のクロマチンである．

c 構造による分類

単一のポリペプチドからなるものを**単量体タンパク質**，サブユニット構造をもつものを**オリゴマータンパク質**（サブユニット数の多いものは**多量体タンパク質**）という．大部分のポリペプチドの分子量は数万で，分子全体がそれを超える分子量をもつ酵素や調節因子などはオリゴマータンパク質である．中には30個以上のサブユニットをもつタンパク質もある．

d 形状による分類

多くのタンパク質はコンパクトに折りたたまれた**球状タンパク質**であるが，中には伸びた構造の**線維状タンパク質**もある．線維状タンパク質には**コラーゲン**，絹タンパク質の**フィブロイン**，中間径フィラメント（例：**ニューロフィラメント**）などがある．

e 溶解度や電気的性質による分類

タンパク質は基本的に水に可溶であるが（**可溶性タンパク質**），中にはほとんどの溶媒に対しても溶けないものがあり，**硬タンパク質**といわれる（例：**ケラチン**，フィブロイン）．水によく溶け，熱で凝固し，50％飽和硫酸アンモニウムで沈殿するタンパク質を一般に**アルブミン**という．一方，水には溶けにくい反面，薄い塩溶液によく溶け，30％飽和硫酸アンモニウムで沈殿して熱で凝固するものは**グロブリン**といわれる．血漿には大量のアルブミンと数種類のグロブリンが含まれる．卵白の主成分もアルブミンである．多くのタンパク質は等電点が中性付近の**中性タンパク質**であるが，ヒストンやプロタミンのようなDNA結合タンパク質は，塩基性アミノ酸の割合が多い**塩基性タンパク質**である．

f 局在による分類

タンパク質の局在場所によって膜タンパク質，核タンパク質，ミトコンドリアタンパク質などと分類される．細胞外に放出されるものは**分泌性タンパク質**という．

解説　タンパク質の分離・精製

　細胞から抽出したタンパク質はさまざまな方法で分離・精製することができる．タンパク質はさまざまな様式で正や負に電離している．そこで，たとえばあらかじめ支持担体に正に荷電している化学基を結合させておき，そこにタンパク質を負に荷電している部分を利用して結合させ，その後，適当な濃度の負のイオンを作用させてタンパク質を担体から離す．タンパク質によって離れるイオン濃度が違うため，濃度を設定して目的タンパク質が精製できる（これを**イオン交換クロマトグラフィー**という）．

　ゲル電気泳動法（第22章，p.286参照）により，電気的にタンパク質を分離することもできる（例：分子量の違いにより分離する**SDSポリアクリルアミドゲル電気泳動**．等電点と分子量の違いにより分離する**二次元電気泳動**）．タンパク質の溶液に対する溶解度はタンパク質固有であるので，それを利用して精製することもできる（例：硫酸アンモニウム沈殿，アセトン沈殿，分配クロマトグラフィー）．

　また，タンパク質は固有の大きさ／分子量を利用して，**超遠心分離**や分子ふるいクロマトグラフィー（**ゲルろ過**）という方法で精製できる．このほかタンパク質がもつ吸着物質（例：ヘパリン，ヒドロキシアパタイト）に対する吸着性を精製に利用することも可能である（**吸着クロマトグラフィー**）．タンパク質の中には特定の物質（例：金属，抗体，ある配列のDNA，リガンド）に対して特異的な結合性を示すものがあるが，そのような物質は**アフィニティ**（**親和性**）**クロマトグラフィー**という方法で精製することができる．

タンパク質の構造解析

タンパク質の構造はさまざまな方法により解析することができる．単にアミノ酸組成を分析するのであれば，タンパク質を塩酸でアミノ酸にまで加水分解し，生じたアミノ酸を定量（**アミノ酸分析**）する．一次構造の解析としては，化学的にアミノ末端からアミノ酸を1個ずつ外して分析する**エドマン分解法**が一般的だが，田中耕一らは**質量分析法**を応用してタンパク質のアミノ酸配列を決定する方法を開発した（2002年ノーベル化学賞を受賞）．タンパク質は低分子物質のように結晶にすること（**結晶化**）ができ，これにX線を当ててタンパク質の高次構造を調べる**結晶X線解析法**という技術もある．この方法の応用として，DNAに結合したタンパク質を複合体の状態で結晶化し，DNAに対するタンパク質の結合状態を解析する技術もある．タンパク質の溶液中の構造は**核磁気共鳴（NMR）**という方法で調べることができる．

学習内容の再Check!

以下の文章が正しいか間違っているかを，○か×で答えなさい．

1. タンパク質を構成するアミノ酸は全部で24種類ある．
2. タンパク質を構成するアミノ酸はD型である．
3. アミノ酸の等電点とは，正と負のイオンがつり合う電圧のことである．
4. 糖や核酸には含まれず，タンパク質に含まれる元素は窒素と硫黄である．
5. アスパラギン酸は酸性アミノ酸，親水性アミノ酸に分類される．
6. ポリペプチド鎖の一端にアミノ基があれば，もう一方の端は必ずカルボキシ基である．
7. タンパク質には二次，三次，四次の高次構造があるが，四次構造をもたないものもある．
8. タンパク質を変性剤で処理すると高次構造が壊れて変性するが，その後は変性剤を除いても変性状態は元には戻らない．
9. タンパク質を長期間保存したあとで活性が失われた場合，酸化によりジエステル結合ができて高次構造が変化した可能性がある．
10. 酸性の性質をもつDNAに結合するヒストンは典型的な酸性タンパク質である．
11. グリシンには光学異性体が存在しない．

窒素化合物の代謝

Introduction

アミノ酸代謝は窒素代謝の中心をなし，多くの窒素化合物もアミノ酸からつくられる．生体内で，アミノ酸は食物タンパク質のみならず，自身の組織タンパク質の加水分解によっても供給される．いくつかは非必須アミノ酸は，糖，アンモニア，そしてほかのアミノ酸などを原料に生合成される．アミノ酸はアンモニアと糖骨格に分解されたのち，前者は尿素として排泄され，後者は糖または脂質代謝系に入って糖新生やエネルギー代謝に利用される．ヌクレオチドはアミノ酸やリボース 5-リン酸などから合成されるが，ヌクレオチド分解物からも再合成される．鉄を含む窒素化合物であるヘムは，種々のヘムタンパク質の成分となる．

はじめに

食物から摂ったタンパク質はアミノ酸となって消化・吸収され，タンパク質をつくるために使われるが，アミノ酸が供給される代謝系はこのほかにもある．また，アミノ酸自身はタンパク質合成以外にもさまざまなところで使われる．本章ではアミノ酸を中心に，窒素代謝について説明する．

I アミノ酸代謝

A タンパク質・アミノ酸代謝の意義

タンパク質は数分から数カ月の半減期で壊れ，新しいものと置き換わる．1日に分解されるタンパク質は200 gにも達するため，個体は細胞に十分な量のアミノ酸を**アミノ酸プール**として蓄えておかなくてはならない．アミノ酸プールは，食事で摂ったタンパク質の加水分解と，細胞内タンパク質のプロテアーゼやペプチダーゼによる加水分解で形成される．このようなダイナミックな窒素代謝は，タンパク質の合成と分解，および食物で摂る窒素と排泄される窒素量の間で等しくなっている（これを**窒素平衡**という）．摂取タンパク質量が減ると，筋肉を中心に生体内のタンパク質量が減る．アミノ酸代謝にはこのような窒素循環の主要要素としての意義があるのみならず，各種の窒素化合物の前駆体になり，またほかのアミノ酸合成の原料にもなる（p.158，図13-1）．

B アミノ酸の分解

生物はアミノ酸を長期に保存することはできず，すぐに利用されないアミノ酸は糖とアンモニアに分解される．前者はエネルギー代謝や糖・脂質代謝に使われ，後者は尿素に異化されて排出されるか，ア

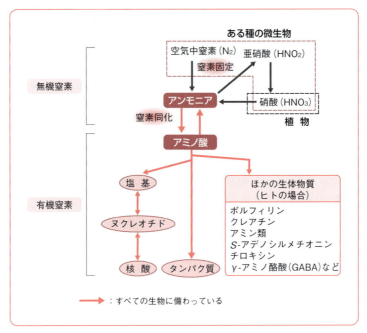

図13-1 生物における窒素代謝

ミノ酸合成に再利用される．

1. アミノ酸からの窒素の除去

a オキソグルタル酸へのアミノ基転移

　不要アミノ酸の代謝はアミノ酸からアミノ基を除去することから始まる．アミノ酸はアミノ基転移酵素(**トランスアミナーゼ**)によってアミノ基を **2-オキソグルタル酸**(**α-ケトグルタル酸**ともいう)に移して**グルタミン酸**を生成し，自身は相当する **2-オキソ酸**(**α-ケト酸**ともいう)になる(図13-2)．アスパラギン酸であればオキサロ酢酸，アラニンであればピルビン酸となる．アミノ基の受け渡しには補酵

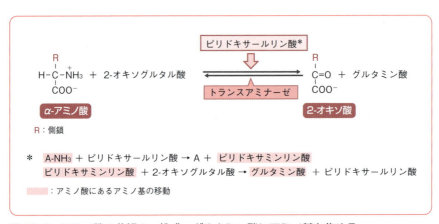

図13-2 アミノ酸の分解の一般式：グルタミン酸にアミノ基を集める

素である**ピリドキサールリン酸**（ビタミンB_6ともいう．ピリドキシンに由来する）が関与する．このような代謝によりすべてのアミノ酸のアミノ基はグルタミン酸に集約される．

📖 医療ノート◆AST/GOTとALT/GPT

> **トランスアミナーゼ**のうち特に活性の高いものは**アスパラギン酸トランスアミナーゼ〔AST．グルタミン酸-オキサロ酢酸トランスアミナーゼ(GOT)ともいう**〕と**アラニントランスアミナーゼ〔ALT．グルタミン酸-ピルビン酸トランスアミナーゼ(GPT)ともいう**〕である．前者は肝臓や心臓に多く，後者は肝臓に多い．死んだ細胞から血中に漏れ出たこれらの酵素量を測定することにより，心筋梗塞や肝臓病の診断に利用できる（p.94，**表8-5**参照）．

ⓑ グルタミン酸からのアミノ基除去

グルタミン酸に集まったアミノ基は酸化反応により**アンモニア**として除かれる（**図13-3**）．この反応は**グルタミン酸デヒドロゲナーゼ**によりNAD^+存在下で起こり，アンモニアと2-オキソグルタル酸を生成するが，これを**グルタミン酸の酸化的脱アミノ反応**という．このほかペルオキシソーム中で一般のアミノ酸がL-アミノ酸オキシダーゼと補酵素である**FMN**の作用で酸化され，2-オキソ酸とアンモニアができるという反応もある．還元型$FMNH_2$の水素は酸素に渡って過酸化水素になり，カタラーゼによって水と酸素に分解される．

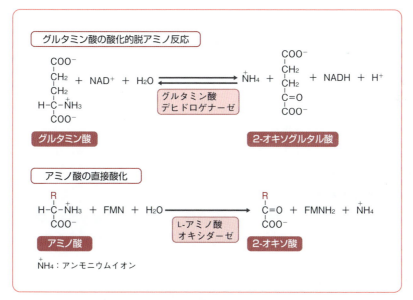

図13-3 アミノ酸からのアンモニア除去
$FMNH_2$のH_2はO_2に渡されてH_2O_2（過酸化水素）となり，カタラーゼで分解される．

2．除去したアンモニアの無毒化：尿素回路

上述の反応で発生した有毒なアンモニアはすぐ利用されない場合は肝臓に運ばれ，**尿素回路**（オルニチン回路ともいう）で**尿素**に変換される（p.160，**図13-4**）．まずミトコンドリアにおいて炭酸存在下でアンモニアが**カルバモイルリン酸**となり，これが**オルニチン**と結合して**シトルリン**に変換される．シトルリンは細胞質に出てアスパラギン酸を取り込んで**アルギノコハク酸**（アルギニノコハク酸ともいう）と

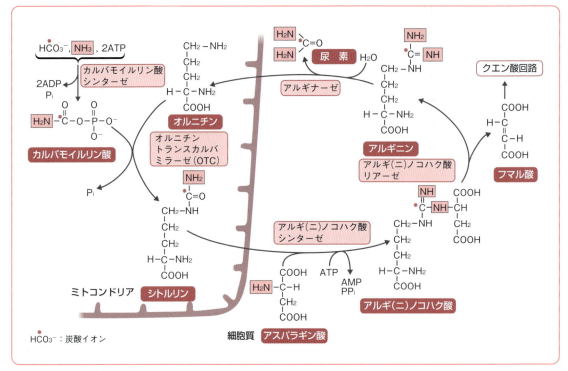

図 13-4　尿素回路

なり，これが**アルギニン**に変わったのち，アルギニンは**アルギナーゼ**の作用で尿素を放出してオルニチンに戻る．尿素は速やかに血中に入り，腎臓から排泄される．1 mol のアンモニアから窒素 2 個を有する尿素が 1 mol 放出され，この間 3 mol の ATP を消費し，フマル酸が 1 mol できる．エネルギーを消費する代謝であるが，副産物のフマル酸がクエン酸回路に入ってエネルギーを生み出すため，エネルギー的にはバランスはとれている．アルギニンは豊富にできるため必須アミノ酸にならない．

> **余談　動物における窒素の排出**
>
> 水生生物や魚類はアンモニアをそのまま水中に出すが（カルバモイルリン酸をつくる酵素がないため），鳥類，爬虫類，昆虫類などの陸上動物は水に溶けにくい**尿酸**に変え，糞とともに排泄する．

> **疾患ノート◆高アンモニア血症**
>
> **アンモニア**を解毒する肝臓の尿素回路に欠陥があると，アンモニアが蓄積して肝障害（劇症肝炎，肝硬変），さらには**高アンモニア血症**や**肝性脳症**が起こる．

3．アミノ基が外れた炭素骨格の代謝：糖・脂質代謝経路への基質供給
a　糖原性とケト原性

アミノ基を除かれた炭素骨格はいくつかの物質に変換されたのち，固有の糖代謝経路で代謝され，20種類のアミノ酸炭素骨格は 7 つの分子，すなわちピルビン酸，アセチル CoA，アセトアセチル CoA，2-

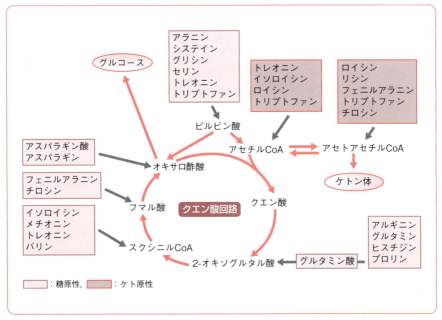

図13-5　アミノ酸炭素骨格の代謝

オキソグルタル酸，スクシニルCoA，フマル酸，オキサロ酢酸のいずれかに行き着く（図13-5）．オキサロ酢酸，フマル酸，スクシニルCoA，2-オキソグルタル酸，ピルビン酸に至るアミノ酸は，クエン酸回路を出て糖新生回路でグルコースになれるため，**糖原性**であるという．これに対し，アセチルCoAからアセトアセチルCoAに至ることができる4種類のアミノ酸と，アセトアセチルCoAに直接至ることができる5種類のアミノ酸はケトン体（第11章参照）を生じる経路にあるため，**ケト原性**であるという．ただし，この分類は絶対なものではなく，ロイシンとリシン以外は糖原性アミノ酸でもある．

b エネルギー物質としての利用

　以上の事柄は，アミノ酸がクエン酸回路や脂肪酸合成に使われたり，グルコース合成に使われることを表しており，アミノ酸が間接的にエネルギーとして利用されることを意味している．動物が糖質や脂質を摂らなくともかなりの期間生存できるのは，皮下脂肪の存在とこの代謝系の寄与によるところが大きい．

C アミノ酸の合成

1. アンモニア窒素の同化

a 窒素同化

　すべての生物は**アンモニア**を有機物に同化させて窒素化合物（すなわちアミノ酸）を合成することができる．この機構を**窒素同化**という（p.162，図13-6）．窒素同化でつくられるアミノ酸は**グルタミン酸**と**グルタミン**である．

b アミノ酸合成

　グルタミン酸の生成反応では**2-オキソグルタル酸**（**α-ケトグルタル酸**ともいう）とアンモニアが**グルタミン酸デヒドロゲナーゼ**とNADPHによって還元され，グルタミン酸と水ができる．この反応は可逆

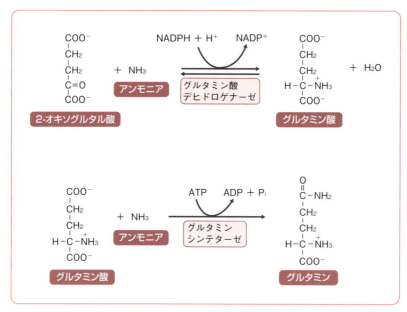

図13-6　窒素同化：アンモニアをアミノ酸にする

的であり，同じ酵素はグルタミン酸の分解でも使われる．一方，グルタミン合成反応は，**グルタミンシンテターゼ**とATPの存在でグルタミン酸とアンモニアから起こる．この反応では有害なアンモニアが吸収されるので，脳や筋肉ではアンモニア毒性の軽減という点でとりわけ重要である．

> **余談　植物や細菌の窒素代謝**
>
> 　植物や微生物も窒素をアンモニアとして吸収し，窒素同化でアミノ酸をつくるが，硝酸塩を還元してアンモニアをつくることもできる．一方，**硝酸菌**は亜硝酸を酸化して硝酸に，**亜硝酸菌**はアンモニアを酸化して亜硝酸にし（p.158，図13-1 参照），そこで発生するエネルギーを使って炭酸同化する（**化学合成**の一種）．植物は窒素源としてアンモニアより硝酸態窒素を好むため，上記のような**硝化細菌**は生態系上重要である．窒素利用の特殊な機構をもつ生物として，空気中の窒素ガスからアンモニアをつくり出せる（これを**窒素固定**という）ものがある（シアノバクテリア，アゾトバクター *Azotobacter* などの土壌細菌，リゾビウム属の細菌．リゾビウム属はマメ科植物の根についているコブ（根瘤）の中に生息する**根瘤細菌**である．

2. あるアミノ酸からのほかのアミノ酸の合成

a 必須アミノ酸

　個体は20種類すべてのアミノ酸をアミノ酸プールとして用意しなくてはならないが，大部分のアミノ酸はタンパク質の加水分解によって供給される．多くのアミノ酸は自らで合成することもできるが，ヒトはバリン，ロイシン，イソロイシン，リシン，トレオニン，メチオニン，フェニルアラニン，トリプトファン，そしてヒスチジン（発育時に必須となる）の9種類（**必須アミノ酸**という）を合成できないか，できても制限的なため，栄養素として摂る必要がある（図13-7）．

必須アミノ酸
・バリン
・ロイシン
・イソロイシン
・リシン
・トレオニン
・メチオニン
・フェニルアラニン
・トリプトファン
・ヒスチジン

図13-7　ヒトの必須アミノ酸

13. 窒素化合物の代謝 :: 163

表13-1　非必須アミノ酸の合成

非必須アミノ酸	生合成の概要
グルタミン酸	2-オキソグルタル酸にグルタミン酸デヒドロゲナーゼとNAD(P)Hの作用でアンモニアを結合させる（窒素同化）
グルタミン	グルタミン酸アンモニアリガーゼの働きで，ATP存在下，グルタミン酸にアンモニアを結合させる（窒素同化）
プロリン	グルタミン酸からγ-グルタミルリン酸，グルタミン酸γ-セミアルデヒド，1-ピロリン-S-カルボン酸を経て合成される
アルギニン	まず，グルタミン酸からグルタミン酸γ-セミアルデヒド，そしてオルニチンがつくられ，尿素回路に入ってアルギニンとなる
アスパラギン酸	アスパラギン酸トランスアミナーゼの作用でオキサロ酢酸にアミノ基が転移して合成される
アスパラギン	ATP存在下，グルタミンとアスパラギン酸のアミノ基転移反応により，グルタミン酸とともに生成する
アラニン	アラニントランスアミナーゼの働きでグルタミン酸からアミノ基が転移して合成される
チロシン	フェニルアラニン4-モノオキシゲナーゼの働きでフェニルアラニンからつくられる
セリン	解糖系の基質の3-ホスホグリセリン酸より，グルタミン酸からのアミノ基転移を受けて生成する
グリシン	グリシンヒドロキシメチルトランスフェラーゼの働きでセリンから合成される
システイン	必須アミノ酸であるメチオニン（硫黄として）と非必須アミノ酸のセリン（炭素骨格として）からつくられる

ⓑ 非必須アミノ酸

　非必須アミノ酸はほかのアミノ酸を原料にアミノ基の転移やその他の反応によって合成される（**表13-1**）．アミノ酸の合成経路はその前駆体となる糖の供給源により，クエン酸回路に由来するもの，解糖系に由来するもの，そして解糖系とペントースリン酸回路に由来するものの3つに大別される（p.164，**図13-8**）．

Ⓓ アミノ酸からつくられる窒素化合物

　アミノ酸は生体にとっての重要な物質の合成前駆体としても利用される．

ⓐ アルギニン，グリシンからのクレアチンリン酸合成

　尿素回路にあるアルギニンの一部は回路を出て，グリシンの存在下でグアニジノ酢酸となり，S-アデノシルメチオニンからメチル基を得て**クレアチン**となる（p.164，**図13-9**）．クレアチンは脳や筋肉に運ばれて**クレアチンリン酸**となる．クレアチンリン酸は筋肉では**エネルギー貯蔵物質**として必須の役割をもつ．

📖 疾患ノート◆クレアチンリン酸代謝がかかわる疾患

　筋ジストロフィーや筋炎になると**クレアチン**がクレアチンリン酸とならずに血中にたまり，尿に出る場合がある（**クレアチン尿症**）．クレアチンリン酸は非酵素的に分解されて**クレアチニン**となり，窒素老廃物として腎臓から尿として排出される．**腎臓機能の低下**があると血中にクレアチニンが残るので，腎機能検査の重要な指標となる．腎臓からのクレアチニン排出の程度を**クレアチニンクリアランス**という．

ⓑ チロシンを前駆体とする物質

　フェニルアラニンからできる**チロシン**は，**ドーパ**（3,4-ジヒドロキシフェニルアラニン）の前駆体となる（p.165，**図13-10**）．ドーパからのある経路によって神経伝達物質の**ドーパミン**，**ノルアドレナリン**，**アドレ**

13

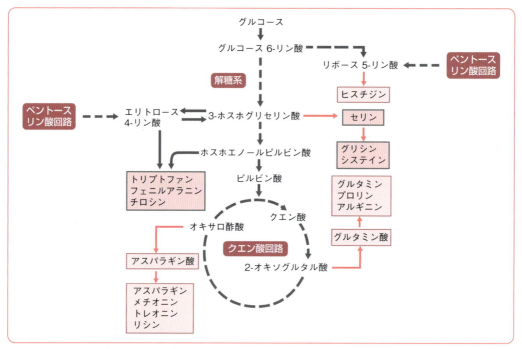

図13-8 アミノ酸合成経路の全体像

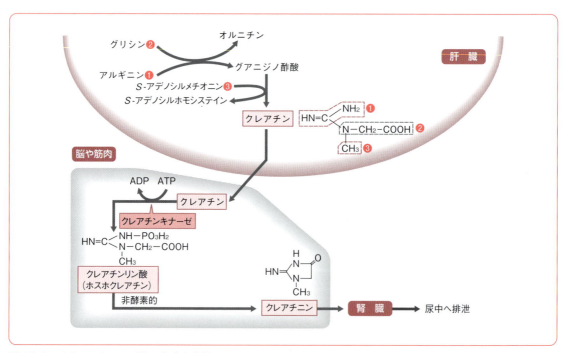

図13-9 クレアチンリン酸の合成と分解

ナリンができる．もう1つの経路からはドーパキノンを経て皮膚や毛髪の色素である**メラニン**ができる．甲状腺ホルモンである**チロキシン**や電子伝達系で使われる**ユビキノン**もチロシンからつくられる．

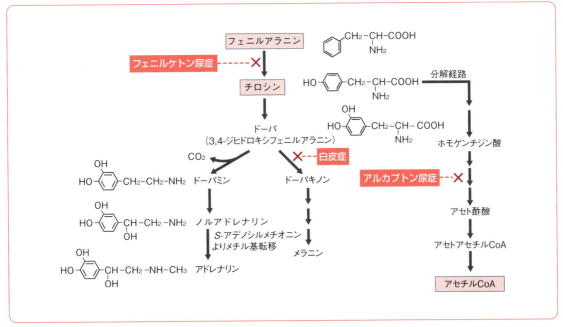

図13-10 チロシンからの生体物質の合成（分解経路と代謝異常症も含む）

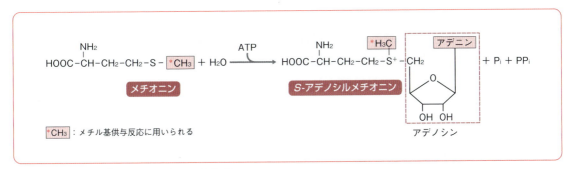

図13-11 S-アデノシルメチオニンの合成

ⓒ メチオニンを前駆体とする物質

　メチオニンの硫黄にアデノシンが結合するとS-アデノシルメチオニン（SAM）になるが，硫黄が結合したメチル基は活性化状態にあり，種々の代謝経路で**メチル基供与体**として使われる（図13-11）．このような利用のされ方によってできるものには上述のクレアチンのほか，アドレナリンやリン脂質の原料となるコリンなどがある．

ⓓ アミノ酸からのモノアミン生成

　中性アミノ酸が脱炭酸を受けるとアミノ基を1個もつ物質である**モノアミン**となる（p.166，図13-12）．この反応によりヒスチジンから**ヒスタミン**（アレルギー誘発，平滑筋収縮，胃酸分泌促進に効く），トリプトファンから神経伝達物質の**セロトニン**，セリンからリン脂質の成分である**エタノールアミン**ができる．酸性アミノ酸のグルタミン酸やアスパラギン酸が脱炭酸されると，それぞれ**γ-アミノ酪酸（GABA**ともいう．神経伝達物質の1つ）と**β-アラニン**というアミノ酸になる．

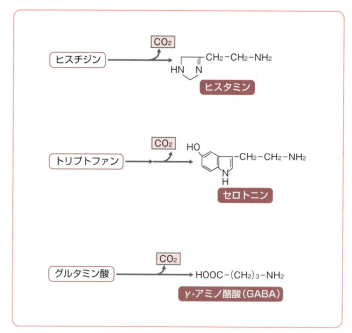

図13-12 アミノ酸の脱炭酸反応によりつくられるアミン類

e その他の経路

ヘムはグリシンから，**一酸化窒素**（NO．血管拡張作用をもち，殺菌にかかわる）はアルギニンから，**グルタチオン**（タンパク質のSH基保持，抗酸化作用，解毒に働く）はシステイン，グルタミン酸，グリシンから，組織維持，抱合・解毒，神経伝達などに効く**タウリン**はシステインからつくられる．ヌクレオチド合成にはアスパラギン酸やグルタミンが使われる（p.168，図13-16参照）．

E アミノ酸代謝異常症

a フェニルアラニンとチロシン

アミノ酸の異化に関する酵素に欠損・欠陥があると血中や尿中にアミノ酸やその代謝物が出現し，知能障害や短命などの重篤な**先天性アミノ酸代謝異常症**を引き起こす．フェニルアラニンからチロシンへの変換酵素欠損に関する疾患として**フェニルケトン尿症**（フェニルアラニンやフェニルケトン体が蓄積する．p.165の図13-10参照．フェニルアラニンがチロシン異化も阻害するため，メラニンの合成も阻害される）が知られている．早期に低フェニルアラニン食で対応する必要がある．チロシンの異化異常としては，分解中間体の**ホモゲンチジン酸**が代謝されないで蓄積する**アルカプトン尿症**，メラニン生成に異常をもつ**白皮症**（**白子症**ともいう）がある．

b その他のアミノ酸

バリン，ロイシン，イソロイシンなどの分岐鎖アミノ酸の代謝異常としては**メープルシロップ尿症**，高バリン血症，高ロイシン・イソロイシン血症，高プロピオン酸血症，メチルマロン酸血症などがある．このほかにもヒスチジン血症，高グリシン血症，高プロリン血症など，多くのアミノ酸代謝異常症が知られている．

II ヌクレオチド代謝

F ヌクレオチドの新生合成

　ヌクレオチドは糖（リボース／デオキシリボース），リン酸，塩基からなるが，塩基に含まれる窒素はアミノ酸に由来する．

　プリンヌクレオチドとピリミジンヌクレオチドは別々の代謝系で合成されるが，いずれの場合も，ペントースリン酸回路（p.115，図9-16参照）の中間基質，リボース 5-リン酸がATPから2個のリン酸を受け取ったホスホリボシルピロリン酸（PRPP）が直接の前駆物質となる（図13-13，13-14）．

a プリンヌクレオチド

　まずグリシン，アスパラギン酸，グルタミン，炭酸，そして葉酸誘導体（ようさんゆうどうたい）がかかわる反応により，PRPP上に塩基のヒポキサンチンが構築され，ヌクレオチドであるイノシン一リン酸（IMP）となる．IMPは塩基修飾により，1つはGMPになり，リン酸化を経てGTPとなる．別の修飾によってAMPができ，リン酸化されてATPがつくられる（p.168，図13-15）．

b ピリミジンヌクレオチド

　グルタミン，炭酸，アスパラギン酸などがかかわる反応でまずオロト酸（オロチン酸（いち）ともいう）がつくられ，それがPRPPと結合してオロチジル酸となり，脱炭酸されてヌクレオチドであるウリジン一リ

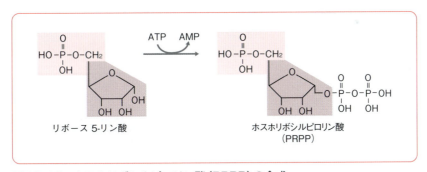

図13-13　ホスホリボシルピロリン酸（PRPP）の合成

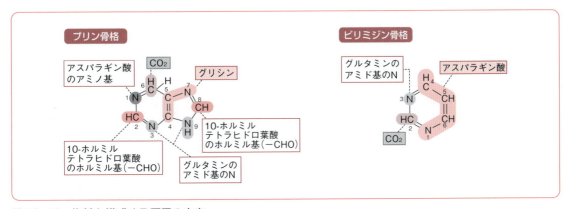

図13-14　塩基を構成する原子の由来

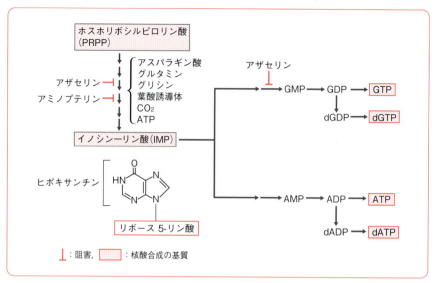

図13-15 プリンヌクレオチドの新生合成経路

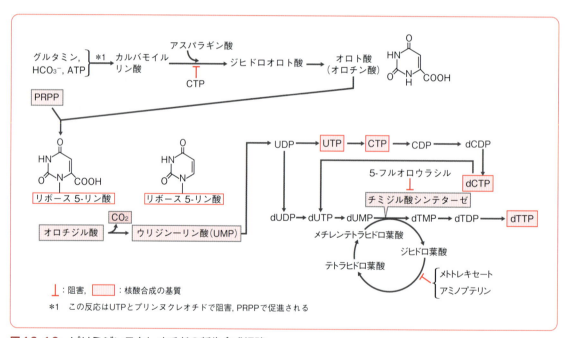

図13-16 ピリミジンヌクレオチドの新生合成経路

ン酸(UMP)ができる(図13-16). UMPはリン酸化を経てUTPになり,続いてグルタミンからアミノ基転移を受けてCTPとなる. 図13-16に示すように,ピリミジンヌクレオチド合成反応の初期段階はUTPやCTPによるフィードバック阻害など,いくつかの調節を受ける.

ⓒ デオキシリボヌクレオチドの合成

リボヌクレオチドからデオキシリボヌクレオチドへの変換は,すべて二リン酸型ヌクレオチド(ADP, GDP, CDP, UDP)がリボヌクレオチドレダクターゼで還元されてつくられる. チミンヌクレオチドの

場合，UDPがdUDP，そしてdUTPになったのち，脱リン酸化によって一度dUMPになる．dUMPは**チミジル酸シンテターゼ**と**葉酸誘導体**の作用でdTMPとなり，そこから**dTTP**が誘導される[*1]（**図13-16**）．

［余談］ 呈味性ヌクレオチド

　一般にプリンヌクレオシドーリン酸には**うま味**があり，**呈味性ヌクレオチド**といわれる．このうち特にIMP（**イノシン酸**，イノシンーリン酸）はカツオ節のうま味，GMP（**グアニル酸**）はシイタケのうま味の成分でもある．キサントシンを塩基にもつXMP（キサンチル酸）もうま味をもつ．

［医療ノート］♦ヌクレオチド合成阻害と抗がん剤

　アミノプテリンは**葉酸拮抗剤**として作用するので，葉酸の関与するIMP生成反応やdTMP生成に必要な葉酸誘導体を供給する反応（これらは**ジヒドロ葉酸レダクターゼ**による）を阻害する．後者の反応はやはり葉酸拮抗物質である**メトトレキセート**でも阻害される．グルタミン類似物質の**アザセリン**はIMP生成反応やGMP生成反応を阻害し，またピリミジンの一種である**5-フルオロウラシル（5-FU）**はチミジル酸シンテターゼを阻害する．ヌクレオチド合成阻害剤は細胞増殖を阻害するため，**抗がん剤**として使用される．

Ⓖ ヌクレオチドの分解と再利用

　RNAは随時，DNAは細胞の死によってヌクレオチドに加水分解されるが，その後ヌクレオシドに分解され，さらに塩基は糖から切り離される．一方で，ヌクレオシドや塩基は再びヌクレオチドに組み立てられる．ヌクレオチドの再合成系を**サルベージ経路**という．塩基の新生合成には大量のATPが必要なため，より経済的な再利用系が積極的に使われる（p.170，**図13-17**）．

1. ヌクレオチド分解代謝

　基本的に，いずれのヌクレオチドも脱リン酸化されてヌクレオシドに，ヌクレオシドはヌクレオシドホスホリラーゼによる**加リン酸分解**で，（デオキシ）リボース 1-リン酸と塩基になる．プリンヌクレオシドの場合，塩基は**キサンチン**に集約され，その後**尿酸**となり，尿（一部は便）から排泄される．ピリミジンヌクレオシドでは，遊離した塩基は最終的に二酸化炭素とアンモニアに分解される[*2]．

2. ヌクレオチド再合成経路

　リン酸がとれたヌクレオシドのうち，ピリミジンヌクレオシドとアデニンヌクレオシドは，ATP存在下，キナーゼによって一リン酸型ヌクレオチドとなり，上述の経路で三リン酸型になる．しかし，ヒポキサンチン，キサンチン，グアニンの3種類は塩基に**PRPP**が作用してヌクレオシド一リン酸となる．このうちヒポキサンチンとグアニンにかかわる酵素は同じ**HGPRT（ヒポキサンチン-グアニンホスホリボシルトランスフェラーゼ）**である．アデニンはAMPになる経路が弱いため，いったん**アデノシンデアミナーゼ（ADA）**でイノシンに変換されてから利用される．

[*1] dCTPがdUTPに脱アミノされ，上記の経路に入る場合もある．
[*2] シチジンはいったんウリジンに脱アミノされる．

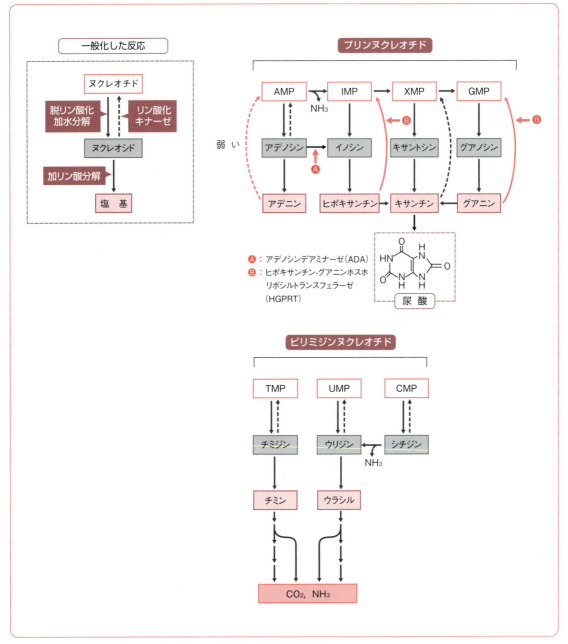

図13-17 ヌクレオチド，ヌクレオシド，塩基の代謝と再利用

H ヌクレオチド代謝にかかわる疾患

a 痛風

知られている疾患のほとんどは**プリン代謝異常症**である．プリン代謝産物の**尿酸**は水に溶けにくく，血中尿酸濃度が高くなる（高尿酸血症．7 mg/dL 以上）と不溶性の針状結晶となって組織を冒すため，激しい痛みを伴う**痛風**を発症する．DNAの多い食品の摂食や飲酒により（エタノール代謝産物の酢酸

がアセチルCoAに変わる反応で共役するATP→AMP＋PPᵢという反応が増えると，AMPを排出しようとして異化が進み尿酸合成が亢進する），この傾向が強くなる．

ⓑ HGPRTやADAの欠落

HGPRT活性が低下するとPRPP量が増え，その結果ヌクレオチド合成が進み，やはり尿酸が増える．HGPRTが完全欠損するとプリン新生合成が異常に亢進して，レッシュ・ナイハン症候群を発症する．先天的にアデノシンデアミナーゼ（ADA）を欠損する疾患があり（ADA欠損症．最初に遺伝子治療の対象になった遺伝子として知られる），細胞にたまったdATPが細胞機能を冒すという現象がT細胞で顕著になり，免疫能が低下して重症複合型免疫不全症（SCID）になる．

Ⅲ ポルフィリン代謝

窒素を含むピロール環4個が4個のメテン基（−CH＝）で結合して閉環した環状分子をポルフィリンという．生物学的に重要なポルフィリンはヘムと植物のクロロフィル（葉緑素ともいう）で，前者は鉄，後者はマグネシウムを含み，それぞれ赤から茶色，および緑色を呈する生体色素である．

> **解説 ヘムタンパク質**
>
> ヘムを含む（共有結合と非共有結合の両方がある）タンパク質をヘムタンパク質という．酸素を運ぶ赤血球中のヘモグロビンや筋肉中のミオグロビン，電子伝達にかかわる種々のシトクロム，酸化還元酵素のカタラーゼ，ペルオキシダーゼ，シトクロムP-450などがある．

１ ヘムの合成

ヘムの合成は幼若な赤血球と肝細胞で特に活発である．はじめの反応はミトコンドリアで起こるが，まずクエン酸回路の基質であるスクシニルCoAとグリシンから5-アミノレブリン酸（ALA）ができる（p.172，図13-18）．ALAは細胞質に出て2分子が結合してポルホビリノーゲンになり，それが4個結合してヒドロキシメチルピランとなる．それが環状化・脱炭酸することによりできるコプロポルフィリノーゲンⅢが再びミトコンドリアに入り，化学変化を経てプロトポルフィリンとなる．ここに二価鉄イオンが結合したものがプロトヘム，いわゆるヘムである．ヘム自身が調節酵素であるALA合成酵素を阻害するため，必要以上にヘムがつくられることはない．

ヘモグロビン

> ヘモグロビンは2個のα-グロビンと2個のβ-グロビンからなるタンパク質で，各サブユニットにヘムが結合する．酸素はヘムと結合するが，ヘモグロビンは上述の構造をもつため，4個の酸素分子を運ぶことができる．

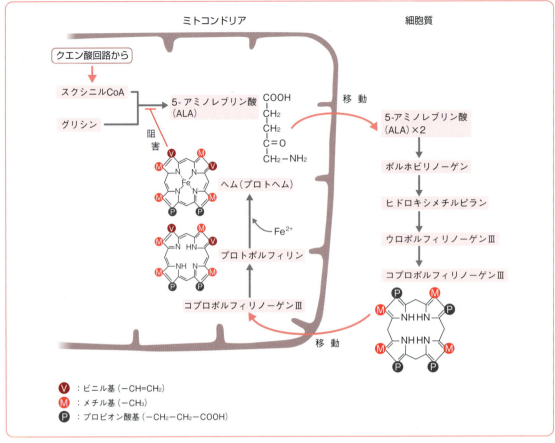

図13-18 ヘムの合成

J ヘムの分解とビリルビンの代謝

　ヘムの分解は脾臓などで行われる**赤血球**（ヘモグロビン）**分解**と連動して起こる（**図13-19**）．グロビンから離れたヘムは**ヘムオキシゲナーゼ**によって鉄イオンが外され，環状構造が壊れて緑色のビリベルジンとなり，これが還元されて橙色の**ビリルビン**となる．鉄イオンは再利用されるが，ビリルビンは肝臓に運ばれ，グルクロン酸抱合型の可溶性ビリルビンとなり，**胆汁**として胆管から小腸に分泌される．腸管で非抱合型に変化したのち，還元されて無色の**ウロビリノーゲン**となり，一部は腸管から吸収されて肝臓に戻り，サイトビリルビンとなる（**ビリルビンの腸管循環**）．腸管にあるウロビリノーゲンの一部は尿中に排泄され（尿の黄色はウロビリノーゲンが酸化された**ウロビリン**による），また一部は還元と酸化を受けて黄褐色のステルコビリンやその他の代謝産物となり，糞便として排泄される．

解説　鉄の貯蔵と代謝

　鉄の60%は**ヘモグロビン**にあり，30%は鉄の保存と運搬にかかわるタンパク質である**フェリチン**や**ヘモシデリン**と結合している．10%は**ミオグロビン**，残りは種々の酵素内に存在する．ヘムの85%はヘモグロビンにある．**赤血球の寿命**は120日であり，鉄も代謝されている．

13. 窒素化合物の代謝　173

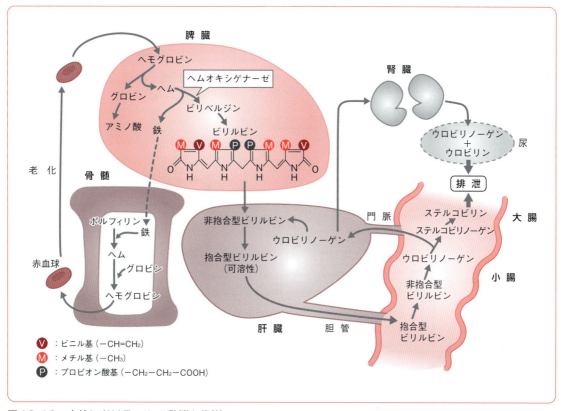

図13-19　人体におけるヘムの動態と代謝

疾患ノート◆ビリルビンと黄疸

血中ビリルビン濃度は通常0.2～1.0 mg/dLだが，高くなると皮膚や粘膜が黄変する黄疸となる．黄疸には赤血球破壊（溶血）が原因のものと，肝臓病によるビリルビンの肝取り込み能の低下や肝臓でのグルクロン酸抱合低下に起因する肝細胞性のもの，そして胆道または胆管閉塞が原因のものがある．

Ⅳ 代謝系のまとめ

K 代謝の相互作用と全体像

　糖質代謝は解糖系やクエン酸回路と，それに連動するエネルギー代謝を中心に物質代謝の根幹をなし，脂質代謝によってできるアセチルCoAとグリセロールも糖代謝経路に入って使われる（p.174，図13-20参照）．グルコースが不足すると糖新生が起こり，余裕があるとグリコーゲンとして蓄えられる．また脂質と糖質の代謝系が連携しているため，糖質の過剰摂取は中性脂肪の蓄積という現象を起こす．アミノ酸はそのままではエネルギー代謝の基質にならないが，分解産物の糖骨格が糖代謝系に取り込まれるため，間接的にエネルギー源となり，状況によって糖新生にも使われる．生体は恒常性を維持するために，代謝産物や中間体が関与するさまざまな正や負の調節機構を活用しており，とりわけグルコース量維持のためには種々のホルモンがかかわる．

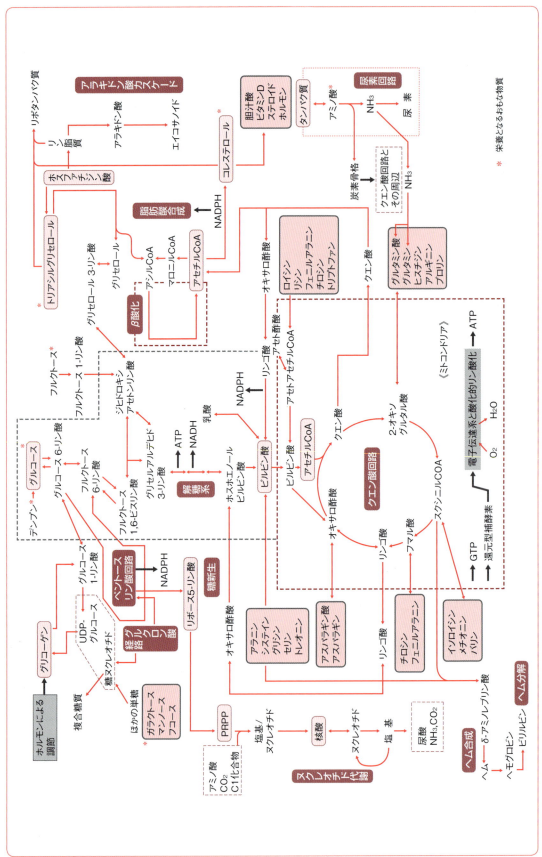

図13-20 糖質、脂質、および窒素化合物代謝の概要

13. 窒素化合物の代謝 **175**

☑ 学習内容の 再 Check!

以下の文章が正しいか間違っているかを，〇か×で答えなさい．

☐ 1. アミノ酸は，脂質や糖質のように備蓄されることはないが，組織タンパク質がアミノ酸の供給源となっている．

☐ 2. アミノ酸が分解される場合，種々のアミノ酸のアミノ基はまずアスパラギン酸に集められ，次にそこからアミノ基がアンモニアとして外れる．

☐ 3. アミノ基転移にかかわる酵素トランスアミナーゼの検査は，肝臓病の診断に有効である．

☐ 4. アミノ酸から遊離したアンモニアを解毒代謝して尿素を生成する尿素回路は，すべての細胞がもつ基本的な代謝系である．

☐ 5. アルギニンは尿素回路にあるアミノ酸なので，ヒトでは非必須アミノ酸であるが，尿素回路をもたない動物では必須アミノ酸になりうる．

☐ 6. アミノ酸分解で生じた炭素骨格は糖代謝経路の特定の分子に収束し，それらすべてが糖新生経路でグルコースとなる．これが，アミノ酸がエネルギー物質となる理由である．

☐ 7. 植物や微生物はアンモニアからアミノ酸をつくれるが，ヒトにはそのような活性がない．

☐ 8. クレアチンはアミノ酸からつくられ，リン酸化されて筋肉などでエネルギー源となり，クレアチニンに分解されて尿から排出される．

☐ 9. 生合成反応でメチル基の供与体となる物質にメチオニンがある．

☐10. 中性アミノ酸が脱炭酸を受けるとヒスタミンやセロトニンなどのモノアミンができる．

☐11. フェニルケトン尿症，アルカプトン尿症，白皮症はフェニルアラニンやチロシンの異化酵素の活性が亢進し，下流の代謝産物が蓄積するために起こる疾患である．

☐12. ヌクレオチド合成の鍵となる分子は解糖系基質の1つ，リボース5-リン酸である．

☐13. デオキシ型ヌクレオチドは，二リン酸型ヌクレオチドの還元で生成する．

☐14. アデニン，グアニンなどのプリン塩基は，HGPRTとPRPPによりAMP，GMPに再構成される．

☐15. 痛風はプリン塩基代謝産物である尿素が不溶性の針状結晶となり，それが組織に刺さることにより激痛を生む疾患である．

☐16. アデノシンデアミナーゼ欠損ではリンパ球に大きな影響が現れ，免疫機能の低下が起こる．

☐17. ヘムはおもに脾臓や骨髄の細胞で合成される，鉄を含むポルフィリンの一種である．

☐18. ヘモグロビンは4個のグロビンタンパク質に囲まれた空間部分に1個のヘムが存在している．

☐19. 赤血球，胆汁，尿，便がすべて赤〜褐色〜黄色系の色を呈するのは，そこにヘムが共通に含まれているからである．

☐20. 生体内の代謝は複雑に連動し，体内環境が常に一定になるように保たれている．

13

14章

ホルモンと生体調節

Introduction

　ホルモンは特定の組織や器官から分泌されて標的器官に作用し，増殖，分化，代謝亢進や抑制，運動，分泌などを誘導する．ホルモンは下垂体や副腎といった典型的なホルモン分泌器官だけではなく，消化管，心臓といった一般の器官からも分泌される．ホルモンの分泌や作用には階層性，協調，拮抗といった相互作用があり，神経系の影響も受ける．生理活性物質の中には，一般の細胞が産生するプロスタグランジンやアンジオテンシンなどのオータコイドや，細胞の分化，増殖，運動にかかわるサイトカインもある．生体では，これらの物質の協調作用によって代謝のバランスや恒常性が維持され，作用に異常があるとさまざまな疾患が起こる．

はじめに

　代謝のバランスは，神経とその支配下にあるホルモンあるいは生理活性物質や細胞調節因子などによって統御されている．本章では個々のホルモンや生理活性物質の作用について具体的に述べるとともに，それらによって制御される恒常性維持機構についても説明する．

A　ホルモンとは

ⓐ 内分泌物質

　ホルモンとは内外の刺激によって特定の細胞や組織で合成・蓄積されたのちに分泌されて全身に運ばれ，標的細胞に達して微量で生理活性を発揮する物質である．ホルモンは内分泌（内分泌ともいう．第2章参照）という方式で作用するため，ホルモンを分泌する器官は内分泌器官といわれ，ホルモンを内分泌物質という場合がある（図14-1）．ホルモンとなるものの過半数はペプチドあるいはタンパク質であり，それ以外の大きなグループはステロイドで，残りはアミノ酸（例：甲状腺ホルモン）とアミン（例：副腎髄質ホルモン）である（表14-1）．ホルモン分泌器官には下垂体や副腎など，ホルモン産生に特化した器官もあるが，消化管，心臓，脂肪組織など一般の器官や組織から分泌される例も少なくない．

ⓑ 作用機構

　ホルモンが標的細胞に到達すると，細胞表面にある受容体タンパク質に結合する（p.23, 図2-14参照）．ただし，ステロイドホルモンや甲状腺ホルモンのような脂溶性ホルモンは細胞内に直接入り，核内受容体に結合する（第18章，p.249参照）．ホルモンが結合した受容体は活性化し，その情報は直接あるいは間接的に転写調節タンパク質に伝わり（第2章，p.24参照），その結果，遺伝子発現が変化して細胞増殖，分化，運動，分泌などの細胞応答が誘導される．

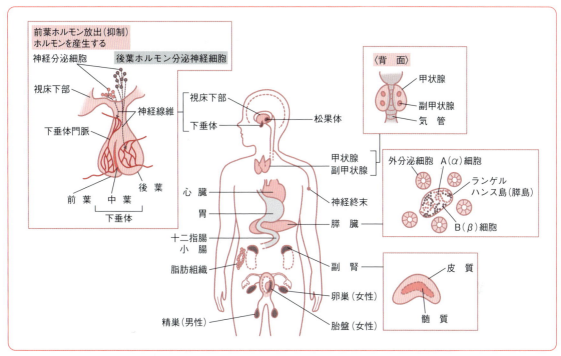

図14-1 ホルモン分泌器官

表14-1 物質の種類に基づくホルモン分類

種類	例
タンパク質およびペプチド	副腎皮質刺激ホルモン放出ホルモン（CRH），甲状腺刺激ホルモン放出ホルモン（TRH），性腺刺激ホルモン放出ホルモン（GnRH），成長ホルモン放出ホルモン（GHRH），副腎皮質刺激ホルモン（ACTH），甲状腺刺激ホルモン（TSH），卵胞刺激ホルモン（FSH），黄体形成ホルモン（LH），プロラクチン，オキシトシン，成長ホルモン，バソプレッシン，グルカゴン，インスリン，ソマトスタチン，カルシトニン，副甲状腺ホルモン，ガストリン，セクレチン，コレシストキニン，レプチン，アディポネクチン，ヒト絨毛性性腺刺激ホルモン，心房性ナトリウム利尿ペプチド（ANP），脳ナトリウム利尿ペプチド（BNP）
ステロイド	グルコ（糖質）コルチコイド，ミネラル（鉱質）コルチコイド，アンドロゲン，エストロゲン，プロゲステロン
アミノ酸	甲状腺ホルモン
アミン	副腎髄質ホルモン，メラトニン

B それぞれの器官から分泌されるホルモン

　身体には**図14-1**に示したようなホルモンを産生し，分泌する器官が存在する．次に代表的なホルモン分泌器官とそこで分泌されるホルモンについて具体的に見ていく（p.178，**表14-2**）．

1．視床下部のホルモン

　視床下部は脳の一部で間脳の底部にあり，上位の中枢神経（大脳）からの刺激によってさまざまなホルモンを分泌する．視床下部には下垂体がぶら下がっており，両者は**神経分泌細胞**と血管（**下垂体門脈**）により，それぞれ下垂体の後葉*と前葉に連絡している．視床下部からは**下垂体前葉**でのホルモンの合

＊　視床下部でつくられたホルモンが，下垂体後葉に蓄えられるため，**下垂体後葉**が見かけ上の分泌器官となる．

表14-2 各器官から分泌されるホルモンの例

産生器官		ホルモン名（略号や別称）	おもな作用
視床下部		副腎皮質刺激ホルモン放出ホルモン（CRH）	下垂体前葉におけるACTHの合成・分泌を促進
		成長ホルモン放出ホルモン（GHRH）	下垂体前葉におけるGHの合成・分泌を促進
		黄体形成ホルモン放出ホルモン（LHRH）	下垂体前葉におけるLH・FSHの合成・分泌を促進
		甲状腺刺激ホルモン放出ホルモン（TRH）	下垂体前葉におけるTSHの合成・分泌を促進
		ソマトスタチン	下垂体前葉におけるGHの合成・分泌を抑制
松果体		メラトニン	睡眠や日周（概日）リズムの調整
下垂体前葉		成長ホルモン（GH）	全身の成長を促進 タンパク質合成や糖新生の促進 肝臓におけるソマトメジンの合成を促進
		甲状腺刺激ホルモン（TSH）	甲状腺ホルモンの合成・分泌を促進
		副腎皮質刺激ホルモン（ACTH）	副腎皮質ホルモンの合成・分泌を促進
		卵胞刺激ホルモン（FSH）	卵巣における卵胞の発育と成熟を促進 精巣における精細管成熟・精子形成を促進
		黄体形成ホルモン（LH）	卵巣における排卵・黄体形成を促進 精巣における男性ホルモンの合成・分泌を促進
		プロラクチン（PRL）	乳汁の分泌を促進
下垂体後葉		抗利尿ホルモン（ADH，バソプレッシン）	腎臓における水の再吸収を促進（抗利尿作用） 血圧上昇，ACTH分泌促進
		オキシトシン（OT）	子宮平滑筋を収縮，乳汁の射出を促進，ストレスの緩和
甲状腺		トリヨードチロニン（T$_3$） チロキシン（T$_4$）	成長や基礎代謝を維持 酸素消費，熱産生を促進
		カルシトニン（CT）	骨からのリン酸カルシウムの放出を抑制
副甲状腺（上皮小体）		副甲状腺ホルモン〔パラトルモン（PTH）〕	骨からのリン酸カルシウムの放出を促進 腎臓でのカルシウム再吸収を促進 リン酸排泄を増加 腎臓におけるビタミンDの活性化を促進
心臓		心房性ナトリウム利尿ペプチド（ANP）	腎血管拡張により利尿を促進
		脳性ナトリウム利尿ペプチド（BNP）	血管平滑筋弛緩により血圧を降下
膵臓（膵島）	B（β）細胞	インスリン	筋肉のグルコース取り込みと筋肉・肝臓におけるグリコーゲン合成を促進 肝臓と腎臓における糖新生を抑制 脂肪組織におけるグルコース取り込みおよび脂肪合成を促進
	A（α）細胞	グルカゴン	肝臓におけるグリコーゲン分解・糖新生を促進
	D（δ）細胞	ソマトスタチン	下垂体前葉におけるGHの合成・分泌を抑制
胃		ガストリン	胃酸分泌を促進
小腸		セクレチン	膵臓からの炭酸水素塩分泌を促進
		コレシストキニン（CK）	膵臓からの消化酵素分泌および胆嚢の収縮を促進
副腎	皮質	ミネラル（鉱質）コルチコイド	腎臓におけるNa$^+$とCl$^-$の再吸収，K$^+$とH$^+$の排泄を促進
		グルコ（糖質）コルチコイド	糖新生，タンパク質分解，および顔・胴部の脂肪沈着
		性ホルモン	（男性ホルモンおよび卵胞ホルモンの作用を参照）
	髄質	アドレナリン，ノルアドレナリン	平滑筋収縮，心拍数の増加，糖・脂質代謝を促進
精巣		男性ホルモン（アンドロゲン）	男性の二次性徴を発現 生殖機能・精子形成を促進
卵巣	卵胞	卵胞ホルモン*（エストロゲン）	女性の二次性徴を発現 生殖機能・性周期を維持 骨吸収を抑制
	黄体	黄体ホルモン（プロゲステロン）	性周期後半を維持 乳腺発育を促進
胎盤		ヒト絨毛性性腺刺激ホルモン（hCG）	妊娠を維持
脂肪組織		レプチン	食欲を抑制 脂肪組織における脂肪分解を促進
		アディポネクチン	インスリン感受性を促進 動脈硬化を抑制

＊ 卵胞ホルモンは濾胞ホルモン，女性ホルモンともいう．

成・分泌を促すホルモン（例：性腺刺激ホルモン放出ホルモン，甲状腺刺激ホルモン放出ホルモン）や抑制するホルモン〔例：成長ホルモン抑制ホルモン（ソマトスタチン），黄体刺激ホルモン抑制ホルモン〕，すなわち放出ホルモンが分泌される．視床下部の神経分泌細胞でつくられたオキシトシン，バソプレッシンは下垂体後葉に蓄積される（後述）．

> ### Column
>
> ### 睡眠を誘導するホルモン：メラトニン
>
> 　メラトニンは松果体（中脳第三脳室にある豆粒大の器官）で，トリプトファンからセロトニンを経由して合成されるインドールアミン誘導体であり，体温低下作用，催眠作用をもつ．光刺激で変動し，体内時計と連動して概日リズムを示し，分泌は夜に高まる．米国では市販薬として購入でき，睡眠導入や時差ぼけ解消のために利用されている．

2. 下垂体のホルモン

ⓐ 前葉から分泌されるホルモンとその作用

　下垂体（脳下垂体ともいう）は間脳底部にある小さな器官で，前葉，中葉，後葉からなり（p.177，図14-1参照），前葉からは成長ホルモン（GH），プロラクチン（PRL），副腎皮質刺激ホルモン（ACTH），甲状腺刺激ホルモン（TSH），2種類の性腺刺激ホルモン（ゴナドトロピンともいう），すなわち黄体形成ホルモン（LH）と卵胞刺激ホルモン（FSH）が分泌される．女性ではLHは排卵や黄体からの黄体ホルモンの分泌，FSHは卵胞の発育と卵胞ホルモンの分泌を促進する．男性ではLHはテストステロンの産生を促し，FSHは精子成熟にかかわる．GHは成長促進のほかタンパク質合成や糖新生の促進といった多彩な効果があるが，ホルモン作用は肝臓でつくられるソマトメジンというペプチドを介して発揮される．ACTHは副腎皮質からのステロイドホルモンの分泌を促進し，TSHは甲状腺に作用してヨードの吸収と甲状腺ホルモンの分泌を促進する．

ⓑ 後葉から分泌されるホルモンとその作用

　後葉から分泌されるホルモンのうち，バソプレッシンは抗利尿ホルモン（ADH）で（尿をつくり排泄する作用を「利尿」という），腎臓での水の再吸収を高めるとともに，血管平滑筋収縮に伴う血圧上昇やACTH分泌促進作用をもち，その分泌は血液浸透圧上昇（血液の濃縮，塩濃度上昇）や組織液減少で増える．オキシトシン（OT）には子宮収縮作用や乳腺収縮（乳汁分泌）作用，ストレス緩和作用などがある．

3. 甲状腺ホルモン

　甲状腺は甲状軟骨下の気管を取り囲むように存在する蝶の形をした器官である．甲状腺ホルモンには異化と活動を促進するように，基礎代謝，酸素消費，糖新生，脂肪分解を亢進させる多彩な働きがある．甲状腺ホルモンにはヨードを4個もつチロキシン（T_4）と3個もつトリヨードチロニン（T_3）があるが，おもにT_4として分泌され，末梢で作用の強いT_3に変換されてホルモンとして十分な活性を発揮する．甲状腺からはこのほかカルシトニン〔CT．骨吸収を抑えることで血中カルシウムイオン（Ca^{2+}）濃度を下げる〕というホルモンも分泌される．自己免疫に起因して甲状腺が刺激され（甲状腺刺激ホルモン受容体に対する自己抗体が受容体を刺激することによる），甲状腺の腫大を伴って起こる甲状腺機能亢

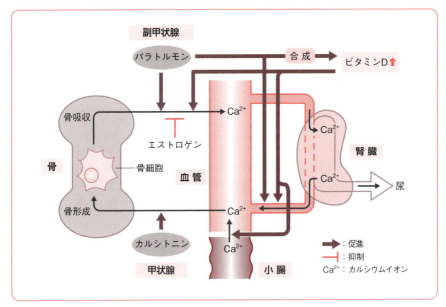

図14-2 ホルモンによるカルシウムの制御

進症を**バセドウ病**という．眼球突出，頸部腫大，頻脈，発汗，下痢などを主徴とし，20～40歳代の女性に多い．

4．副甲状腺ホルモン

副甲状腺は**上皮小体**とも呼ばれる甲状腺の裏に付随する4個の小粒で，**副甲状腺ホルモン〔パラトルモン（PTH）ともいう〕**を分泌する．パラトルモンは血中Ca^{2+}濃度の低下により分泌され，骨吸収の促進や腎臓でのビタミンD合成促進を介して，カルシトニンとは逆に血中Ca^{2+}濃度を上げるように作用する（図14-2）．腎臓においてはCa^{2+}の再吸収を促進する．カルシトニンとともに**カルシウム代謝**にかかわる．

5．膵臓のホルモン

ⓐ ランゲルハンス島から分泌されるホルモン

膵臓は胃の後ろにある器官で，基本的には消化酵素を産生・分泌する外分泌器官であるが，実は内分泌器官でもある．ホルモンは外分泌器官に散在して存在する組織である**ランゲルハンス島（膵島**ともいう）から分泌される．ランゲルハンス島には**A細胞（α細胞），B細胞（β細胞），D細胞（δ細胞）**があり，それぞれ**グルカゴン，インスリン（インシュリンともいう），ソマトスタチン**を分泌する．このほか膵臓ポリペプチド pancreatic polypeptide を分泌するPP細胞も存在する．

ⓑ 作　用

グルカゴンはグリコーゲン分解，糖新生など，血中にグルコースを供給するように働き，血中グルコース濃度が高いと分泌が抑制される．インスリンは血中グルコース濃度の上昇によって分泌が高まり，グルカゴンと反対の働きをする．インスリンは細胞へのグルコース取り込みを促進することにより，結果的に血中グルコース濃度を下げる．

6. 副腎のホルモン

副腎は腎臓の上にある5g程度の半月状の器官で，約90％を占める周辺部の**皮質**と内部の**髄質**からなる．皮質は中胚葉由来だが，髄質は神経と同じ外胚葉由来であり，事実，分泌物質は神経伝達物質との関連が深い．

ⓐ 副腎皮質ホルモンの分泌と作用

副腎皮質からは複数の**ステロイドホルモン**がコレステロールを原料に合成・分泌されるが，それらは**ミネラルコルチコイド**（**鉱質コルチコイド**ともいう），**グルココルチコイド**（**糖質コルチコイド**ともいう），**副腎性アンドロゲン**に分けられる．ミネラルコルチコイド（例：**アルドステロン**）は腎臓におけるナトリウムイオン（Na^+）の再吸収促進，およびカリウムイオン（K^+）と水素イオン（H^+）の排出促進などを通して血液のイオンバランスを調節するとともに水の再吸収を促進し，血液量増加を介して**血圧上昇効果**を発揮する．分泌はおもに**レニン-アンジオテンシン系**（p.186参照）で調節される．グルココルチコイド（例：**コルチゾール**）は肝臓での脂肪分解や糖新生を促進し，末梢組織ではグルコースの取り込みを抑制するため**血糖量**が上昇する．**免疫抑制作用**があるため，**ステロイド系抗炎症薬**としても使われる．副腎皮質はこれ以外にも男性ホルモンや卵胞ホルモンを分泌するが，特に副腎性アンドロゲン（例：**アンドロステンジオン**）は組織において男性ホルモン活性の強い**テストステロン**に変換される．

📖 医療ノート◆合成ステロイド

グルココルチコイドには弱いミネラルコルチコイド活性がある．そのため医薬品としてはミネラルコルチコイド活性の少ない合成ステロイドである**プレドニゾロン**，**デキサメタゾン**，**ベタメタゾン**が使用される（**図**）．合成ステロイドは天然のものに比べ，体内で比較的安定である．

図 合成ステロイドの例（グルココルチコイド）

📖 疾患ノート◆クッシング症候群

コルチゾールの過剰分泌による満月様顔貌，肥満，筋力低下，耐糖能低下，多毛症などを主徴とする病態を**クッシング症候群**という．そのうちACTH産生腫瘍が原因のものをクッシング病という．

ⓑ 副腎髄質ホルモンの分泌と作用

副腎髄質からは**カテコールアミン**，すなわち**アドレナリン**（**エピネフリン**ともいう），**ノルアドレナリン**（**ノルエピネフリン**ともいう），そして**ドーパミン**が分泌される．アドレナリンやノルアドレナリンは**α受容体**や**β受容体**をもつ全身の細胞に作用するが，「闘争と逃走」反応に関連して，心機能亢進，グリコーゲンからのグルコース生成による血糖上昇，血管収縮，血圧上昇を起こす．これらのホルモン

182 ❖ Ⅱ．生化学編

は**神経伝達物質**でもあるため（ノルアドレナリンは交感神経の主要な伝達物質），神経に直接作用することもできる．ホルモン分泌自身も交感神経による支配を受けるため，精神的緊張があると上昇するが，神経が血圧低下や体温低下を感知しても上昇する．

7．性腺のホルモン

性腺由来の**ステロイドホルモン**で，下垂体からの**FSH**と**LH**の支配を受ける．女性において，FSHは二次性徴の発現にかかわる**卵胞ホルモン**（**エストロゲン**，**濾胞ホルモン**，**女性ホルモン**ともいう．例：**エストラジオール**，**エストロン**）の分泌を促進する．一方LHは排卵を誘発し，**黄体**を形成して**黄体ホルモン**（例：**プロゲステロン**）の放出に効く（女性の性周期のホルモン制御機構に関しては p.37，**図3-8**参照）．男性の場合は精巣において，LHによって精巣のライディッヒ細胞から**男性ホルモン**（**アンドロゲン**ともいう）である**テストステロン**の分泌が促進され，FSHにより**精子成熟**が起こる．

8．消化管ホルモン

消化管の上皮細胞から血液に入るものや，近隣の細胞に直接作用する多数のものがあり，消化管の機能を促進または抑制する．**ガストリン**は胃に食物が入ると胃幽門部粘膜や十二指腸粘膜の**G細胞**から分泌され，胃酸分泌や胃細胞の増殖を促進し，胃液やセクレチンにより抑制される．**コレシストキニン**（**CK，パンクレオザイミン**ともいう）は十二指腸や小腸から分泌されるが，胃内容物中の脂肪の刺激により分泌され，胆嚢を収縮させて胆汁の分泌を促すとともに膵液の分泌も促進する．**セクレチン**は十二指腸が酸性になると十二指腸や小腸から分泌され，膵臓からの水分と重炭酸イオン（HCO_3^-）の分泌を促し，胃酸を中和するとともに胃酸分泌を抑制する．**消化管ホルモン**の中には脳からも放出される**脳-消化管ホルモン**（**脳腸ペプチド**）が多数存在し，多様な機能を発揮する（例：**P物質**，ガストリン放出ペプチド，ニューロテンシン，ニューロペプチドY，ガストリン様ペプチド）．

9．その他の器官や組織から分泌されるホルモン

心臓からは利尿作用，末梢血管拡張作用，血圧降下作用をもつ2種類の**利尿ペプチド**が放出される．**心房性ナトリウム利尿ペプチド**（**ANP**）は心房で分泌され，**脳ナトリウム利尿ペプチド**（**BNP**）は主として心室から分泌される．**胎盤**からは**ヒト絨毛性性腺刺激ホルモン**（**hCG**）が分泌され，**脂肪組織**からは**レプチン**や**アディポネクチン**が分泌される．

Ⓒ ホルモンおよびその関連物質による生体制御

1．ホルモン分泌の階層性と相互作用および神経支配

ⓐ ホルモン相互の働き

視床下部から分泌される刺激ホルモン放出ホルモンや抑制ホルモンの作用が下垂体に及び，下垂体はそれを受けて刺激ホルモンを分泌し，刺激ホルモンが標的器官に作用して個々のホルモンを分泌するという，**ホルモン作用の階層性**が見られる（**図14-3**）．**ホルモンの相互作用**も見られる．チロキシン，コルチゾール，卵胞ホルモンや黄体ホルモンなどは下垂体や視床下部に働きかけ，自身の濃度が高いときには，自身の分泌を抑制するように働き，自身の濃度が低いときには，自身の分泌を促進するように働

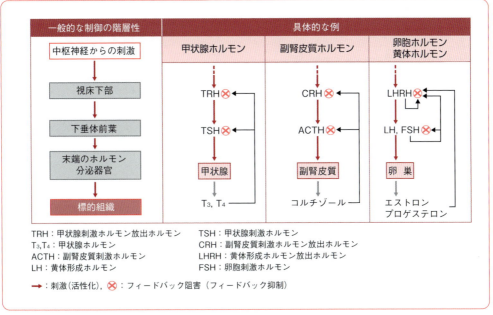

図14-3 ホルモン制御の階層性とフィードバック

く．この現象を**ホルモンのフィードバック調節**という．これとは別に，ある事象が別々のホルモンで正と負に調節されるという**ホルモンの拮抗作用**も多くの例で見られる（例：血糖量調節のインスリンとグルカゴン，血中カルシウム量調節のパラトルモンとカルシトニン）．

ⓑ 神経との関連

ホルモン分泌は感覚神経でモニターされたあとで実行されるなど，**ホルモンの神経支配**も一般的な現象である．視床下部から下垂体へのホルモン伝達には神経細胞が深くかかわり，またカテコールアミン，セロトニン，ニューロテンシン，ソマトスタチンなどは**神経伝達物質**でもある．

2. 血糖量の調節

ⓐ 上 昇

血中グルコース濃度（血糖量） は一定（0.08〜0.1％）に維持されている．低血糖になると危険であり，また高血糖状態が続くと（一定の基準を超えると**糖尿病**と呼ばれる）さまざまな病状を発生しやすくなり体力も低下する．このような理由もあり，生体はホルモンを使って血糖量の維持にあたっている（p.184, **表14-3**）．視床下部がグルコース低下を感知すると下垂体や下位の内分泌器官に情報が伝わって**グルカゴン**，**チロキシン**，**成長ホルモン**が上昇し，神経系を介して**アドレナリン**や**グルココルチコイド**が分泌される．グルカゴンとアドレナリンはグリコーゲン分解を促進してグルコースを増やし，グルココルチコイドはタンパク質分解で生じたアミノ酸からの糖新生を促進する．これら血糖量増加に働くホルモンは，おもに肝臓に働き，肝臓から血中に糖が放出される．

ⓑ 下 降

血糖量を下げるホルモンは，血糖上昇を感知してランゲルハンス島のB細胞から分泌される**インスリン**のみである．インスリンは**グルコース受容体**（特に筋肉と脂肪細胞における受容体の1つ，GLUT4）

184 Ⅱ．生化学編

表14-3　血糖量と代謝のホルモン制御

	インスリン	グルカゴン	アドレナリン	コルチゾール	チロキシン，成長ホルモン
血糖量	↓	↑	↑	↑	↑
組織での血糖消費	↑	↓	↓	↓	―
解糖	↑	↓	↓	↓	―
糖新生	↓	↑	↑	↑	―
グリコーゲン	合成	分解	分解	合成	―
トリグリセリド	合成	分解	分解	分解	―

を細胞表面に集めて細胞へのグルコース取り込みを促進するため，血中グルコース量が下がる．インスリンは糖新生を抑えてタンパク質合成を促進するが，その作用は筋肉や脂肪細胞で高く，それぞれグリコーゲン合成とトリグリセリド合成の促進にかかわる．インスリンにはグルカゴンの分泌を抑える作用もある．

3. ホルモン様の生理活性物質：オータコイド

ⓐ オータコイド

典型的な内分泌器官からではなく，一般の組織や器官など全身でつくられ，それが血中に放出されてホルモン様作用を発揮するものを総称して**オータコイド**という．脂肪酸代謝系であるアラキドン酸カスケードで合成される**エイコサノイド**には，**プロスタグランジン類**（炎症促進，発痛や発熱，平滑筋収縮や分娩誘発，血液凝固の誘発や抑制），**ロイコトリエン**（気管支喘息やアレルギーの誘発，アナフィラキシー誘発，炎症反応維持），**トロンボキサン**（血小板凝集，血管や気管支の収縮）が含まれる．エイコサノイドはホルモンと違い，必要に応じてそのつど合成され，**傍分泌**として細胞間質液に放出される．

ⓑ アミン

アミノ酸由来の物質であるアミンには**セロトニン**と**ヒスタミン**がある．セロトニンは神経伝達物質にもなっているが，腸管や血小板などでもつくられ，平滑筋収縮や止血作用にかかわる．**ヒスタミン**は肥満細胞や白血球（好塩基球）から分泌され，炎症，アレルギー，胃酸分泌，神経伝達などに関与する．

ⓒ ペプチドなど

アンジオテンシンは血中や脂肪細胞でつくられ，血圧上昇などに関与する（p.186参照）．Ⅰ～Ⅲのサブタイプがあるが，アンジオテンシンⅡが最も活性が強い．**ブラジキニン**は血管拡張，発痛や炎症誘発に関与し，**一酸化窒素（NO）**はグアニル酸シクラーゼを活性化して**cGMP**を上昇させ，細胞外へカルシウムイオン（Ca^{2+}）を出すことにより，血管拡張，気管支弛緩などの作用を発揮する．

4. 水分と塩分の調節

ⓐ 血液量増加

体内の**水分量**や**塩分量**は血液に反映される（**図14-4**）．**血液量**は心臓で感知され，減ると**飲水行動**が誘起され，**バソプレッシン**が分泌されて腎臓での水の再吸収が増えて（すなわち尿量が減少し）血液量が増える．腎臓からは**レニン**が分泌され，これにより増加した**アンジオテンシンⅡ**により飲水行動とバソプレッシン分泌が誘起される．さらに血液量減少により心臓から分泌される**心房性ナトリウム**

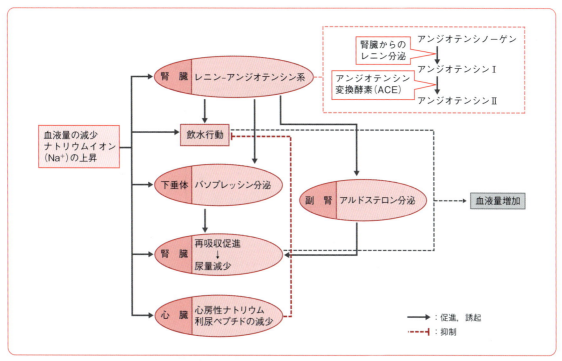

図14-4 ホルモンなどによる水分と塩分の調節

利尿ペプチド（ANP．尿量を増やし，バソプレッシンや飲水行動を抑える）が減るため，血液量が増加する．

ⓑ 血液量減少

脱水症状の処置にはスポーツドリンクがよく，真水だと血液が薄まり，尿としてすぐ排出されてしまう．アンジオテンシンⅡは**アルドステロン**を分泌させるため，腎臓でのナトリウムイオン（Na^+）再吸収が上昇して血液浸透圧が上がり，水分が保持される．血液水分量が少ない場合や塩濃度が高い場合は逆の機構が働き，このため塩辛いものを摂取すると咽が渇く．

5. 血圧の調節

血圧は血液量が増えたり末梢動脈が収縮したりすると上昇するが，血管の収縮・弛緩は自律神経により調節される（p.186，図14-5）．このため緊張して交感神経が興奮すると血圧は上がり，睡眠時は副交感神経が働き，血圧は下がる．血圧はホルモンと腎臓によっても調節される．副腎髄質から分泌されるカテコールアミンは血圧上昇効果をもつ．腎臓は血圧の低下やNa^+の低下を感知するとレニンを放出し，**レニン-アンジオテンシン系**を働かせる．アンジオテンシンⅡは血管を収縮させ，**アルドステロン分泌**を増やす．アルドステロンは水分を増やし，またNa^+も増やすが，Na^+上昇で浸透圧が上がると生体はNa^+を腎臓から排出しようとして血圧を上げる．毛細血管の収縮に必要なCa^{2+}も血圧上昇に働く．生体には血圧を下げる**カリクレイン-キニン系**（カリクレインがキニノーゲンを限定分解して血管拡張能をもつ**キニン**をつくる）も存在するが，**アンジオテンシン変換酵素**（**ACE**）はキニンを不活性化する．**心房性ナトリウム利尿ペプチド**も血圧を低下させる．

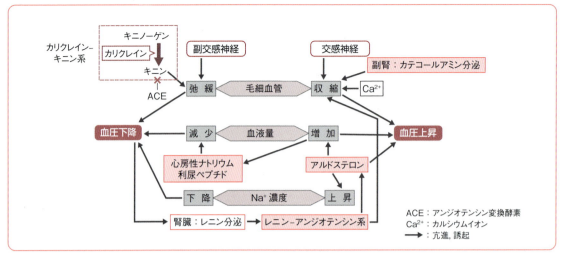

図14-5 生体における血圧の制御

レニン-アンジオテンシン系

　レニンは腎臓でつくられる酵素で，血中アンジオテンシノーゲンをアンジオテンシンIに変え，アンジオテンシンIは**アンジオテンシン変換酵素（ACE）**で活性型の**アンジオテンシンII**になり，副腎皮質に作用してアルドステロンを分泌する（p.185，図14-4参照）。アンジオテンシンIIには血管収縮作用もあり，総合的に血圧上昇に働く。ACE阻害剤やアンジオテンシンII受容体の1つであるAT1に対する拮抗薬（**ARB**）は**降圧薬**として用いられる。

疾患ノート◆ホルモン関連疾患

　さまざまな原因（器官の形成不全や機能不全，あるいは分泌亢進，腫瘍，自己免疫病など）によってホルモンの分泌が亢進あるいは低下して起こる疾患が多数知られている（表）．

表　ホルモン関連疾患

ホルモン	異常	疾患，特徴
成長ホルモン	不足	下垂体性低身長症
	過剰	下垂体性巨人症，先端巨大症
バソプレシン	過剰	抗利尿ホルモン異常症候群（➡低ナトリウム血症）
	不足	尿崩症（➡多尿，低張尿）
副腎皮質刺激ホルモン	腫瘍による分泌亢進	クッシング症
甲状腺ホルモン	欠乏	慢性甲状腺炎（➡橋本病），クレチン病
	過剰	バセドウ症
アルドステロン	過剰	原発性アルドステロン症
副腎性アンドロゲン	腫瘍による分泌亢進	副腎性器症候群（➡女性の男性化）
副腎髄質ホルモン	腫瘍による分泌亢進	褐色細胞腫による．高血圧症など
卵胞ホルモン	欠乏	ターナー症候群（染色体異常により起こる）
インスリン	不足	糖尿病
	過剰	低血糖〔腫瘍（インスリノーマ）により起こる〕
ガストリン	腫瘍による分泌亢進	ゾリンジャー・エリソン症候群

解説 サイトカイン

サイトカインとは細胞から分泌されてほかの細胞の増殖，死，分化，運動にかかわるタンパク質の総称で，インスリン様増殖因子，血小板由来増殖因子，神経栄養因子などの増殖因子，腫瘍壊死因子，インターフェロン，白血球遊走にかかわるケモカイン，赤血球の分化増殖に効くエリスロポエチンなどの造血因子，リンパ球のつくるリンホカイン，白血球のつくるインターロイキンなど，多くのものが存在する．

健康ノート◆ビタミン

ビタミンとは栄養素として摂るもので，直接，細胞構成要素やエネルギー源とはならず，少量で作用を発揮する有機物で，不足すると欠乏症になる．脂溶性ビタミンは脂質の一種で，ビタミンAやビタミンDは転写調節タンパク質である核内受容体に結合して活性化し，遺伝子発現を直接活性化する．ビタミンEは抗酸化物質として，また，ビタミンKは骨の石灰化や血液凝固に関係する．水溶性ビタミンのうちビタミンC以外はビタミンB群といわれ，補酵素として酵素がかかわる代謝に直接関与する（表）．ビタミンCには抗酸化作用があり，またコラーゲンの生成と成熟（線維化される．このため，ビタミンCが不足すると血管壁が弱くなり，出血傾向，壊血病となる）を含め，多様な機能がある．

表　ビタミンB群の補酵素としての働き

物質名（ビタミン名）	活性型補酵素	酵素反応	欠乏症
チアミン（ビタミンB₁）	チアミンニリン酸	脱炭酸反応	脚気 多発性神経炎
リボフラビン（ビタミンB₂）	フラビンモノヌクレオチド（FMN） フラビンアデニンジヌクレオチド（FAD）	〈酸化還元〉 脱水素反応と酸化反応	舌炎 口角炎 皮膚炎
ニコチン酸/ナイアシン（ビタミンB₃）	ニコチンアミドアデニンジヌクレオチド（NAD） ニコチンアミドアデニンジヌクレオチドリン酸（NADP）	〈酸化還元〉 脱水素反応	ペラグラ症候群（皮膚炎，下痢，神経障害）
パントテン酸（ビタミンB₅）	コエンザイムA（CoA）	アシルCoAシンテターゼ 脂肪酸合成酵素	まれ，成長停止，神経障害
ピリドキシン，ピリドキサミン（ビタミンB₆）	ピリドキサールリン酸（PALPまたはPLP）	〈アミノ酸のアミノ基転移〉 アミノ酸の脱炭酸反応	まれ，皮膚炎，けいれん
葉酸（ビタミンM，ビタミンB₉）	テトラヒドロ葉酸（THFまたはTHFA） プテリン補酵素の1つ	ホルミル基やメチル基の転移反応	貧血
コバラミン（ビタミンB₁₂）	5'-デオキシアデノシルコバラミン	分子内カルボキシ基転移反応	悪性貧血
ビオチン（ビタミンB₇）	（アポ酵素と-CONH-結合），補酵素R	CO_2固定反応	皮膚炎
α-リポ酸（チオクト酸）	（アポ酵素と-CONH-結合）	2-オキソ酸の酸化的脱炭酸反応	―

6. 脂肪細胞が分泌する生理活性物質

a 種類

脂肪細胞からはレプチン（食欲抑制作用，代謝抑制作用，インスリン感受性亢進能がある），アディポネクチン（インスリン感受性亢進など），男性ホルモン，女性ホルモンなどのホルモンのほか，TNF-α，IL-6などのサイトカイン，アンジオテンシノーゲンなどの生理活性物質，さらにはLDLなどのリポタンパク質やそれに関連するアポタンパク質が放出される（p.188，図14-6）．

b メタボリックシンドローム

脂肪組織から分泌される生理活性物質などをまとめてアディポサイトカインあるいはアディポカインという．あるものはメタボリックシンドロームや血管障害を抑えるが，逆に促進するものもある．メタ

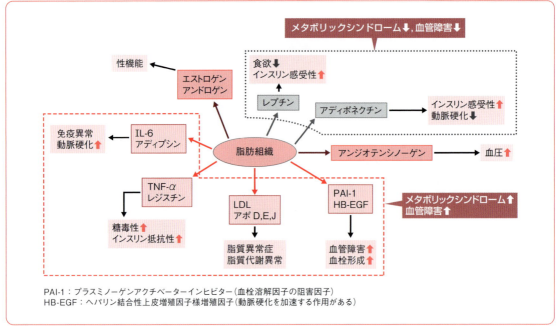

図 14-6 脂肪組織から分泌される生理活性物質とその作用

ボリックシンドロームや血管障害を悪化させる因子を多く分泌する脂肪細胞は俗に「悪玉」と呼ばれ，内臓脂肪に多く含まれる．

学習内容の 再 Check!

以下の文章が正しいか間違っているかを，○か×で答えなさい．

- □ 1. ホルモンとは内分泌物質のことである．
- □ 2. オータコイドもホルモンのように細胞内で産生・蓄積され，必要に応じて内分泌方式によって分泌されるが，一般の細胞でつくられる点がホルモンと異なる．
- □ 3. 多くの場合，ホルモンは細胞内に直接入り，遺伝子に結合して直接遺伝子発現を高める．
- □ 4. ホルモン統御の最上位に位置するものは，下垂体から分泌されるホルモン群である．
- □ 5. 下垂体前葉からは成長ホルモンと成長抑制ホルモンの両方が産生される．
- □ 6. 下垂体後葉で分泌されるオキシトシンやバソプレッシンは視床下部でつくられる．
- □ 7. 甲状腺ホルモンの T_3 や T_4 はケイ素を含む．
- □ 8. 甲状腺と副甲状腺の双方からは，カルシウム動態を制御するホルモンが分泌される．
- □ 9. インスリンとグルカゴンはそれぞれランゲルハンス島の α 細胞と β 細胞から分泌される．
- □ 10. グルカゴンはグリコーゲン分解，糖新生を通して血糖量を上げる．
- □ 11. インスリンの作用は解糖系代謝やエネルギー代謝系を上げることである．
- □ 12. 副腎は起源のまったく異なる 2 つの組織からなり，外側の皮質は外胚葉由来である．
- □ 13. ミネラルコルチコイドはペプチドホルモン，アドレナリンはステロイドホルモンである．

14. ホルモンと生体調節 ❖ 189

☐ 14. アルドステロンは水分，無機塩類，血圧の調節にかかわる．

☐ 15. ゴナドトロピンは女性ホルモン，あるいは濾胞ホルモンともいわれる．

☐ 16. 心臓から分泌される2種類のペプチドホルモンはいずれも抗利尿作用をもつ．

☐ 17. ノルアドレナリンやカテコールアミンはホルモンであるが，神経伝達物質でもある．

☐ 18. 腎臓から分泌されるレニンは酵素の一種で，アンジオテンシン誘導を介してアルドステロンを
　　　分泌させ，その結果，腎臓での再吸収亢進と尿量減少，あるいは血圧上昇が見られる．

☐ 19. 胃のホルモンであるガストリンによく似たホルモンは神経系からも分泌されている．

☐ 20. オータコイドの中には一酸化炭素のような気体も含まれる．

☐ 21. 脂肪組織がつくるレプチンとアディポネクチンはメタボリックシンドロームを加速させる．

☐ 22. 水溶性ビタミンのうちビタミンCを除いたものをB群ビタミンといい，酵素反応における補酵
　　　素として働く．

14

15章 栄養素の消化・吸収

Introduction

　動物は食物から栄養素を得て生命を維持し成長するが，食物中の栄養素の多くは分子が大きいため，そのままでは体内で利用できず，それらを吸収・利用できる形に消化しなくてはならない．消化系は胃，小腸，大腸などの消化管と膵臓や肝臓などの消化腺から構成され，それぞれの区画で特異的な消化が行われ，消化物は小腸から吸収される．糖質（デンプン）はアミラーゼとマルターゼでグルコース，トリグリセリドなどの脂質はリパーゼによって脂肪酸とモノグリセリド，そしてタンパク質はペプシンやトリプシンを含む多数の酵素の働きでアミノ酸になる．動物は生態系の中では消費者であり，食料を無機物から糖をつくる植物，すなわち生産者に依存している．

はじめに

　動物は生命維持のために食べるが，食物中の栄養素は消化してからでないと利用されない．消化は消化管で行われ，消化液の作用によって低分子化した物質は小腸から吸収される．本章では消化系の種類や構造と機能，そこで見られる栄養素の化学変化や吸収過程について述べる．

A 栄養の摂取と生命維持

1. 消　化

　動物は生命を維持し成長するため，**食物**を摂取して必要な栄養素を吸収し，それを代謝して物質を合成し，エネルギーを産生する．**栄養素**には**三大栄養素**である**糖質**，**脂質**，**タンパク質**のほか，**ビタミン**と**無機塩類**があるが，食物に含まれる栄養素の多くは分子量が大きすぎたり，ほかの物質と結合していたり，塊になっているなどの理由で，そのままの形では利用できない．栄養素を利用できるようにすることを**消化**という．動物（後生動物）は消化を消化管で行うが（**細胞外消化**），原生動物は食物を貪食したあとで**細胞内消化**を行い（図15-1），白血球などの食細胞でも類似の現象が見られる．植物はすべての有機物を無機物から合成することができるので，特殊な例を除いて消化という現象は見られない．

2. ヒトの栄養摂取

　ヒトは素材となるグルコースやアミノ酸を吸収し，それらを材料に大多数の物質を合成するが，自身で合成できない**必須脂肪酸**や**必須アミノ酸**は食物から摂る必要がある．栄養素として生命維持や活動に要する分を摂取する必要があり，これが過少になると栄養失調，過剰になると肥満になる．20歳男子の必要最低限の熱量（**基礎代謝量**）は1日約1,500 kcalで，体重あたりの基礎代謝は若いほど高い

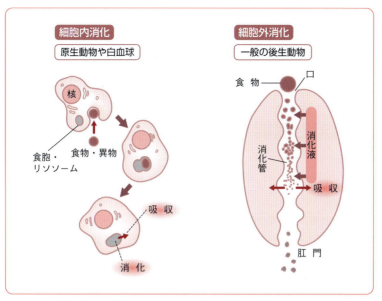

図 15-1 細胞内消化と細胞外消化

表 15-1 参照体重における基礎代謝量

年齢〔歳〕	男性 基礎代謝基準値〔kcal/kg 体重/日〕	参照体重〔kg〕	基礎代謝量〔kcal/日〕	女性 基礎代謝基準値〔kcal/kg 体重/日〕	参照体重〔kg〕	基礎代謝量〔kcal/日〕
1〜2	61.0	11.5	700	59.7	11.0	660
3〜5	54.8	16.5	900	52.2	16.1	840
6〜7	44.3	22.2	980	41.9	21.9	920
8〜9	40.8	28.0	1,140	38.3	27.4	1,050
10〜11	37.4	35.6	1,330	34.8	36.3	1,260
12〜14	31.0	49.0	1,520	29.6	47.5	1,410
15〜17	27.0	59.7	1,610	25.3	51.9	1,310
18〜29	24.0	63.2	1,520	22.1	50.0	1,110
30〜49	22.3	68.5	1,530	21.7	53.1	1,150
50〜69	21.5	65.3	1,400	20.7	53.0	1,100
70以上	21.5	60.0	1,290	20.7	49.5	1,020

厚生労働省：日本人の食事摂取基準（2015年版）．

（**表15-1**）．三大栄養素はどれも**エネルギー源**になるが，脂質のエネルギー効率は糖の約2.3倍あり，タンパク質（アミノ酸）は分解されて炭素骨格が糖の代謝系に入るため（**第13章**参照），エネルギー効率は糖と同等である．無機塩類は代謝の円滑化や調節作用，細胞活動や恒常性維持に必須であり，ビタミンは，不足すると特異的な欠乏症を起こす（**第14章**参照）．

> **こぼれ話　体重あたりの必要熱量**
>
> 　体重が半分になっても表面積は半分までにはならないため，小さな動物ほど体面から熱が奪われる割合が大きく，大きな動物ほど小さいことがわかる．小動物が頻繁に摂食したり，寒い地域のクマが熱帯のものより大型になったりする現象も同様の理由で説明がつく．

> **健康ノート◆栄養指数**
>
> 栄養状態や肥満の程度を判断する数値で，BMI（body mass index＝体重〔kg〕÷身長〔m〕^{2}）がよく使われる．BMIは18.5～24.9を標準とし，それ以下を低体重，それ以上を肥満と判断する．

B 消化系の構造と機能

1. 概 要

ⓐ 構 成

食物中の栄養素の消化・吸収にかかわる器官を消化系といい（消化器官ともいう），口（口腔），食道，胃，十二指腸，小腸，大腸，肛門と連なる消化管と，唾液腺，膵臓，肝臓などの消化液を分泌する消化腺から構成される（図15-2）．口から食道に送られた内容物は消化管の蠕動運動（管をしごくような動き）によって後方に送られる．食道の蠕動運動があるため，逆立ちしても水を飲むことができる．

ⓑ 働 き

消化過程は，食物の摂取と粉砕・断片化，消化液による栄養素の消化（分子の低分子化），そして低分子栄養素の吸収，未消化物の排出／排泄に分けられる．消化管からは消化を助けるホルモンも分泌される（第14章参照）．

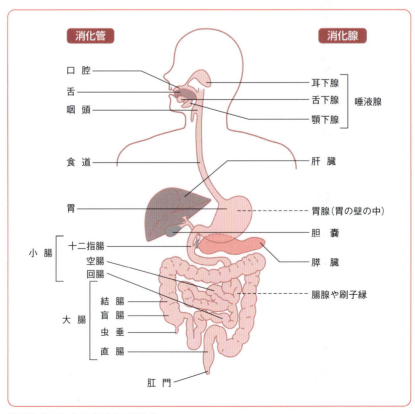

図15-2 ヒトの消化系の構成

2. 口

口は咀嚼により食物を粉砕し，唾液腺（耳下腺，顎下腺，舌下腺）から唾液を分泌する．唾液は日に1〜1.5L分泌されるが，内容物を湿らせてpHを中性にしたり，消化と流動性を高めたり，口腔内を清潔に保つなどの作用がある．さらに唾液に含まれるリゾチームによる殺菌作用，粘性タンパク質のムチンによる粘膜保護効果，そしてカルシウムによる歯の再石灰化やう歯（虫歯）予防効果がある．唾液はデンプンを加水分解するアミラーゼを含む．粉砕されて流動性をもった内容物は舌の動きによって食道に送られる．

疾患ノート◆シェーグレン症候群

シェーグレン症候群は自己免疫病の一種である．特徴的な症状として，ドライアイとともに，唾液が減少するドライマウスが現れる．患者は圧倒的に女性に多い．

疾患ノート◆おたふく風邪

ムンプスウイルスが耳下腺に感染して耳下腺が腫れる流行性耳下腺炎は，患者の顔の風貌からおたふく風邪といわれる．

3. 胃

胃は横隔膜の下，みぞおちに位置する鉤状の大きな器官である（図15-3）．食道から内容物が入る噴門と十二指腸に出る幽門は狭く，内部は膨らみ（1.5Lの容量），内壁にはひだがある．胃粘膜には微細な管（胃腺）が多数あり，そこから消化酵素を含む胃液と塩酸（一般的には「胃酸」という．pHは2.0以下）が分泌される．塩酸は細胞から放出される塩化物イオン（Cl^-）と水素イオン（H^+）によりつくられる．分泌されるおもな消化酵素はタンパク質の消化を行うペプシンの前駆体のペプシノーゲンである．なお，唾液アミラーゼの作用は酸によって停止する．幽門付近のG細胞からはペプシノーゲンと塩酸の分泌を促すホルモンのガストリンが分泌される（第14章参照）．胃では食物が2〜6時間とどまるが，

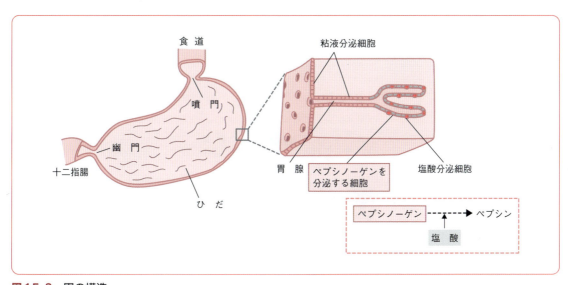

図15-3　胃の構造

この間消化と同時に塩酸による殺菌が行われる（このため胃切除がある場合は腸管感染症になりやすい）．胃では栄養素の吸収は見られないが，エタノールは吸収される．

胃や腸の疾患とピロリ菌

胃自体はペプシンで消化されない．これは内壁が粘膜で覆われており，しかも粘膜にある重曹がpHを中和しているためである．ストレスなどで自律神経が失調すると，この保護能が損なわれ，胃壁が溶けて穴があく**胃潰瘍**となる．この過程には**ピロリ菌** Helicobacter pylori も関与する．ピロリ菌は胃に棲む細菌で，ウレアーゼという酵素で尿素をアンモニアと二酸化炭素に分解し，このアンモニアが塩酸を中和するため，粘膜内部で生存できる．ピロリ菌のもつ酵素や毒素が細胞を攻撃して胃潰瘍や十二指腸潰瘍を起こし，毒素によって細胞ががん化する場合もある．

こぼれ話　キモシン

キモシンは，以前**レンニン**と呼ばれた，若い動物の胃液に含まれるタンパク質分解酵素である．乳タンパク質のカゼインを凝固させ，ペプシンで消化されやすいようにする．ウシやヤギのような反芻動物の胃からとったキモシンは，チーズ製造など，牛乳を固めるのに使われる．

4．膵　臓

a　内分泌と外分泌

膵臓は肝臓から脾臓のあたりまで伸びている約15 cmのくさび状の器官で，頭部からは膵管が出て十二指腸に連絡している（**図15-4**）．内部のランゲルハンス島からホルモンを分泌する内分泌器官であると同時に（**第14章**参照），消化液である**膵液**を分泌する外分泌器官でもある．

b　消化酵素

タンパク質分解にかかわる酵素として，主要な酵素である**キモトリプシノーゲン**（キモトリプシン前

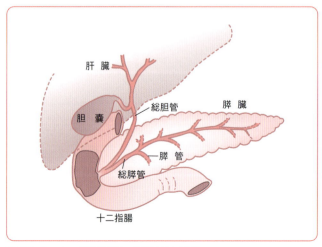

図15-4　十二指腸付近の消化系の構造

表15-2　膵液中のタンパク質分解酵素

切断タイプ	基　質	活性型酵素名 （前駆体酵素名）	活性化因子	分解産物	切断する アミノ酸残基*
エンドペプ チダーゼ	タンパク質・ ペプチド	トリプシン（トリプシノーゲン）	エンテロキ ナーゼ	オリゴペプチド	Arg, Lys
	タンパク質・ ペプチド	キモトリプシン （キモトリプシノーゲン）	トリプシン		Tyr, Trp, Phe, Met, Leu
	エラスチン など	エラスターゼ（プロエラスターゼ）	トリプシン		Ala, Gly, Ser
	タンパク質・ ペプチド	ペプシン（ペプシノーゲン）	—		Tyr, Trp, Phe, Leu
エキソペプ チダーゼ	タンパク質・ ペプチド	カルボキシペプチダーゼA （プロカルボキシペプチダーゼA）	トリプシン	アミノ酸	Val, Leu, Ile, Ala
	タンパク質・ ペプチド	カルボキシペプチダーゼB （プロカルボキシペプチダーゼB）	トリプシン		Arg, Lys

ペプチダーゼ：ペプチド結合を切断する酵素の総称（エンドは内部，エキソは外からの意味）.
*　アミノ酸の3文字表記はp.150，**表12-1**参照.

表15-3　膵液中の酵素（タンパク質分解酵素以外）

酵素名	基　質	分解産物
膵リパーゼ	トリグリセリド	2-モノグリセリドと脂肪酸
コレステロールエステル加水分解酵素	コレステロールエステル	コレステロール
膵α-アミラーゼ	デンプン	デキストリン（限定的に分解されたデンプン），マルトース，マルトトリオース
リボヌクレアーゼ	RNA	ヌクレオチド
デオキシリボヌクレアーゼ	DNA	デオキシリボヌクレオチド
ホスホリパーゼA_2	リン脂質	脂肪酸，リゾリン脂質

駆体）や**トリプシノーゲン**（トリプシン前駆体）のほか，ペプシン，エラスターゼ，カルボキシペプチダーゼの前駆体などが含まれる（**表15-2**）．膵液にはこのほか糖質分解のための**アミラーゼ**，脂質分解のための**リパーゼ**，核酸分解のための**ヌクレアーゼ**も含まれる（**表15-3**）．膵液の至適pHは高濃度の重炭酸塩のため，約8.5と高い．

5. 肝　臓

　肝臓は横隔膜の下にあるヒトで最大の器官で，1～1.5kgの重さがある．通常の血管系のほか，小腸で吸収した養分を肝臓に運ぶ血管である**門脈**が入る．肝臓には**グリコーゲン代謝**による血糖量の調節，タンパク質や脂質の合成（アルブミン，コレステロール，リポタンパク質），アンモニアなどの毒物の**解毒**（無毒化）といった多彩な機能がある．脾臓で分解されたヘムから生じる胆汁色素の**ビリルビン**をグリシンやタウリンに抱合させ，胆汁酸塩として胆汁中に分泌する．**胆汁**は**胆囊**で蓄積・濃縮され，脂肪の刺激によって十二指腸に放出される**コレシストキニン**により，胆管を通って十二指腸に分泌される．胆汁はコレステロールやその他不要物の排泄のためにも使われる．

6. 小　腸

ⓐ 構　造

　小腸は胃と盲腸の間にある約7mの消化管で，上流側から**十二指腸**，**空腸**，**回腸**と呼び分けられる．

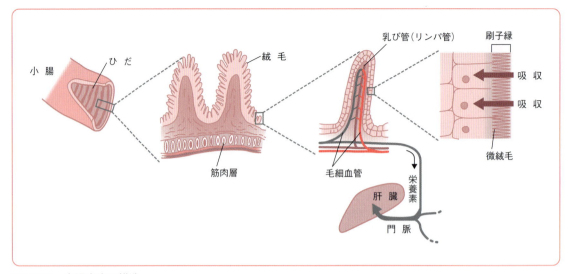

図15-5 小腸内皮の構造

十二指腸（指の太さ12本分に相当する長さという意味）は小腸のうちのC字形の最初の25～30 cmで，**膵管**と**胆管**が通じている（両者は根本で合流している）．十二指腸を除いた小腸の前半40％を空腸，後半60％を回腸といい，いずれも**腸間膜**が付着している．小腸で分泌されるホルモンのうち，**セクレチン**は腸運動を盛んにし，**コレシストキニン**は逆に抑制する．

ⓑ 消化・吸収

十二指腸に分泌される消化液（胆汁と膵液）はいずれもpHが高く，胃から入った内容物の酸性pHを速やかに下げる（**pHの中和**）．膵液に含まれる酵素によって消化は十二指腸内でほぼ完了し，空腸と回腸ではおもに**栄養素の吸収**が行われる．小腸内壁の粘膜表面の細胞からは**微絨毛**がブラシの毛のように無数に出ている（この部分構造を**刷子縁**という．**図15-5**）．小腸の刷子縁からは種々の二糖類分解酵素，ペプチド分解酵素，ヌクレオチド分解酵素が分泌されている*（**表15-4**）．小腸のもう1つの重要な機能は栄養素の吸収である．小腸内部はひだで覆われ，その表面には多数の**絨毛**がある．さらに絨毛を形成する細胞は刷子縁をもつため，小腸上皮の表面積はテニスコート2面分にも及ぶ広さになり，吸収効率はきわめて高い．糖類，アミノ酸，無機塩類などは刷子縁細胞から吸収されて内部の毛細血管に入り，毛細血管は集合して**門脈**となり，肝臓に連絡する（**図15-6**）．脂質の吸収機序は複雑である（p.198，199参照）．

> **こぼれ話　高分子の栄養はそのまま身につくことはない**
>
> コラーゲン，タンパク質ホルモン，ヒアルロン酸，コンドロイチン硫酸など，タンパク質や多糖類を主成分とする多くの健康食品が広く流通しているが，どうもそれらがそのまま患部に供給されると勘違いされているようである．これらは高分子物質であり，そのまま吸収されてそのまま組織に定着することはない．ただし消化されれば加水分解産物が「素材」として利用される可能性はある．

＊ **刷子縁酵素**はおもに粘膜局所で作用する．

表15-4 刷子縁酵素（小腸粘膜表面の酵素）の種類

	酵素	基質	生成物
糖質の消化	マルターゼ	マルトース（アミロース，オリゴマルトースも）	グルコース
	スクラーゼ/イソマルターゼ	スクロース/α-限界デキストリン	グルコース＋フルクトース
	グルコアミラーゼ	アミロース	グルコース
	トレハラーゼ	トレハロース	グルコース
	β-グルコシダーゼ	グルコシルセラミド	グルコース＋セラミド
	ラクターゼ	ラクトース	グルコース＋ガラクトース
タンパク質の消化 アミノ酸の解離	エンドペプチダーゼ	タンパク質（内部の疎水性アミノ酸残基）	ペプチド
	アミノペプチダーゼA	オリゴペプチド（N末端が酸性アミノ酸）	アミノ酸
	アミノペプチダーゼN	オリゴペプチド（N末端が中性アミノ酸）	アミノ酸
	ジペプチジルアミノペプチダーゼIV	オリゴペプチド（N末端がPro, Ala）	アミノ酸
	ロイシンアミノペプチダーゼ	ペプチド（N末端が中性アミノ酸）	アミノ酸
	エンテロペプチダーゼA	トリプシノーゲン	トリプシン
ヌクレオチド・ヌクレオシドの解裂	アルカリホスファターゼ	ヌクレオチド	リン酸＋ヌクレオシド
	ヌクレオチダーゼ	ヌクレオチド	リン酸＋ヌクレオシド
	ヌクレオシダーゼ	ヌクレオシド	糖＋塩基

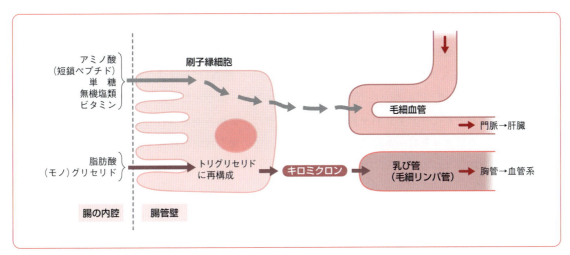

図15-6 小腸からの栄養分の吸収

7. 大腸

a 構造

小腸の下流で，盲腸から肛門までの1.5 mほどの腸管を大腸という．大部分を結腸といい，最後尾を直腸という．大腸にひだはなく，腸管膜も付着していない．盲腸は小腸との太い連結部分で，短いヒモのような虫垂が付随しているが，草食動物ではこれらは大きく，実際に消化に携わる．大腸内壁からは粘性に富む分泌液が出るが消化酵素はなく，消化作用もない．

b 働き

大腸の主要な働きは水分の吸収（1日数リットルが吸収される）で，これにより固形の糞便がつくられ，またある種の塩類も吸収される．食物が糞便として排出されるまでの時間はおよそ12〜24時間である．大腸には大腸菌や乳酸菌などの大腸常在細菌が棲んで，食物繊維を発酵してプロピオン酸などの短鎖脂肪酸や，ビオチン，葉酸などのビタミンを生成しており，その一部は栄養として吸収される．

198 ❖ Ⅱ．生化学編

C 栄養素の消化と吸収

1. 糖質の消化

　おもな糖質栄養物質は**デンプン**であり，その他としてスクロース，ラクトース，マルトースなどの**二糖類**，フルクトース，グルコースなどの**単糖類**，そして**複合糖質**がある．デンプンは唾液中の**アミラーゼ**（ジアスターゼともいう．ヒトのアミラーゼは α-アミラーゼで，$\alpha1 \rightarrow 4$ 結合をランダムに切断して，おもに**マルトース**を生成する）で消化されるが（**表15-5**）[*]，消化は限定的で，胃液に触れると酵素作用は失われる．デンプンを**マルトース**にするおもな酵素は**膵アミラーゼ**で，生じたマルトースは小腸の刷子縁酵素の**マルターゼ**によって**グルコース**になる．小腸には**スクラーゼ**や**ラクターゼ**もあり，スクロースやラクトースは相当する単糖に加水分解される．

2. 脂質の消化・吸収

　トリグリセリド(TG) のほとんどは**膵リパーゼ**によって消化される（**図15-7**）．TGは**脂質乳化作用**（界面活性作用）をもつ胆汁中の**胆汁酸**によって**乳化**され，消化されやすくなる．大部分のTGは脂肪酸と**2-モノグリセリド**（2-モノアシルグリセロール．グリセロールの2位に脂肪酸がついた分子）に加水分解され，刷子縁から吸収される．**リン脂質**には**ホスホリパーゼ**が作用する．刷子縁細胞内では同時に吸収された脂肪酸にCoAが結合し，2-モノグリセリドと結合してTGに再構成されて，内部の**毛細リンパ管**（これを**乳び管**という）に入る．ただし，TGやコレステロールなどは水に溶けないため，リン脂質とアポタンパク質とともにリポタンパク質である**キロミクロン**に組み立てられて輸送される．トリグリセリドの一部は完全にグリセロールにまで加水分解され，この場合は吸収後に毛細血管に入り，毛細血管→門脈→肝臓と輸送される．

3. タンパク質の消化・吸収

ⓐ 酵素の種類

　タンパク質はまず胃の**ペプシン**によって長めのペプチドに分解され，これが膵液中の**トリプシン**，**キモトリプシン**，ペプシン，エラスターゼなどの**エンドペプチダーゼ**や，**カルボキシペプチダーゼ**などの**エキソペプチダーゼ**の作用を受ける（**表15-5** 参照）．これらの酵素は切断できるアミノ酸残基に特異性を示すが，多種類のものが作用することにより，アミノ酸残基数が2～3個の**ペプチド**となる．続いて刷子縁酵素である別のエンドペプチダーゼやアミノ末端から作用するいくつかの**アミノペプチダーゼ**などの**エキソペプチダーゼ**が働き，ペプチドは**アミノ酸**にまで分解され，刷子縁から吸収される．なお不完全分解物の短鎖ペプチドも刷子縁から吸収され，細胞内のペプチダーゼでアミノ酸に消化される．

ⓑ 酵素の活性化

　タンパク質・ペプチド加水分解酵素がそのまま分泌されると分泌組織を消化してしまうという不都合が起こる．そのため，とりわけ活性の強い胃液と膵液中の酵素はまず不活性な**プロ酵素**として分泌され，消化場所においてほかのタンパク質分解酵素による限定分解で活性化型になる．**ペプシノーゲン**は酸と触れることで自己切断を起こし，ペプシンとなる．

---

[*]　米を噛んでいると甘く感じるのはマルトースができたためである．

表15-5 三大栄養素の消化過程の概要

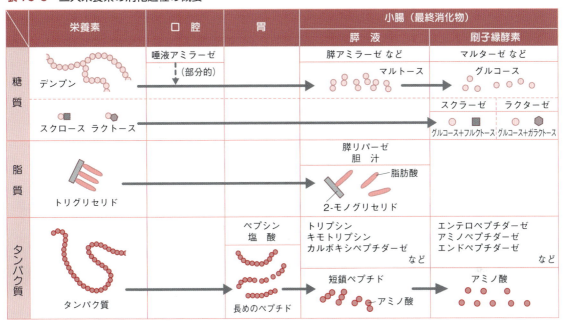

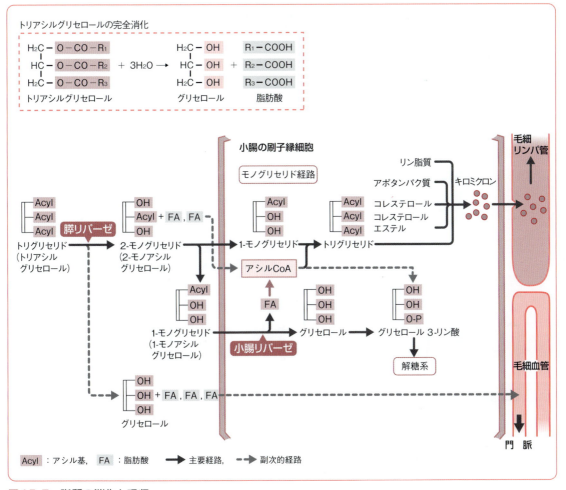

図15-7 脂質の消化と吸収

4. その他の物質

核酸は膵液中の**ヌクレアーゼ**によって**ヌクレオチド**に消化され，刷子縁酵素によりリン酸，糖，塩基に開裂後，吸収される．**ミネラル**や**ビタミン**は基本的に小腸から吸収されるが，ナトリウムイオンや塩化物イオンは大腸でも吸収される．ナトリウムイオンの吸収はアルドステロンで高まる．カルシウムイオンはビタミンDの働きにより吸収される．ビタミンAやビタミンDなどの**脂溶性ビタミン**は，脂質が共存すると小腸からの吸収が促進される（具体的には，緑黄色野菜を油で調理すると含まれるビタミンの吸収効率が上がるといった応用例があげられる）．

解説 水分の吸収と下痢

腸管に流入する水分は1日あたり約9Lであるが，その多くは唾液，胃液，腸液に由来する．水分の9割は小腸で吸収され，残りの大部分が大腸で吸収される．大腸での便の通過時間が早いと水分が吸収されにくく，**下痢**といわれる症状になる．下痢の原因は神経性や腸管の疾患といった内因性の場合と感染症や摂取物（食事や薬）といった外因性の場合がある．**コレラ菌**が口から感染するとその一部が小腸で急速に増殖し，産生する毒素が細胞に作用して細胞から大量の水分と塩類を腸管内に流出させ，いわゆる米のとぎ汁様（白色の）の激しい下痢と嘔吐を起こす．このため治療では水分とミネラル分の補給がなによりも優先される．

発展学習 生態系における食物の獲得

1. 生物群集と食物連鎖

  生産者と消費者

非生物学的環境を加味した生物学的環境を**生態系**というが，生態系における生物群集の行動には互いに関連がある．関連性にかかわる1つの要素は**捕食関係**（「食うか食われるか」）で，これに加えて，生活場所や共通の食物を求めての競争がある．生物群集は捕食関係でつながっており，これを**食物連鎖**という（図15-8）．植物は有機物をつくり出すので**生産者**といわれ，常に食べられる．食べる側の生物を

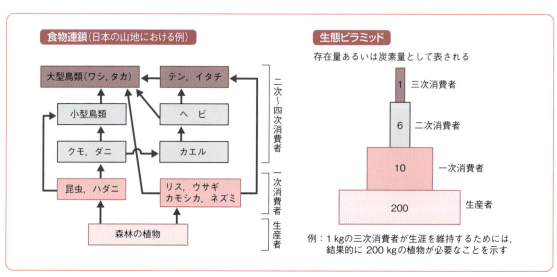

図15-8 食物連鎖と生態ピラミッド

消費者というが，植物を食べるものを一次消費者（草食動物），それを食べる動物を二次消費者という．この上にはそれを食べる三次消費者が存在し，場合によっては四次消費者も存在する．

ⓑ 生態ピラミッド

生産者から四次消費者の個体数や炭素量などの物質量は上位へ行くほど減少するが，この関係を**生態ピラミッド**という．上位の消費者の維持のために，下位のものの炭素量は約2～10倍必要である．養殖で1匹4kgのブリを育てるためには，エサのイワシが40kg（約400匹）必要であり，食糧資源の効率的利用という点では問題がある．

2. 植物による光合成

ⓐ 光合成とは

植物は唯一の生産者であり，すべての消費者にとっての生命維持の拠り所である．植物は**光合成**という方法で，水と二酸化炭素から光エネルギーを使ってグルコースなどの糖をつくる（図15-9．これを**炭酸同化**という）．光合成は葉細胞中の**葉緑体**で行われる．

ⓑ 明反応

葉緑体にはヘモグロビンに似た**クロロフィル**という分子があり，これが光を受けて活性化し，そのエネルギーで水が分解されて活性化電子と**酸素**ができる．この酸素が地球上の酸素の大部分を占める．電子は電子伝達系のようにエネルギーを落としていくが，その過程でATPを合成する．これを**光リン**

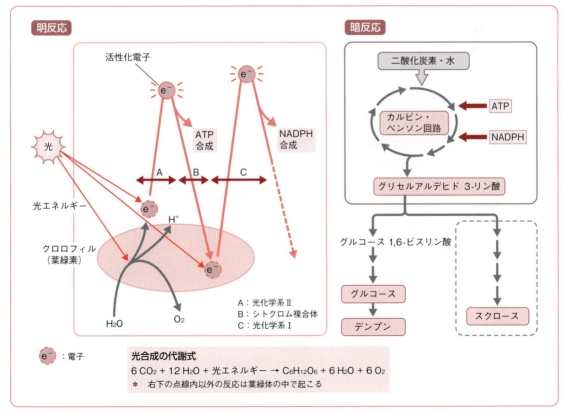

図15-9 光合成の概要

酸化という．光がかかわるもう1つの反応経路により糖合成に必要な還元剤のNADPHも産生されるが，ここまでの反応を明反応という．

C 暗反応

明反応でつくられたATPとNADPHを使い，二酸化炭素と水を原料にグリセルアルデヒド 3-リン酸（GAP）を合成する循環型代謝反応であるカルビン回路（カルビン・ベンソン回路ともいう）が働く．この過程自体には光が要らないため暗反応といわれ，GAPは一方ではグルコース→デンプンに，他方ではスクロースに代謝され，葉やほかの貯蔵組織（例：果実，イモ）に貯蔵される．

学習内容の再Check!

以下の文章が正しいか間違っているかを，○か×で答えなさい．

1. 三大栄養素とは糖質，脂質，タンパク質である．
2. 基礎代謝とは通常の社会生活・活動をするために必要な熱量（カロリー）である．
3. 消化系とは口〜胃〜小腸〜大腸と連なる消化管の各臓器の集合体を指す．膵臓はインスリンなどを分泌するので内分泌器官，肝臓は胆汁を分泌するので排泄器官に分類される．
4. 口を清潔に保つため，唾液はpH1.5の強い酸性になって，殺菌にあたっている．
5. パンを噛んで甘く感じるのはデンプンが部分的に消化されてスクロースができたためである．
6. 胃に食物が入ると胃液などの分泌を促進するためにコレシストキニンが分泌される．
7. 胃潰瘍や胃がんの原因には細菌がかかわるものがある．
8. 十二指腸の長さは指1本の長さ（10cm）の12倍，約1.2mで，小腸の20%を占める．
9. 膵液に含まれるおもなタンパク質消化酵素の前駆体はトリプシン，キモトリプシンである．
10. 消化系でトリグリセリドを加水分解する酵素は膵液中のリパーゼのみである．
11. 膵液には水酸化ナトリウムが多量に含まれているため，pHはアルカリ性になっている．
12. 消化における胆汁の目的はタンパク質の分散・乳化である．
13. スクロースやラクトースなどの二糖は小さな分子のためそのままの形で吸収される．
14. トリグリセリドはグリセロールと脂肪酸に消化後，おもに刷子縁細胞を経て毛細血管に入る．
15. 食物の中に含まれるDNAは栄養にはならず，消化されないでそのまま排泄される．
16. 刷子縁酵素に含まれるペプチダーゼは短いペプチドをアミノ酸にする．
17. 仔牛を500kgの親牛に育てるには，親牛と同じ重さの約500kgの草が必要である．
18. 植物では昼間，光合成により葉から酸素が出る．

第 III 部
分 子 生 物 学 編

学習の ねらい

　第 I 部で述べたように，生物の基本的特徴として，「細胞からなること」，「その細胞が増殖すること」があげられる．生物の増え方の特徴に，まれに突然変異は起こるものの，親と同じ子のものができる遺伝という現象がある．分子生物学は生命現象を分子のレベルから見ようとする．そのなかではさまざまな生命現象を対象にするが，なかでも最も重要な生命現象の1つである遺伝現象を分子レベルで理解することを最優先の課題としている．遺伝子の実態，遺伝子発現，タンパク質合成機構，そして遺伝子の変化である突然変異や，その結果起こる細胞のがん化は分子生物学で特に注目すべき学習分野であり，第 III 部ではこれらのことを中心に学んでいく．また，社会生活や医療において影響力の大きい分子生物学的技術に関しても学ぶ必要がある．大部分の病気には遺伝子が何らかの形でかかわっており，分子生物学は元になる遺伝子から病因を見ることができるので，しっかりと学んでほしい．

▶ 第Ⅲ部の学習のポイント

16章 遺伝子の本体であるDNAが核内の染色体中にあり，それがタンパク質をつくる根本の情報源であることが先人たちの研究によって明らかにされてきた．これらの歴史的に重要な発見をもう一度見直してみよう．

17章 DNAの相補性に基づく半保存的DNA複製，DNAの不連続複製と岡崎断片，複製酵素/DNAポリメラーゼの性質とその校正機能など，DNA複製とDNAポリメラーゼに関する性質を理解するとともに，DNA複製の全体像をつかもう．

18章 ゲノムやセントラルドグマ，RNA合成反応「転写」の基本を理解し，RNAポリメラーゼ，基本転写機構，転写制御因子，オペロン，RNA成熟，スプライシング，そしてRNAのもつ多彩な機能などについて学ぼう．

19章 翻訳という語句が用いられる理由，つまり暗号化された塩基配列からアミノ酸配列へ読み替えるという反応を，遺伝暗号，コドン，tRNA，リボソームといった用語を通して理解しよう．タンパク質の成熟と分解についても学習しよう．
細菌細胞内にある小さなDNA「プラスミド」の基本的性質（伝達性，薬剤耐性など）を理解し，耐性菌の出現や院内感染の発生メカニズムを理解しよう．

20章 DNAの不安定で動的な一面を，塩基置換，組換え，損傷，修復といった出来事から理解し，突然変異とその様式，変異原，さらにはヒトの遺伝病についても学ぼう．

21章 細胞の突然変異の1つの形態が「がん」であること，がん細胞は増殖にかかわる性質が変化し，不死化していることなどを理解した上で，ウイルスを含む発がんの原因，がんの原因となるがん遺伝子，がん抑制遺伝子について学ぼう．

22章 遺伝子組換え，制限酵素，PCR，塩基配列解析法，遺伝子導入生物作製などの分子生物学的技術と，医療面における応用である遺伝子診断，遺伝子治療などについて学ぼう．

16章 遺伝子＝DNA

> **Introduction**
>
> 遺伝の法則が発見されて以来，遺伝子の本体に迫る研究が行われ，遺伝子は核（染色体）にあり，酵素（タンパク質）をつくることがわかった．肺炎球菌を用いた感染実験やファージ増殖実験を経て，遺伝子はDNAであることが示された．DNAはヌクレオチドを単位とする鎖状の分子で，2本がゆるく結合し，その全体が右にねじれる二重らせん構造をとる．二本鎖DNAは必ずアデニン：チミン，シトシン：グアニンという塩基対で結合する相補性という性質を示す．DNA中には塩基がいろいろな順番（配列）で並んでいるが，遺伝情報は塩基配列として存在している．二本鎖DNAは比較的容易に一本鎖になり，またそれが二本鎖に戻ったりするが，このことがDNAの働きにとってきわめて重要である．

はじめに

近代遺伝学は遺伝の法則を見つけただけではなく，それを説明するために遺伝子という概念を提唱した．しかし遺伝子を概念ではなく，生命現象を分子の言葉で説明する分子生物学の対象にするには，それが架空のものであってはならない．このような理由により，遺伝物質の探索が行われた．

I 遺伝子の探究

A 遺伝子の特徴

1. 遺伝子が備えるべき条件

遺伝子はある特定の遺伝現象（形質）を発現するために，細胞内に一定量存在し，物質的に安定でなくてはならない（**図16-1**）．加えて精子や卵にはその半分が入り，次世代に伝わらなくてはならない．さもなければ，受精のたびにその量が増えてしまう．さらに，「安定性」とは矛盾するが，遺伝子には

- 細胞内に一定量存在し，減数分裂で半分になる
- 遺伝形質を支配し，子孫に伝わる
- 物質として安定である
- ある程度の変異が起こる

図16-1 遺伝子の条件

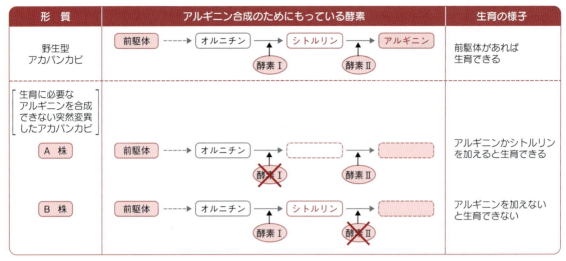

図16-2 1遺伝子1酵素説

わずかながら変化（変異あるいは突然変異）するという性質も必要である．そうでなかったら，多様な生物種が生まれることもなく，進化も起こらないからである．

2. 遺伝子の働き：遺伝子はタンパク質をつくる

　アカパンカビ *Neurospora crassa* は，アミノ酸の一種のアルギニンをオルニチン→シトルリン→アルギニンという経路で合成できる．それぞれの反応には別々の酵素がかかわる．突然変異によりアルギニンをつくれなくなると，個体はアルギニン要求性になる．**ビードル** G. W. Beadle と**テータム** E. L. Tatum は，アルギニン要求性アカパンカビのあるものがシトルリン合成酵素を欠き，生育のためにはシトルリンを加える必要があることを見いだした．さらに別のアルギニン要求変異体ではアルギニン合成酵素が欠損していたため，シトルリンを加えても生育せず，アルギニンを加える必要があった．変異していた遺伝子の1つはアルギニン合成酵素，あと1つはシトルリン合成酵素にかかわるものであったが，彼らはこの解析を通じて，遺伝子は酵素をつくるという「**1遺伝子1酵素説**」を提唱した（**図16-2**）．酵素はタンパク質，すなわちポリペプチド鎖なので，これは「1遺伝子1ポリペプチド鎖説」と言い換えられる．ヒトの遺伝病にも，1個の酵素の欠陥で発症するものが多数知られている．

3. 突然変異
ⓐ 定　義
　遺伝学では子孫にその形質変化が伝わるような変異を**突然変異**（英語でmutation）という（単に**変異**ともいう）が，その後，分子レベルでの理解が進み，今ではDNA塩基配列の変化を突然変異あるいは変異と定義するため，形質に変化が現れない突然変異も存在することになる．遺伝子内部にはタンパク質を指定する**コード領域**と指定しない**非コード領域**があり，後者の突然変異でもタンパク質には影響が出ない．

ⓑ X線の作用
　突然変異は最初，マラー H. J. Muller によりキイロショウジョウバエで発見された．彼はその当時発

Column

タンパク質をつくらない遺伝子もある

　一般的にはタンパク質をつくるためのDNAを遺伝子とするが，分子生物学では「RNAをつくるDNA領域」を遺伝子と定義し，タンパク質をつくるかどうかは問題にしない（図）．RNAのままで働く遺伝子として，tRNA（転移RNA）やリボソーム粒子中に存在するrRNA（リボソームRNA）をコードする（指定する）DNA領域がある．このようなタンパク質をコードしないRNAを一般に**非コードRNA**という（＝mRNA以外のすべてのRNA．**ncRNA**ともいう）．第18章で紹介するリボザイムや制御RNAも非コードRNAである．

タンパク質をつくる遺伝子
　・大部分の遺伝子でmRNAに転写される遺伝子
タンパク質をつくらない遺伝子
　・mRNA以外のRNAに転写される遺伝子で，RNA自身が働く遺伝子（例：tRNA）

図　タンパク質をつくらない遺伝子（RNA自身が働く遺伝子）

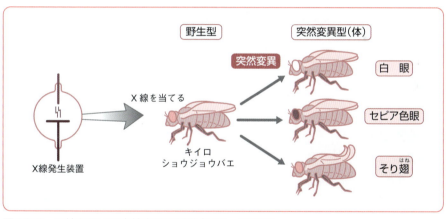

図16-3　X線を用いた突然変異の誘発（マラーの実験）

見されたばかりのX線をハエに照射すると，さまざまな突然変異をもったハエが生まれることから，X線に突然変異を起こす作用があることを明らかにした（図16-3）．X線は紫外線や突然変異誘引物質とともに，突然変異やDNA傷害を起こす代表的な要因である（第20章参照）．

健康ノート◆X線の浴びすぎに注意

　X線（**レントゲン線**ともいう）には強力な突然変異誘発作用，発がん作用，あるいは奇形を誘発する作用がある．このため被曝する（照射を受ける）X線量は最小限に努めるべきである．妊婦には胎児への影響を考えてX線をできるだけ使わないように配慮する．

B 遺伝子と染色体

1. 遺伝子は染色体にある

細胞分裂に際して娘細胞に均等に分配されるものは核に含まれる染色体である．しかも染色体は細胞分裂の前に2倍になる．遺伝子はなくなることがなく，子孫に正確に伝達されるべきものであるため，まずは染色体に遺伝子があると考えられた．これが**遺伝子の染色体説**で，19世紀後半，サットン W. S. Sutton により提唱された．この説を裏づける証拠として動物の**精子**がある．精子は大部分が核で，細胞質をほとんど含んでいない．核は極度に凝縮しており，染色体もそこに含まれる（**図16-4**）．

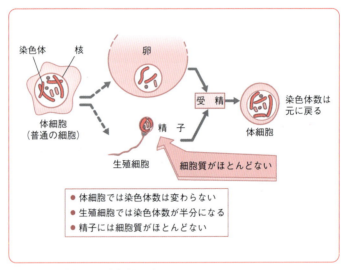

図16-4　遺伝子は染色体の中にある

2. 連鎖と染色体地図

ⓐ 連鎖と組換え

1つの直線染色体の上に2個の遺伝子があると，両遺伝子の間に独立の法則（**第5章**，p.48参照）は成立せず，両者は共に挙動する．この現象を**連鎖**という（**図16-5**）．ところが連鎖している2個の遺伝子どうしでも，連鎖しなくなる場合がある．この現象は2つの**相同染色体**（父方由来と母方由来の相同な染色体）の間で遺伝子の**組換え**が起こったためである．1組の親から生まれた多数の子について連鎖または非連鎖している数を数えて組換え率を求めることができる．組換えは染色体部位の不特定の場所でランダムに起こり，両遺伝子の距離が遠いほどその確率も高くなる．

ⓑ 染色体地図作成

モルガン T. H. Morgan は，突然変異をもつハエの交配実験から，相対的な遺伝子の距離を求め，染色体における各遺伝子の相対的位置を示す**染色体地図**をつくった（**図16-6**）．この実験により遺伝子は分岐や融合することなく，直線上に並んでいることが示された．連鎖する複数の遺伝子（これを**連鎖群**という）はショウジョウバエの場合は4群に分けられるが，この数値はショウジョウバエの染色体対の数（4組＝8本）に一致する．なお，DNA上での各遺伝子の相対的位置を表したものは一般的に**遺伝子地図**という．

16. 遺伝子＝DNA 209

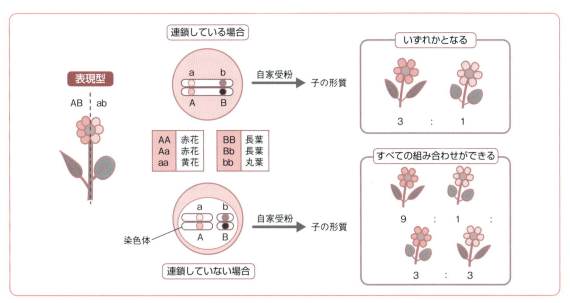

図 16-5 連鎖している遺伝子と連鎖していない遺伝子
A, Bが優性でa, bが劣性．AaBbのヘテロ接合体からできる子の形質について見た場合．

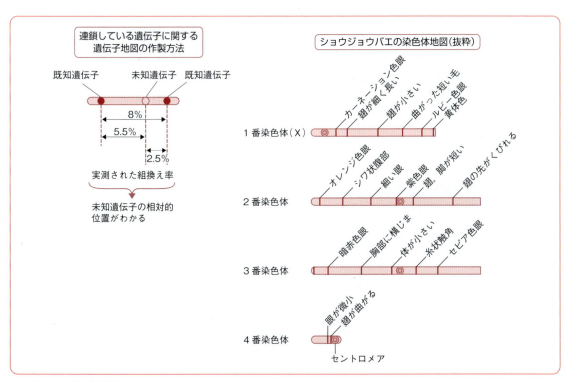

図 16-6 染色体地図

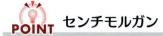

センチモルガン

染色体地図上の**遺伝子間距離**を表す単位で，モルガンの名にちなむ．記号はM．1回の減数分裂で染色体交差（乗り換え）が平均1回起こる染色体の長さを1Mとする．100回の減数分裂に1回組換えが起こる（組換え率1％）距離を1cM（**センチモルガン**）という．

こぼれ話　メンデルの策略

メンデルは多数あるエンドウの品種の中から，7組の対立遺伝子で表される表現形質（例：背が高い・低い，種が丸・しわ）を選んで研究した．実はこの7組の選択にはミソがあった．エンドウの染色体数は7組14本であるが，彼が選んだ7種類の遺伝子は，それぞれ別の染色体に乗っていたのである．このため互いに連鎖はなく，独立の法則が理論通りきれいに出たのである．独立の法則を導き出すため，意図的にこの7種類を選んだのではないだろうか．

C 遺伝子がDNAであることを示した実験

20世紀の前半，すでに遺伝子が核酸（DNA）とタンパク質からなる染色体にあることは理解されていたが，当時はまだ「複雑な遺伝現象はタンパク質がつかさどっている」と想像されていた．しかしこの考えは，以下の研究によって覆された．

1. 肺炎球菌を使った感染実験

a グリフィスの実験

マウス（ハツカネズミ）に肺炎球菌 *Streptococcus pneumoniae*（肺炎双球菌ともいう）を感染させると発病して死ぬが，肺炎球菌には病気を起こすS型菌と起こさないR型菌という2種類の遺伝的系統がある．1928年，グリフィス F. Griffithは熱して殺したS型菌を注射してもマウスは発病しないことを確認したのち，殺したS型菌に生きているR型菌を混ぜたものを注射した（図16-7）．するとマウスは発病して死に，体内からはR型菌ではなく，S型菌が見つかった（！）．グリフィスは，「死んだS型菌から病原性という遺伝形質を決める何かがR型菌に移った」と考えた．

b エイブリーの実験

上述の結果を受け，1944年，エイブリー O. T. Avery（アベリーともいう）はグリフィスが想定した肺炎球菌の遺伝物質が何であるかを決める実験を行った（図16-8）．まずR型菌にS型菌から抽出した

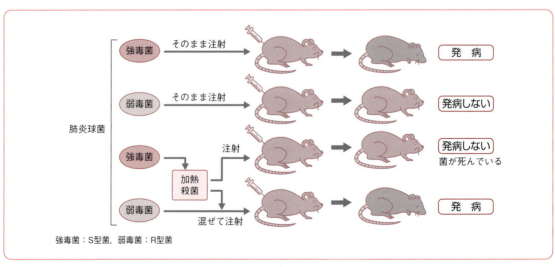

図16-7　グリフィスの実験

16. 遺伝子 = DNA　211

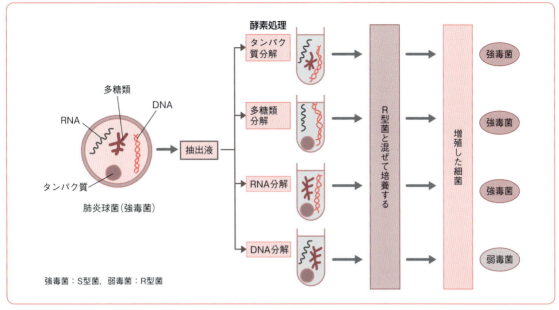

図 16-8　エイブリーの実験の骨子

物質を混ぜ，それを培養したところ，培地上にはS型菌の増殖がみられたため，何らかの物質がR型菌の中に入り，性質を変えたことが確認された．続いて抽出物をいろいろな分解酵素で処理して注射したが，**DNA分解酵素処理**したものを注射した場合にはS型菌の増殖はみられなかった．さらに，引き続きS型菌からDNAを抽出し，R型菌に混ぜて同じ実験をしたところ，S型菌の増殖がみられた．以上の実験から，DNAが遺伝物質であることが示唆された（ただし，この実験では，使った酵素や抽出したDNAが完全に純粋でない可能性があったため，完璧な証明にはならなかった）．

POINT　形質転換

細菌（細胞）に遺伝子が物理的に入り，それにより細菌の性質が変化する現象を**形質転換**という．

2. ファージを使ったブレンダー実験

ⓐ 標識ファージの作製

ファージ（**バクテリオファージ**ともいう）は細菌に感染する**細菌ウイルス**である．**ハーシー** A. D. Hershey と **チェイス** M. C. Chase は大腸菌とそのファージを使って以下のような実験を行った（p.212，図16-9）．はじめに硫黄35（^{35}S）をもつメチオニン（アミノ酸の一種でタンパク質の構成要素）によってタンパク質が標識されたファージと，リン32（^{32}P）をもつデオキシリボヌクレオチド（DNAの構成要素．第6章参照）によってDNAが標識されたファージをつくった．^{35}Sと^{32}Pは**放射性同位元素**のため，放射能検出器でその存在がわかる．

ⓑ ファージの増殖

上述のそれぞれのファージを大腸菌に感染させたのち，ミキサー（ブレンダー）で混ぜて菌の表面に

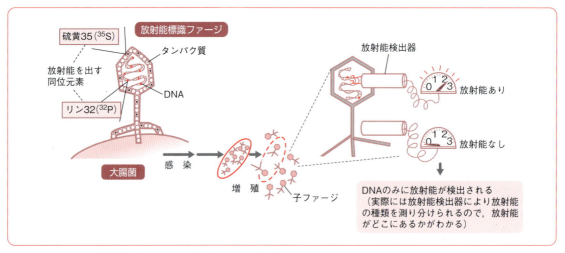

図16-9 ファージを使ったハーシーとチェイスの実験

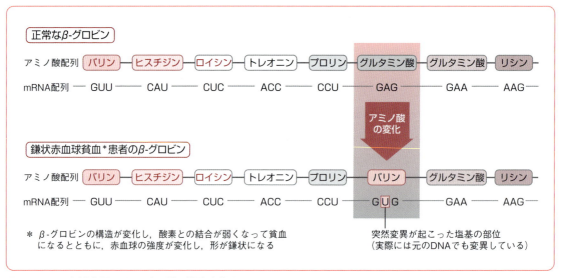

図16-10 突然変異はタンパク質の構造変化をもたらす

残ったファージをはがして除いてから，増えた子ファージを調べた．そうしたところ，^{32}Pをもつ子ファージは確認されたものの，^{35}Sをもつ子ファージは確認されず，このことから子孫に伝わる物質はタンパク質ではなく，DNAであることが証明された．

3．鎌状赤血球貧血の解析からわかったこと

遺伝病の1つに**鎌状赤血球貧血**という病気があり，タンパク質分析により，**β-グロビン**（ヘモグロビンβ鎖）中の1個のアミノ酸がグルタミン酸からバリンに変異していることがすでにわかっていた（図16-10）．やがてDNA構造解析ができるようになって変異部分のDNA塩基配列を調べたところ，－GAG－であるべき塩基配列が－GTG－に変化していたことが明らかにされた．この発見により「遺伝子がタンパク質の構造を決める」ことが最終的に確認された．

Ⅱ DNAの構造と性質

D DNAの構造

1. DNAの化学組成

a DNAの成分

核酸（DNAとRNAがある）は核にある酸性物質で，核にはDNAが特に多い．酸性物質のため，染色体は塩基性色素でよく染まる．DNAは最初，膿（死んだ白血球などの細胞と細菌の塊）から大量に得られ，その化学組成を分析したところ，リン酸基とデオキシリボース，そして4種類の塩基〔アデニン（A），グアニン（G），シトシン（C），チミン（T）〕をもつことがわかった．

b シャルガフの法則

DNAは比較的単純な物質で，組成も生物種で一定であるが，4種類の塩基の組成は生物で異なる．シャルガフ E. Chargaffはさまざまな生物の組織からDNAの塩基組成を調べ，そこにある共通性を見いだした．これをシャルガフの法則（表16-1）といい，「すべての生物においてAとGの和はCとTの和に等しい．AとCの和はGとTの和に等しい．しかしAとTの和とGとCの和の比は生物により異なる」とまとめられる．この法則は塩基どうしに組み合わせ，すなわち特異的な相互関係があることを暗示していた．

表16-1　シャルガフの法則

	G〔%〕	A〔%〕	T〔%〕	C〔%〕	(G＋A)/(C＋T)	(A＋C)/(G＋T)	(G＋C)/(A＋T)
生物A	20	30	30	20	1.0	1.0	0.67
生物B	15	35	35	15	1.0	1.0	0.43
生物C	30	20	20	30	1.0	1.0	1.50

DNAの塩基組成

理想的な仮想の数値で示した．

2. DNAの化学構造

a DNAの構成単位

DNAの構成成分であるリン酸（正しくはリン酸基）と五炭糖の一種であるデオキシリボース，そして塩基は，それぞれ結合してDNAの構成単位であるヌクレオチドを構成する（p.214，図16-11）．DNAはこのヌクレオチドの連なった（重合した）鎖状の分子である（p.214，図16-12．ヌクレオシドはヌクレオチドからリン酸基がとれたもの）．ヒト染色体DNAのヌクレオチド対数（＝塩基対数）は約30億である．DNAとはデオキシリボ核酸 deoxyribonucleic acidの頭文字をとった用語である．

b ヌクレオチドの連結

ヌクレオチドどうしの結合は，デオキシリボースの3′位の炭素と，次のデオキシリボースの5′位についているリン酸との間で起こり，この結合様式をリン酸ジエステル結合（ホスホジエステル結合）という．リン酸基とヒドロキシ基をもつDNA鎖の両末端はそれぞれ5′末端と3′末端という．これらは，糖がリボースのリボ核酸（RNA）でもあてはまる．通常，DNA分子は1本の鎖ではなく，2本で1組となっている．このことはウィルキンス M. H. F. Wilkinsによって明らかにされ，二本鎖の結合様式はp.215

214　Ⅲ．分子生物学編

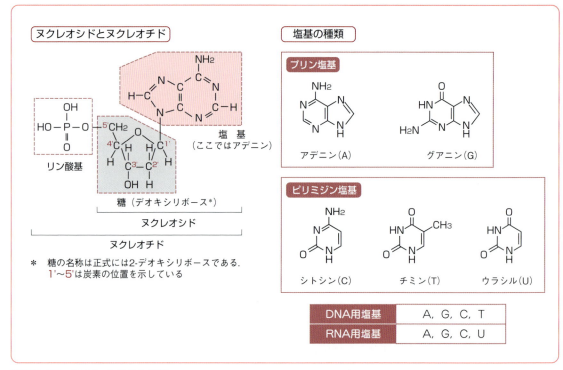

図16-11　ヌクレオチドと塩基

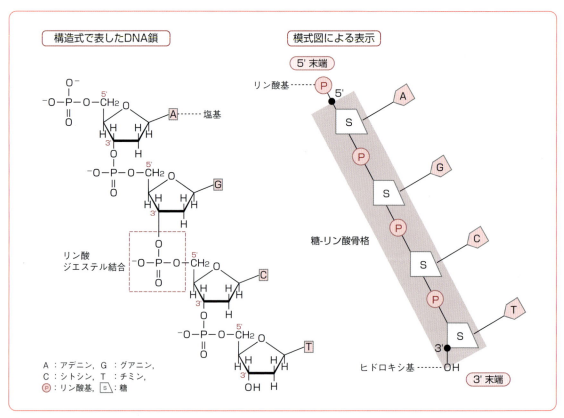

図16-12　DNA鎖はヌクレオチドの重合したもの
構造式はDNAが酸として解離した形で示している．

で述べるように，**ワトソン** J. D. WatsonとクリックF. H. C. Crickによって解明された．

プリン塩基とピリミジン塩基

アデニン，グアニンはプリン環をもつので**プリン塩基**に分類され，シトシン，チミン，ウラシルはピリミジン環をもつので**ピリミジン塩基**に分類される．

解説 ヌクレオチドとヌクレオシドの呼び名

ヌクレオシドは表のように，塩基によって独特な呼び名をもつ（たとえば，アデニン／グアニン／シトシン／チミンの場合はアデノシン／グアノシン／シチジン／チミジン）．ヌクレオシドへのリン酸基の結合は糖の5′位で起こるが，その数は最大3個まで可能である．1，2，3をそれぞれ**モノ** mono，**ジ** di，**トリ** triというので，アデノシン（adenosine）に3個（tri）のリン酸基（phosphate）のついたものはアデノシン三リン酸（**ATP**）という．

表 ヌクレオシドとヌクレオチドの名称と略語

塩基		ヌクレオシド		ヌクレオチド		
	糖†	名称	一リン酸		二リン酸	三リン酸
プリン(R)	アデニン(A)	R	アデノシン	アデニル酸(AMP)	ADP	ATP*1
		D	デオキシアデノシン	デオキシアデニル酸(dAMP)	dADP	dATP
	グアニン(G)	R	グアノシン	グアニル酸(GMP)	GDP	GTP
		D	デオキシグアノシン	デオキシグアニル酸(dGMP)	dGDP	dGTP
ピリミジン(Y)	シトシン(C)	R	シチジン	シチジル酸(CMP)	CDP	CTP
		D	デオキシシチジン	デオキシシチジル酸(dCMP)	dCDP*2	dCTP
	ウラシル(U)	R	ウリジン	ウリジル酸(UMP)	UDP	UTP
	チミン(T)	D	（デオキシ）チミジン	（デオキシ）チミジル酸(TMP)	TDP	TTP

† R：リボース，D：デオキシリボース．
*1 ATP：アデノシン三リン酸．
*2 dCDP：デオキシシチジン二リン酸．

環状DNA

ヒトなどの染色体DNAは線状だが，ミトコンドリアや葉緑体のDNAは環状である．プラスミドもおもに環状DNAで，ウイルスやファージにも環状DNAをもつものがある．

3. DNAの立体構造：二重らせん構造の発見
ａ 右巻きらせん構造

ウィルキンスの発見を受け，1953年，ワトソンとクリックはこの二本鎖が塩基を内側にして緩く（**水素結合**で）結合し，しかも二本鎖全体が約10塩基に1回の割合で右にねじれたらせん状になっていることを見いだした（p.216，）．この構造を**DNA二重らせん**という．DNA二重鎖は外側に糖と塩基の安定な親水性の骨格があり，内側に疎水性の塩基が配置され，これによって塩基は保護されている．塩基の並び方（**塩基配列**）は生物種により異なり，それが遺伝情報を保持している．

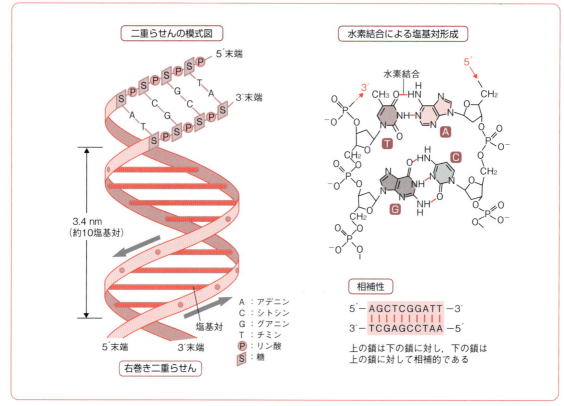

図16-13　DNAの二重らせん構造と塩基対形成のルール

b 塩基対の相補性

塩基どうしの結合(**塩基対**)にはアデニンとチミン,シトシンとグアニンという規則があり,これはシャルガフの法則から導き出された.この一方の塩基配列が相手の配列も決める(補う)性質を**相補性**といい,二本鎖DNAには情報が二重に含まれていることになる.相補性という性質から,一方の鎖が**鋳型**となって新しい鎖をつくる複製や転写の機構をうまく説明することができる.なお,2本の各相補鎖は互いの方向性が逆になるように結合しており,5′-AGGGCATT-3′ に対する相手の鎖は5′-AATGCCCT-3′ となる.塩基配列は慣例的に,左から右に,核酸合成の方向である5′→3′の方向で記載される.

E DNAの性質

1. 一本鎖になり,また二本鎖に戻る

a 変性

糖とリン酸からなるDNAの骨格は安定で簡単には切れないが,二重鎖構造は塩基どうしの水素結合でできているため,加熱などの操作で簡単に壊れる.通常,DNAは90〜100℃で完全に一本鎖に解離するが,このことを**DNAの変性**という(図16-14).AT対の水素結合数が2であるのに対してGC対は3であるため(図16-13参照),GC対はAT対よりも安定であり,GC含量の高いDNAほど変性しにくい.細胞にはDNAを変性させる酵素(**DNAヘリカーゼ**)が存在しており,複製,転写,組換え,修復などのDNAがかかわる過程(これらをまとめて**DNAダイナミクス**という)で働く.

16．遺伝子＝DNA　217

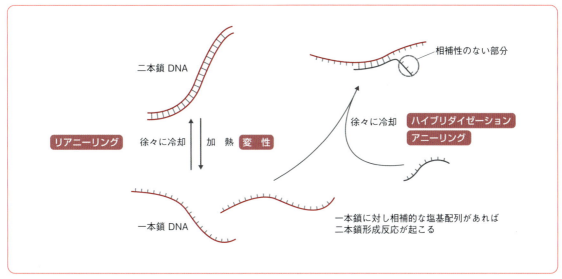

図16-14　DNAの変性と二本鎖形成（ハイブリダイゼーション）

ⓑ 二本鎖形成

　加熱・変性したDNAをゆっくり冷ますと，一本鎖どうしが相補的部分で再度水素結合を形成して二本鎖が復活する．これを**アニーリング**（**二本鎖形成**．アニール annealは焼き鈍しの意味）という．変性要因を除去することで二本鎖に戻ることをリアニーリングという．DNAの一本鎖は元々同じ二本鎖に由来しなくとも，塩基配列の相補性が同じか，ほぼ同じであればアニーリングするが，この現象を**ハイブリダイゼーション**（雑種形成の意味）という．塩基配列が相補的であればRNAとDNAの間でもハイブリダイゼーションが起こる．

解説　細胞からのDNA抽出方法

　DNAはタンパク質と結合しており，また周囲には大量のタンパク質がある．そこでDNAを抽出する場合はまず細胞を**タンパク質変性剤**（例：**フェノール**）で処理して変性，不溶化させる（図）．DNAは可溶性のまま残る．これを遠心分離して水溶液を回収し，そこにエタノールを加えてDNAを沈殿物として得る．遺伝子診断や親子鑑定などで使うDNAも，口腔粘膜細胞中のDNAも，このようにして得る．

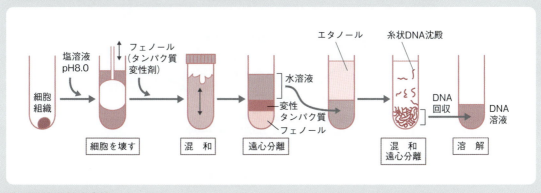

図　DNAの抽出方法
RNAの抽出方法もこの方法と似ている．

2. 紫外線を吸収する

核酸内の塩基は**紫外線**(肉眼では見えない紫よりも波長の短い光)を吸収するので，DNA自身も紫外線を吸収し，特に波長**260 nm**の紫外線を特異的に吸収する(**図16-15**)．DNAに紫外線が当たると塩基の構造が変化する(特にチミンどうしが結合する**チミン二量体**の形成が多い)．この構造はDNA

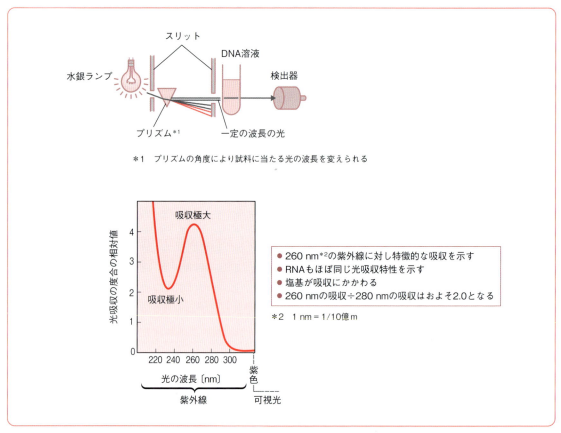

図16-15 DNAは紫外線を吸収する

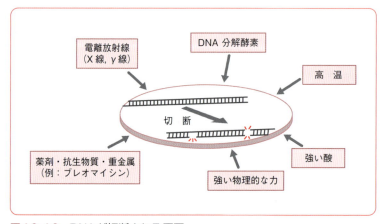

図16-16 DNAが切断される原因

の傷となり，細胞死や突然変異の原因となる．この理由により，紫外線は殺菌作用をもち，病院でも**殺菌灯**（青く光る蛍光灯状の光源）として使用されている（殺菌灯は目に悪いので直接見ないようにする）．細胞には紫外線で傷ついたDNAを修復する能力も備わっている（**第20章**参照）．

3. 場合により切断される

DNAはある条件により，リン酸ジエステル結合の骨格が切断される（**図16-16**）．DNA分子は非常に長いため（染色体DNAの長さは数十cmにもなる），物理的な力（激しい撹拌など）で切断される．DNAの切断要因には，大きく分けて物理的，化学的，酵素的なものがある．

解説　核酸分解酵素

核酸の糖-リン酸結合（**リン酸ジエステル結合**）を切断する**核酸分解酵素**はDNA分解酵素（**DNアーゼ**），RNA分解酵素（**RNアーゼ**），両方を分解する**ヌクレアーゼ**に分けられ，それぞれにはヌクレオチドを端から1つずつ削って鎖を短くするタイプの**エキソヌクレアーゼ**と，鎖の内部を切断するタイプの**エンドヌクレアーゼ**がある（エキソは外，エンドは内という意味がある）．DNA分解酵素はおもに二本鎖を，RNA分解酵素はおもに一本鎖を分解するが，例外も少なくない．核酸分解酵素は細胞内にもあるが，膵液などの消化酵素やヘビ毒にも大量に含まれる．

Column

DNA超らせん

DNAの二本鎖にはひねった紐のような性質がある．このため，より右にひねると，らせんの状態を補正するように左にねじれたコブができ，逆に少し左に戻すと右にねじれたコブができる．このようにDNA二重らせんがさらにねじれる構造を**超らせん**（**図**）という．分子の回転が制限されている細胞内にある通常のDNAは巻き数が理論値より少し足りないため，右巻き超らせん構造をとりやすい．細胞内には超らせんをつくったり，あるいは解消したりする酵素（**DNAトポイソメラーゼ**）が存在し，DNAの動きが細胞内でスムーズに進むのを助ける．

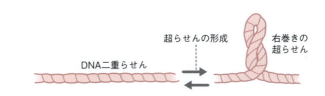

図　DNAは超らせん構造をとることがある
細胞内などにある天然のDNAでは，二重らせんの巻き数は10.5塩基/1回転と理論値である10塩基/1回転より少ない．これを補正するために，全体が右にねじれる右巻きの超らせん（これを負の超らせんという）ができやすい．

220 Ⅲ．分子生物学編

☑ 学習内容の 再 Check!

以下の文章が正しいか間違っているかを，〇か×で答えなさい．

☐ 1. 遺伝子は細胞分裂後の娘細胞に確実に引き継がれる必要がある．細胞分裂では細胞質が娘細胞に均等に分配されるので，遺伝子は細胞質にあるといえる．

☐ 2. 遺伝子は脂質や糖質といった重要な栄養素の構造を直接決めている．

☐ 3. 突然変異体を使った交配実験によって，2つの遺伝子が同じ染色体に乗っているか否かがわかり，さらには両遺伝子の相対的距離もわかる．

☐ 4. 毒性のある死んだ肺炎球菌と生きた無毒性肺炎球菌を混ぜてマウスに注射すると，マウスは病気にならず，その体内からは毒性の肺炎球菌ではなく，無毒性肺炎球菌が見つかる．

☐ 5. ビードルとテータムは DNA の二重らせん構造仮説を提唱した．

☐ 6. DNA は，糖，リン酸（基），塩基がそれぞれリン酸ジエステル結合で連結され，その単位が繰り返されてできた鎖状分子である．

☐ 7. 塩基どうしの結合はアデニンとグアニン，シトシンとチミンと決まっている．この性質（相補性）により，DNA では一方の鎖の塩基配列情報があれば他方の配列も自動的に決まる．

☐ 8. 熱で変性した DNA は，変性させてもタンパク質のようにその機能が失われることはなく，適当に冷ましてやると元の DNA に戻って機能を回復する．

☐ 9. DNA をゲノムにもつファージのタンパク質，DNA，RNA を，それぞれ放射性の炭素，窒素，リンで標識した．大腸菌に感染し増えた子ファージには放射性の窒素はあったが，炭素とリンはなかった．

☐ 10. 鎌状赤血球貧血患者の赤血球中の β-グロビンには，本来あるべきアミノ酸の一部がなく，タンパク質は少し小さくなっている．

☐ 11. DNA に紫外線が当たると DNA は傷つくが，傷の正体は塩基の構造（化学結合）の変化である．病院などでは細菌やウイルスの消毒に紫外線が使われる．

☐ 12. 遺伝子はその種類によって多彩な機能を発揮するが，多くの遺伝子は複数の酵素をつくる情報をもつ．

☐ 13. DNA は左巻きの二重らせん構造をとるが，ときとしてそのらせん全体がさらに左巻きや右巻きになったねじれ構造（超らせん構造）をとる場合がある．

☐ 14. シャルガフの法則により，すべての生物の DNA の塩基組成は，アデニン＋チミン＝グアニン＋シトシンとなっていることがわかった．

☐ 15. レントゲン W. C. Röntgen によって発見された X 線は医療に多大な貢献をしたが，必要以上に X 線を浴びると突然変異が起こりやすくなるという悪い面もある．

☐ 16. DNA はヌクレオシドが一定の方向性で結合し，重合した分子であり，ヌクレオシドとは DNA ではデオキシリボース，リン酸，塩基が結合したものをいう．

☐ 17. 5′-GGTCACCTG-3′ の一本鎖 DNA に相補的に結合する DNA は，5′-CAGGTGACC-3′ という構造をもっている．

☐ 18. 高エネルギー物質の ATP（アデノシン三リン酸）も核酸の材料となるヌクレオチドの一種である．

17章 ゲノム，染色体とDNA複製

Introduction

　生物に必須な遺伝子は染色体DNA，すなわちゲノムの一部として存在し，各染色体には自らを維持する共通のDNA構造が存在する．染色体はDNAとタンパク質（ヒストン）の複合体で，高度に折りたたまれて核に収納されている．DNA複製は元のDNAの1本が新しいDNAに入る半保存的複製で行われる．DNA複製酵素であるDNAポリメラーゼは鋳型に相補的なヌクレオチドを次々に結合させ，3'の方向に伸ばすが，鋳型鎖の一方では短いDNAが連結されながら伸びる不連続複製が見られる．DNAポリメラーゼには正確な複製を保障する独特の機能がある．染色体末端は複製されないため，細胞分裂の回数には限度があるが，それを克服する機構も見られる．

はじめに

　細胞分裂に伴い遺伝子を含むDNAも複製する．本章ではヒトの染色体とDNA複製について述べる．DNA複製はきわめて正確に行う必要があるが，これはDNA複製酵素のもつ優れた能力により可能になる．ただし，DNA複製酵素がもつ特性のため，真核細胞は無限には分裂・増幅できない．

A ゲノムと染色体

1. ゲノム

a ゲノムとは1組の染色体DNA

　ゲノムとは生命維持に必須の情報を含む染色体1セット分（ヒトでは46本÷2＝23本分）の全DNAと定義される．遺伝子はゲノムの中に含まれる．ゲノムは遺伝子と遺伝子以外のDNAを加えたもので，動植物などの真核生物は通常2組のゲノムをもつ．細胞内にある染色体以外のDNA，たとえば，ミトコンドリアDNAはゲノムではない．

b ヒトゲノムの特徴

　ヒトゲノムは約30億塩基対のサイズをもち，単細胞生物である大腸菌や酵母と比べて格段に大きい．ほかの動物もほぼ類似のサイズをもつ．ヒトゲノムは塩基配列を解読した結果，約22,500個の遺伝子をもち，そのサイズはマウスより少し大きく，チンパンジーと基本的に同じであることがわかった（p.222，図17-1）．大腸菌と比べると，ヒトゲノムにおける**遺伝子密度**は大腸菌の1/100弱程度しかなく，ヒトゲノムでは遺伝子以外の部分が大部分を占めていることがわかる（p.222，図17-2）．非遺伝子部分は，**遺伝子間領域**の配列と**反復配列**（繰り返し配列ともいう）で構成されている．反復配列には2種類あり，1つは数から数十塩基の短い配列が連続する**縦列反復配列**で，もう1つは数百から数千塩基対の配

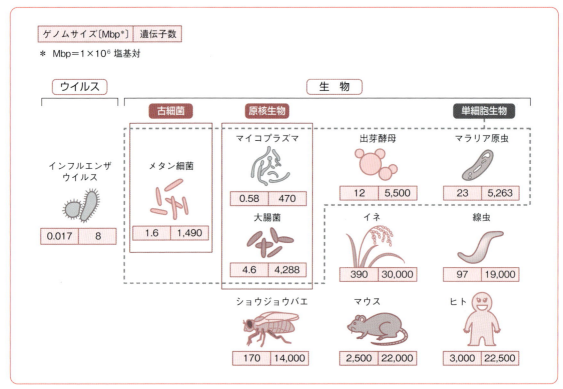

図17-1 生物のゲノムサイズと遺伝子数

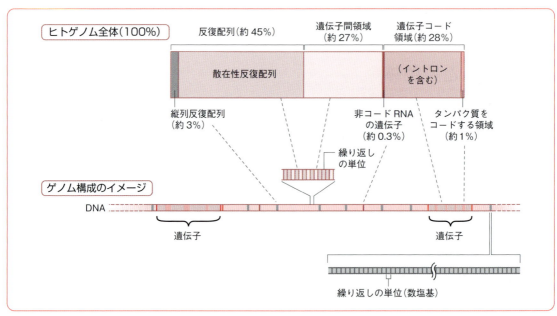

図17-2 ヒトゲノムに含まれるDNAの種類

列がゲノム全体に散らばっている**散在性反復配列**である．後者はゲノムの半分近くを占めるが，これが進化の過程で真核生物のゲノムサイズが膨張してきたおもな原因となっている．

こぼれ話 散在性反復配列は増えて移る！

真核生物は原核生物に比べて散在性反復配列が圧倒的に多いが，散在性反復配列にはゲノムのいろいろな場所に移る性質がある（このようなDNAをトランスポゾンという）．移った場所によっては個体の形質が変化する．植物の花の斑模様はこのようなDNAが色素遺伝子（近傍）に移り，遺伝子を不活性化した結果である．トランスポゾンの中には増えながら移るものもあり，その中にはDNA→RNA→DNAとなって増えるもの（レトロトランスポゾン）もある．真核生物の反復配列の大部分はこのレトロトランスポゾンである．

2. 染色体

a 染色体の数と形と機能

DNA複製後の染色体は細胞分裂期に顕微鏡で観察できる（図17-3）．それ以外のときは見えず，染色糸ともいわれる．通常の二倍体細胞では染色体数は2の倍数になっており，ヒトでは23×2＝46本で，このうち2本は性染色体（男性はXY，女性はXX），残りが常染色体である．染色体の数と形は生物種固有である（表17-1）．複製後の染色体は染色体のおよそ中央部に位置する動原体で連結した2本の棒状構造をとるが，動原体部分にあるDNAをセントロメアという．染色体末端は意味のない塩基配列の繰り返し構造からできており，テロメアといわれる．

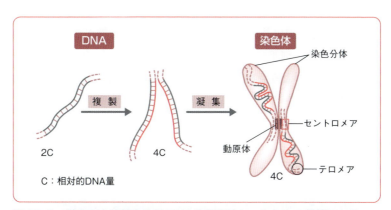

図17-3 観察できる染色体はDNA複製が終わったあとの状態にある

表17-1 生物種における染色体数

生物名 動物	染色体数 二倍体数(2n)	生物名 二倍体の植物と菌類	染色体数 二倍体数(2n)
ヒト	46	出芽酵母（ビール酵母）	36±
アカゲザル	42	コムギ（原種）*	14
イヌ	78	トマト	24
ウマ	64	タバコ	48
マウス	40	エンドウ	14
ウサギ	44		
ニワトリ	78±		
コイ	104		
キイロショウジョウバエ	8		

＊ コムギの栽培種は2nが28や42といった多倍体の状態になっている．

b 染色体はDNA-タンパク質複合体

染色体は物質としてはDNA-タンパク質複合体で，これをクロマチン（染色質）という（図17-4）．間

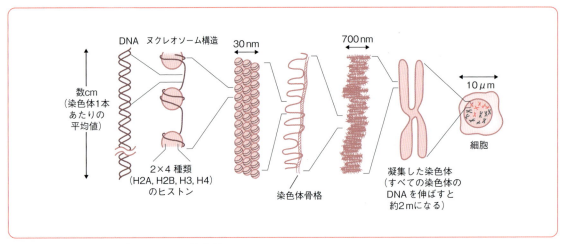

図 17-4　クロマチンの折りたたみと染色体

期（分裂期以外）の細胞では核の中に**ユークロマチン**（**真正クロマチン**ともいう）として存在するが，一部は色素で染色すると濃く染まる**ヘテロクロマチン**となっている．タンパク質の大部分は塩基性の**ヒストン**である．4種類のヒストンが2個ずつ集まったものにDNAが146塩基対分巻きついて**ヌクレオソーム**という構造ができ，これが約200塩基対に1個ずつできる数珠状形態がクロマチンの基本構造である．実際の染色体はこの状態がさらに何重にも折りたたまれた構造をとっている．ゲノムDNAはすべてを伸ばすと2m近くになるが，このような折りたたみ機構があるため，長いDNAでも微小な核の中に収まる．

解説　染色体の3つの要素

染色体DNAには3つの必須要素，すなわち**セントロメア**，**テロメア**，*ori*（**複製起点**）があり（図），1本の染色体にそれぞれ1個，2個，そして多数ある．セントロメアは動原体を形成し，テロメアは染色体が末端どうしで結合するのを防ぐなど，染色体の安定性に必要で，*ori*は複製の必須配列である．したがって，これらをもつ人工のミニ染色体を細胞内で存続させることができる．

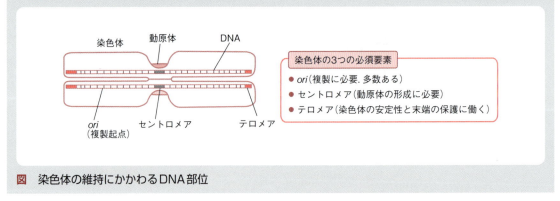

図　染色体の維持にかかわるDNA部位

3. 染色体異常と疾患

染色体の組み合わせや形が異常になったために起こる**染色体異常**がいくつか知られている（図17-5）．大部分の異常では妊娠時に胎児が死亡して出産に至らないが，ある頻度で**先天異常**として

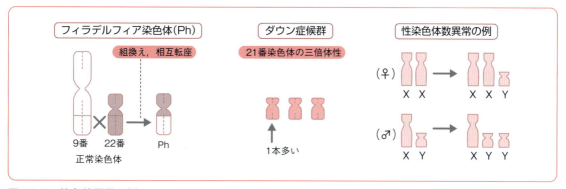

図17-5 染色体異常の例

産まれる．よく知られているものに，21番染色体を3本もつ（部分三倍体性）**ダウン症候群（ダウン症）**や，性染色体に異常（例：女性のXXYや男性のXYY）をもつ疾患がある．生後に発生する**慢性骨髄性白血病**における9番染色体と22番染色体の一部が入れ替わった**フィラデルフィア染色体**や，**急性白血病**における8番染色体と21番染色体の部分的入れ替えといった現象が知られている．

余談　一風変わった染色体をもつ生物

染色体が複製するのに細胞分裂をしないため，染色体が束のように太くなった**多糸染色体**がユスリカなどの昆虫の唾液腺細胞に見られる．ある種の生物（特に植物）では四倍体や六倍体という多倍体が自然に存在する．このような多倍体は個体サイズが大きくなることもあるが，通常，安定に生存し増殖する．三倍体などの奇数倍数体の個体（植物に見られる）はうまく配偶子をつくれないため，有性生殖ができない．

B DNA複製の概要

1. 半保存的複製

DNA複製（同じDNAができる）では，元のDNA（親DNA）と複製した2組のDNA（**娘DNA**）にはど

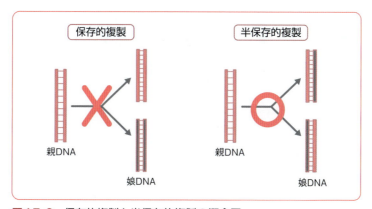

図17-6 保存的複製と半保存的複製の概念図

のような関係があるのだろうか．これには大きく，元のDNAはそのまま残って娘DNAに入らない**保存的複製**と，元のDNAの各1本がそれぞれの娘DNAに入る**半保存的複製**の2通りの機構が考えられるが（p.225，**図17-6**），ただより細かく見れば，これ以外にも，元のDNAが断片となって娘DNAに入る**非保存的複製**という形式もありうる．

ⓐ メセルソンとスタールの実験

▶ 大腸菌の調製

メセルソン M. Meselson と**スタール** F. W. Stahl は以下のような実験でこの問を解決した（**図17-7**）．まず大腸菌を培養する栄養素に窒素15（^{15}N）を使い，何代も増殖させた．通常の窒素である窒素14（^{14}N）に比べて^{15}Nは重いので，できた大腸菌は重くなる．窒素はDNAの塩基にも入る．こうして調製したDNAを遠心分離で**密度分析**すると，すべてのDNAは重い部分に見られる．

▶ 大腸菌の分裂

この大腸菌を普通の培地（^{14}Nを含む）で1回だけ細胞分裂させ，そのDNAを分析すると，DNAは少しだけ軽い部分に見られた．さらにもう一度分裂させた大腸菌のDNAは十分に軽い本来の位置と，少しだけ軽い中間の位置に分かれた．分裂を経るに従い，十分に軽いDNAの割合はどんどん増えた．この実験結果から，元のDNAが娘DNAに半分ずつ入る半保存的複製が確かめられた（同時に，非保存的複製は否定された）．

ⓑ 新生DNAができる過程

1組の娘DNAができる場合，まず二本鎖の元のDNAが一本鎖に変性する．各DNA鎖は鋳型となり，新しいDNA鎖が鋳型の上でつくられる．できたDNA鎖はすぐさま鋳型と水素結合し，安定な二本鎖となる．塩基対の相補性という性質がここで発揮されるので，新生DNA鎖は，一方の鋳型鎖AGに対してはTCとなり，他方の鋳型鎖TCに対してはAGになるので，結果的に同じ二本鎖が2つできる．

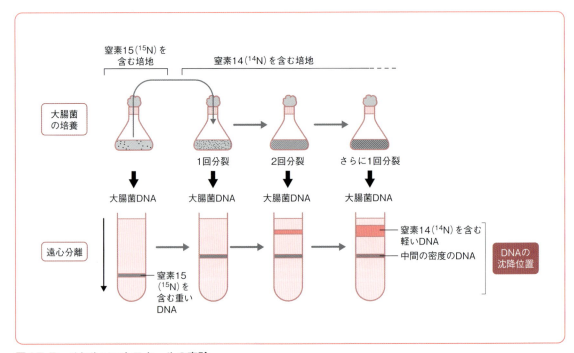

図17-7 メセルソンとスタールの実験

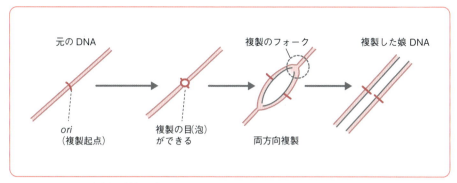

図17-8 DNA複製の進行の様子

2. 複製は複製起点から両方向に進む

　DNA上の複製が始まる部分を *ori* という（起点 origin に由来．**複製起点**ともいう）．真核生物の染色体には *ori* は多数あり（原核生物では1つ），DNA複製は細胞周期の **S期** にすべての *ori* から同調的に起こる．複製はまず *ori* が変性して**複製の目**といわれる構造（**複製の泡**ともいう）ができ，これが膨らんで左右に変性部分が広がり，そこの一本鎖を鋳型に新生DNA鎖がつくられる（図17-8）．つまりDNA複製は左右の両方向に進むことになる（**両方向複製**）．元のDNAが変性して複製が現に進行している部分をその形から**複製のフォーク**という．

C 複製酵素：DNAポリメラーゼ

1. DNA合成の特徴

　鋳型となるDNAの塩基に相補的なヌクレオチドを**リン酸ジエステル結合**によって次々重合する酵素を **DNAポリメラーゼ** という．細胞内には複数種類のDNAポリメラーゼがあるが，おもに作用する酵素はDNAポリメラーゼ ε と δ である．これらの酵素は鋳型に結合し，そこを進むときに，鋳型の塩基に相補的なデオキシリボヌクレオシド三リン酸を4種類の中から選び，つなげると同時にジッパーを閉じるように二本鎖をつくっていく（p.228，図17-9．ヌクレオチドの3個のリン酸基のうち糖に近い1個のリン酸基がDNAに残る）．DNAポリメラーゼには以下のような性質がある．

ⓐ 必ず3′末端に向かってDNA鎖を合成する

　DNA合成の方向は必ず5′→3′である（鋳型から見ると3′→5′の方向）．この原則はすべてのDNAポリメラーゼにあてはまり，しかもRNA合成酵素においても守られる．**核酸合成の大原則**である（p.228，図17-10）．

ⓑ プライマー要求性

　DNAポリメラーゼは鋳型上で相補鎖の合成を開始することができず，すでに鋳型に結合している相補的な核酸の3′末端を伸ばす**伸長作用**しかない．鋳型に結合しているDNA合成用の核酸は短くても十分で，これを**プライマー**という（**プライマー要求性**）．プライマーの機能は，3′末端の糖のヒドロキシ基（－OH）が基質ヌクレオチド三リン酸を攻撃することにある．DNAのみならずRNAもプライマーになりうるが，細胞ではRNAが使われ，合成にプライマーを必要としないRNA合成酵素でつくられる．

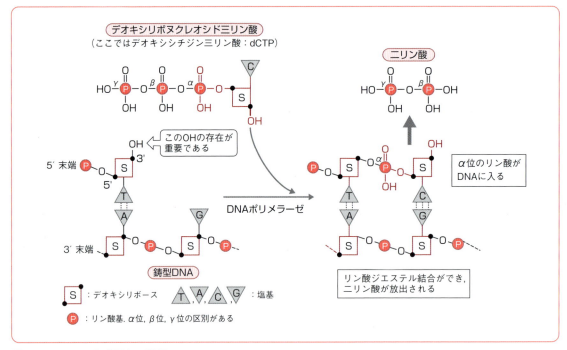

図17-9　DNA合成反応の詳細

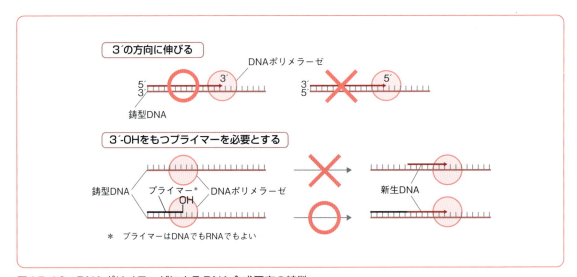

図17-10　DNAポリメラーゼによるDNA合成反応の特徴

2. 複製における合成の誤りを直す

　DNAポリメラーゼはときとして，鋳型に相補的でないヌクレオチドを誤って重合してしまうことがある．このような複製のミスは突然変異となって残ることがあり，また細胞にとって致命的な場合もある．細胞はこの間違いを直すさまざまな仕組みをもつが，その1つがDNA合成酵素自体にある（図17-11）．DNAポリメラーゼは重合でミスするとそこで合成を中止し，今まで重合した鎖をさかのぼって削るDNA分解酵素活性を発揮する．この活性は3′→5′エキソヌクレアーゼ活性といわれる（エ

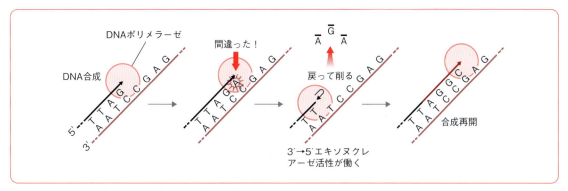

図17-11 DNAポリメラーゼの校正機能の仕組み

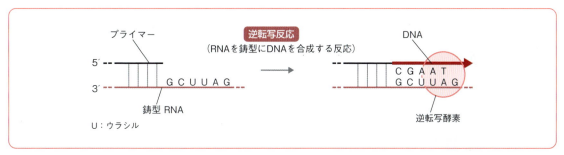

図17-12 逆転写酵素

キソとは外から1つずつの意味).つまりDNAポリメラーゼには合成と分解の両方の活性があることになる.酵素は少し戻ったら削るのをやめて再び合成を開始する.このような働きを**校正機能**という.

3. 逆転写酵素：RNAを鋳型にDNAをつくる

ⓐ レトロウイルス

特殊な性質をもつDNAポリメラーゼの1つに**逆転写酵素**がある.この酵素はRNAを鋳型にDNAを合成でき,RNA独特の塩基であるウラシル(U)にはアデニン(A)を対合させる(**図17-12**).逆転写酵素はおもに**レトロウイルス科**のウイルス(**RNAウイルス**の一種.**エイズウイルス**やトリ白血病ウイルスなどが含まれる)がもつ酵素である.

ⓑ テロメラーゼ

ある種の細胞には上述のものとは別のカテゴリーの逆転写酵素である**テロメラーゼ**が存在し,染色体末端の**テロメア**を伸ばす.テロメラーゼはRNAを含み,RNAが鋳型DNAに付着したあとでRNAを鋳型にDNAを少し合成する(p.230,**図17-13**).その後,酵素は少し前進し,またDNAに付着してDNA合成反応を行う.このシャクトリムシのような動きを繰り返すことによりテロメアDNAが複製される.

解説 DNAポリメラーゼⅠ

DNAポリメラーゼⅠはDNA中の部分的に相補鎖が欠けているところを補修する大腸菌の酵素である.この酵素は通常のDNAポリメラーゼがもつ2種類の酵素活性に加え,**5′→3′エキソヌクレアーゼ活性**をもち,前方にあるDNAやRNAを削りながらDNA合成を進めることができる.

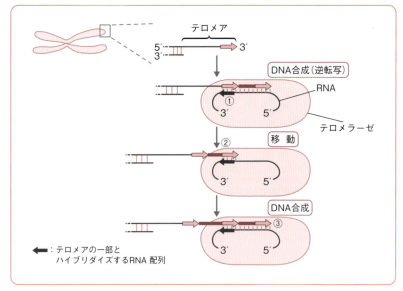

図17-13 テロメラーゼによるテロメア伸長反応

D 連続複製と不連続複製

1. 複製のフォーク

　複製がまさに行われている部分（**複製のフォーク**という）では，**DNAヘリカーゼ**という酵素によってDNAが変性し，そこに多数の因子や酵素が結合し，各一本鎖上で複製が同調的に進んでいる．鋳型DNAの一方の鎖は3′方向から，他方の鎖は5′方向からほどかれていくので，新生DNA鎖はそれぞれ3′方向と5′方向へフォークを目指して鎖が伸びていく．ところが後者のDNA合成は，上述した「DNAは3′の方向にしか伸びない」という原則に反している．細胞はこの不条理を次のようにして解決している．

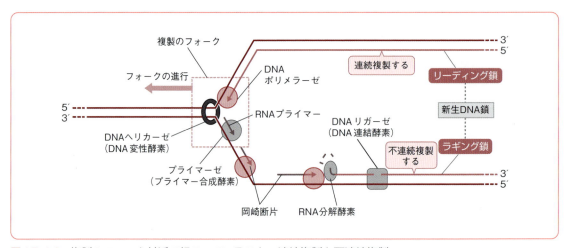

図17-14 複製のフォーク付近で起こっていること：連続複製と不連続複製
DNAポリメラーゼは生物によってはRNA合成酵素の一種であるプライマーゼが伴っている場合もあり，リーディング鎖とラギング鎖で異なる酵素が用いられる場合もある．

2. ラギング鎖の合成

5′→3′に向かって変性が進む方の鋳型鎖では，まずフォークの近くで**プライマーゼ**（**プライマー合成酵素**）が鋳型DNA上に**RNAプライマー**をつくり，続いてDNAポリメラーゼがそこからDNA合成を行う（図17-14）．フォークが少し前進したところで上流側にまた新しいRNAプライマーができ，DNA合成が起こる．このように最初にできる短いDNA断片を，発見者である岡崎令治の名をとって**岡崎断片**（おかざきだんぺん）という．DNAを合成するDNAポリメラーゼは，前方のRNAに突きあたるが，RNAはいろいろな酵素活性によって取り除かれ，最後にDNA連結酵素（**DNAリガーゼ**）が合成されたばかりのDNAとその前に合成されたDNAをつなぐ．このようなDNA複製形式を**不連続複製**（ふれんぞくふくせい）という．大腸菌のRNAプライマーはDNAポリメラーゼIの5′→3′エキソヌクレアーゼ活性によって除かれる（p.229, **解説**参照）．結果的に複製はDNAの連続的な合成とここで述べた不連続な合成が同時進行していることになるが，連続複製する側の鎖を**リーディング鎖**（先行する鎖の意味），不連続複製する側の鎖を**ラギング鎖**（遅れる鎖の意味）という．

Column：細胞寿命と染色体複製の密接な関連

　ヒトやマウスの細胞をどんなに良い条件で人工的に増殖させても，およそ50～60回分裂したところで細胞は必ず死ぬ（**クライシス**という．図1）．同じようなことは体内でも起こっていると考えられている．この現象は，「細胞には寿命までの分裂回数を数えるカウンター（数取り器）があり，1回の細胞分裂で1つ数字が進む」という考えを生む．カウンターの役目をするものは何か？ その1つの候補が**テロメア**である．

　染色体複製ではRNAがプライマーとなるが，染色体の5′末端についたプライマーは除かれず（そのような酵素は存在しない），結局RNA部分はDNAに複製されないため，線状DNAは複製のたびに染色体の端がプライマー分だけ短くなる．これを**複製の末端問題**（まったんもんだい）という（p.232, 図2）．細胞はこの問題を染色体末端にテロメアをもつことにより解決している．テロメアは多少削れても細胞には影響がないからである．ところがテロメアが短縮すると染色体が不安定になり，細胞はそれ以上生存することができない（環状DNAをゲノムにもつ原核生物や環状DNAウイルスの複製では，このような問題はない）．テロメアは通常複製されにくく，このことがテロメアが**細胞寿命**（さいぼうじゅみょう）（正確には分裂寿命）に関係するおもな理由と考えられている．

　ヒトの場合，テロメアを複製する**テロメラーゼ**は普通の細胞にはごくわずかしか存在しない．しかし**生殖細胞**（せいしょくさいぼう）ではこの活性が強く，テロメアは元の長さまでリセットされる．テロメラーゼが豊富にあるほか

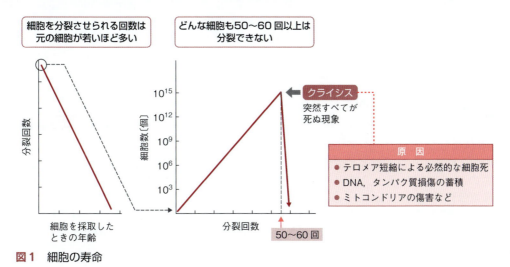

図1 細胞の寿命

(p.231よりcolumnつづき)

の細胞はがん細胞である．がん細胞は不死化しており，寿命がない．また普通の細胞にテロメラーゼを強制的に発現させると細胞を不死化させることができる．

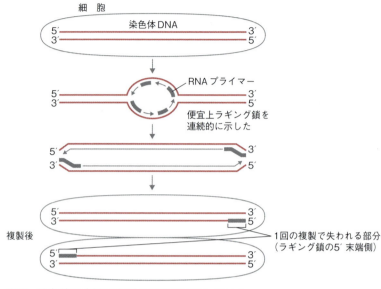

図2　染色体の末端は複製されずに短縮していく

解説　DNA塩基配列の解析

　DNAの塩基配列を解読する塩基配列解析は，初期には標識DNAの化学的分解に基づくマクサム・ギルバート法で行われた（現在はほとんど使われない）．続いて，サンガー F. SangerがDNA合成を塩基特異的に停止させる方法に基づくジデオキシ法を開発した．この方法はその後，自動解析機（DNAシークエンサー）の導入もあり，現在でも広く使われている．いずれの方法も，純粋なDNAを大量に準備する必要があるため，DNA組換え技術（第22章，p.281参照）が確立されたあとで使われ始めた．以上のような古典的な方法に対し，2000年代中ごろからまったく異なる原理に基づく，圧倒的な解析能力をもつ次世代シークエンサー（NGSと略される）が使われるようになった．次世代シークエンサーにはいろいろな原理のものがあり，現在も進化しているが，いずれの機器も電気泳動（第22章，p.286参照）による分離の必要がなく，非常に多くの試料（混合物状態の微量DNAであっても）を同時並列解析することができるため，その解析能力は非常に高い．古典的な方法では，何十年もかかっていたヒトゲノム解析を数日（以内）で終わらせることができ，近い将来は数時間以内での解析も可能とされている．

解説　ミトコンドリアDNA

　細胞内共生説（第1章，p.5 参照）によるとミトコンドリア（第2章，p.18参照）は細菌が起源とされ，内部にDNAをもつ．ミトコンドリアDNAをミトコンドリアゲノムという場合があるが，進化の過程でミトコンドリアの機能にかかわる多くの遺伝子は核ゲノムに移行した．ヒトのミトコンドリアゲノムは16,569塩基対の環状DNAで，ミトコンドリアあたり数コピーが存在し，その内部には13個のタンパク質をコードする遺伝子のほか，22個のtRNA遺伝子と2個のrRNA遺伝子が存在する．ミトコンドリアDNAの複製や転写には核のものとは異なる酵素が使われる．タンパク質をコードする遺伝子の翻訳はミトコンドリア内部で起こるが，このとき使用されるコドン（第19章，p.250参照）のあるものは核遺伝子のそれとは異なる．（例：終止コドンであるUAAはチロシンのコドンになる）．

発展学習　プラスミドと薬剤耐性

　細菌にある小型DNA（プラスミド）は細菌の生存を助け，細菌と共存する．耐性プラスミドは細菌に抗生物質抵抗性を与えてしまうため，薬剤耐性菌出現の原因となる．

1. プラスミドとは

　細菌細胞はゲノム（染色体）とは別のDNAを細胞質にもつ場合があり，このDNAを**プラスミド**という（図17-15．RNAプラスミドも少数存在する）．プラスミドDNAは**環状**で小さく，遺伝子は数から数十個しかない．細胞には数個程度が存在し，細胞増殖とバランスをとりながら増殖するが，細胞を殺すことはなく，むしろ細胞にとって有益なため細胞と共存している．プラスミドDNAは小さいため，簡単に細胞に入り込みやすい（このことを**伝達性**があるという）．

2. 大腸菌のプラスミド

　大腸菌にはいくつかのDNAプラスミドが存在する．**ColE1**はほかの細菌を殺す毒素遺伝子をもち，**耐性プラスミド**（**Rプラスミド**，**R因子**ともいう）は抗生物質などの薬剤に対して抵抗性の遺伝子をもつ．**Fプラスミド**（**F因子**，**稔性因子**ともいう）は染色体DNAをほかの大腸菌に移す性質があるため，Fプラスミドが入った細菌（F因子をもつものを**雄菌**，もたないものを**雌菌**という）では染色体が雌菌に入って染色体が部分二倍体となり，そこで組換えが起こる．組換えは，遺伝子の組み合わせが多様になるため，大腸菌にとって有利に働く．この現象は有性生殖で見られる相同組換えと同等とみなされ，Fプラスミドは無性生物である大腸菌に性の性質を与えると考えられる．ほかの細菌を殺したり，自身を攻撃する抗生物質を無力化したりする遺伝子をもつプラスミドも，やはり大腸菌にとって有利に働く．

3. 耐性プラスミドと耐性菌

　耐性プラスミド（**薬剤耐性プラスミド**ともいう）は基本形のDNAに**抗生物質耐性遺伝子**が入ったものである．対象になる抗生物質の種類によっていろいろな構造のプラスミドが見つかる．耐性遺伝子がつくるタンパク質はタンパク質合成や核酸合成，あるいは細胞壁合成を阻害する．通常であれば抗生物質

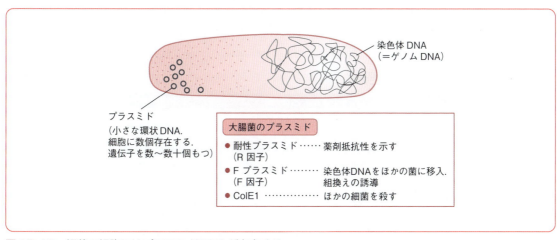

図17-15　細菌の細胞にはプラスミドDNAが存在する

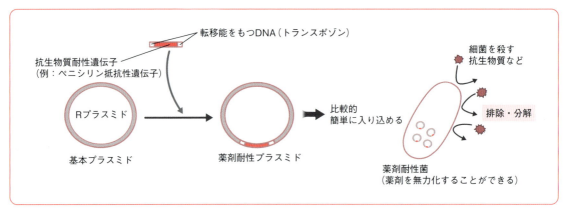

図17-16 薬剤耐性プラスミドの構造と薬剤耐性菌の出現

Aで死滅する細菌が，A耐性プラスミドをもつとA抵抗性となってしまい，このような細菌を**耐性菌**という（**図17-16**）．

4. 耐性菌の出現と医療上の問題

薬剤耐性遺伝子は**トランスポゾン**（p.223参照）という**転移性／移動性DNA**の中に入っているため，ほかのDNAへ移りやすい．そのため，ある耐性プラスミドにほかから別の耐性遺伝子が入り，新しい耐性菌が簡単にでき，増えてしまう．大腸菌のカナマイシン耐性プラスミドから，カナマイシン耐性遺伝子がペニシリン耐性ブドウ球菌のペニシリン耐性プラスミド中に入ると，カナマイシンとペニシリン双方に耐性のブドウ球菌ができる．この現象は，抗生物質で細菌感染症を治療しようという場合に問題となる．病原性がほとんどない常在菌でこのような耐性菌が出現すると，抵抗力の弱い人は常在菌によって感染・発症する**日和見感染**を起こしてしまい，薬が効かないために症状が重篤化してしまう．

医療ノート◆抗生物質

生物がつくる低分子の有機物で，ほかの生物を攻撃するものの総称である（**表**）．大部分は細菌（おもに**放線菌**）やカビがつくり，おもに細菌を攻撃するが，真核細胞に効くものもある．フレミング A. Fleming が青カビから発見した**ペニシリン**や，ワックスマン S. A. Waksman が結核の特効薬として発見した**ストレプトマイシン**など，その種類は非常に多い．

表 おもな抗生物質

分類群	名称（例）	作用機序
アミノグリコシド系	ストレプトマイシン	タンパク質合成阻害
	カナマイシン	
テトラサイクリン系	テトラサイクリン	タンパク質合成阻害
リファマイシン系	リファンピシン	RNA合成阻害
β-ラクタム系	ペニシリン	細胞壁合成阻害
	セファロスポリン	
グリコペプチド系	バンコマイシン	細胞壁合成阻害
ペプチド系	ポリミキシンB	細胞膜の破壊

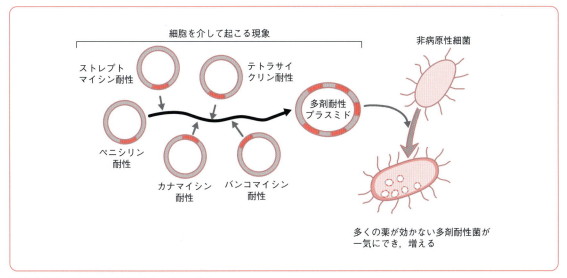

図17-17　多剤耐性菌出現のメカニズム
多剤耐性菌は病原性が弱くても，抵抗力のない人に感染すると，菌が増殖して日和見感染を起こし，どんな抗生物質でも治療できない事態に陥る．

5. もっと深刻な問題：多剤耐性菌と院内感染

ⓐ 出　現

　通常，1つの病原菌に効く抗生物質は複数種類あるので，上記のような問題があっても別の抗生物質でどうにか対処できる．ところが耐性プラスミドの中に耐性遺伝子がどんどん増えてしまうということが往々にして起こるため，単純な耐性プラスミドから多数の耐性遺伝子をもつ**多剤耐性プラスミド**が一気にできてしまう（**図17-17**）．このような細菌を**多剤耐性菌**という．

ⓑ 院内感染

　病院では抗生物質を頻繁に使うため，院内には，死滅をまぬがれた耐性菌が多く潜んでいる可能性があり，それらの中にある耐性プラスミド中の耐性遺伝子が集まって多剤耐性菌ができる可能性も高い．多剤耐性菌が院内に発生すると，薬の効かない細菌が広がる**院内感染**が起こる恐れがある．これまでに問題になった多剤耐性菌として，**MRSA**（メチシリン耐性黄色ブドウ球菌），**VRE**（バンコマイシン耐性腸球菌），**MDRP**（多剤耐性緑膿菌）などがあるが，それ以外にも**結核菌**や**アシネトバクター**などの多剤耐性菌が現在問題になっている．

6. 抗生物質の適正使用の重要性

　抗生物質を使用するときの最大の問題は耐性菌の出現である．すでにいくつかの重要な細菌は複数の抗生物質に耐性になっており，製薬会社は新しい抗生物質の開発に努力している．しかし，いずれは新しい抗生物質にも耐性菌ができてしまい，根本的解決にならないのが現状である．このような状況を抑えるためには，病原菌を完全に駆逐するように抗生物質を使うことが肝要である．養殖の魚や家畜の飼料には大量の抗生物質が混合されており，これも耐性菌の出現頻度を上げている要因と考えられている．

236 Ⅲ．分子生物学編

☑ 学習内容の 再 Check! ▶ ▶ ▶ ▶ ▶ ▶ ▶ ▶ ▶ ▶

以下の文章が正しいか間違っているかを，〇か×で答えなさい．

- ☐ 1. 真核生物の染色体は DNA 合成期前の間期の状態で，顕微鏡で見ることができ，テロメアで結合した 2 本の棒状構造をしている．

- ☐ 2. 染色体数は 2 の倍数になっており，ヒトでは 46 本である．性によって異なる組み合わせの染色体を性染色体といい，ヒトの女性では XY となっている．

- ☐ 3. ゲノムは遺伝子と遺伝子以外の DNA を含む．ヒトでは遺伝子より非遺伝子部分が圧倒的に多い．

- ☐ 4. タンパク質が結合した染色体 DNA をクロマチンといい，タンパク質としてヒストンが使われる．ヒストンに DNA が巻きつき，ヌクレオソームという数珠状構造が形成される．

- ☐ 5. 染色体の維持に重要な構造は *ori*，テロメア，セントロメアで，個々の遺伝子は不要である．

- ☐ 6. 複製では元の DNA はそのままの形で細胞に残るが，この形式を保存的複製という．このことから，身体のどこかに受精卵にあった染色体そのものを含む細胞が 1 個存在する可能性がある．

- ☐ 7. 複製酵素の DNA ポリメラーゼは DNA の 5′ の方向に鎖を伸ばすようにヌクレオチドを重合する．

- ☐ 8. DNA ポリメラーゼは複製の開始，伸長をすべて 1 つの酵素で行うが，このほかには合成した鎖を戻って削るという活性があり，この活性が複製の間違いを低く抑えている．

- ☐ 9. 複製では，一方の鎖（リーディング鎖）の合成は短い DNA がつながってできる不連続複製で行われる．ただし，この場合は合成のプライマーである RNA が DNA 上に残ってしまう．

- ☐ 10. 逆転写酵素という DNA ポリメラーゼは DNA から RNA をつくり，RNA ウイルスの一種であるレトロウイルスなどに含まれる．

- ☐ 11. テロメアを複製する酵素は通常細胞に少ないため，染色体複製に伴ってテロメアが次第に短くなり，やがて細胞が分裂できなくなる．

- ☐ 12. ダウン症候群（ダウン症）は 21 番染色体が 1 本足りない先天異常である．

- ☐ 13. 複製で DNA ポリメラーゼが利用する基質ヌクレオチドは塩基＋デオキシリボース＋1 個のリン酸基という形で，このままの形で新生 DNA 鎖に取り込まれる．

- ☐ 14. ゲノム解析の結果，ヒトとチンパンジーの DNA 構造には共通点があまりないことがわかった．

- ☐ 15. 細胞を培養してもいずれ死んでしまうのは培養条件がよくないためであり，もし理想的な条件で培養でき，突然変異も起こらないとすると，細胞を永久に増殖させることができる．

- ☐ 16. 真核生物のゲノムが巨大な理由の 1 つは，転移性 DNA（トランスポゾン）が勝手に増え，それがゲノム中に散らばった結果である．

- ☐ 17. プラスミドは染色体（ゲノム）DNA の内部に組み込まれている小さな DNA で，少数の遺伝子を含み，その遺伝子は細胞の生存にとってプラスに働く．

- ☐ 18. 耐性プラスミドは 1 つまたは複数の薬剤耐性遺伝子を含んでいるが，それら遺伝子が別の耐性プラスミドに移動すると，一挙に多剤耐性菌ができてしまう．

18章 DNAを元にRNAをつくる：転写

> **Introduction**
>
> DNA中の遺伝情報はRNAに転写される．RNAは糖にリボースをもち，通常，一本鎖として存在する．細胞内に存在するRNAの構造と機能はきわめて多様で，タンパク質の構造情報以外にもさまざまな役割をもつ．RNAポリメラーゼは基本転写因子の助けで鋳型DNAのプロモーターに結合し，そこからリボヌクレオチドを連結して3′の方向にRNA鎖を伸ばす．転写効率は遺伝子周辺に結合する転写調節タンパク質やクロマチンに関連する制御機構によって調節され，特異的転写や誘導的転写もそれらによる調節の結果起こる．転写されたRNAは切断，化学修飾，スプライシングなどを経て成熟する．細菌類には複数の遺伝子がまとめて制御されて一気に転写される機構が存在する．

はじめに

遺伝情報はDNA→RNA→タンパク質と伝達され，発現する．この過程は分子生物学の基本原則であり，**セントラルドグマ（中心命題）**といわれる（図18-1）．遺伝子によってはRNAで機能を発揮するものもあり，**RNA合成（転写）**を**遺伝子発現**と表現することが多い．

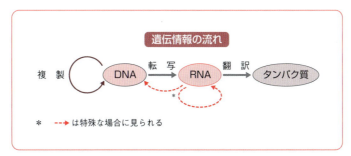

図18-1　分子生物学におけるセントラルドグマ

A　RNA（リボ核酸）

1. RNAの構造

RNAはDNA以外のもう1つの**核酸**で，糖にリボースをもつ**リボ核酸** ribonucleic acidである（p.238, 図18-2）．DNAと同様に塩基＋糖＋リン酸基という**ヌクレオチド**を単位とする鎖状の高分子であるが，DNAと違い，チミンの代わりに**ウラシル**，デオキシリボースの代わりに**リボース**が含まれる．RNAは基本的に一本鎖で存在し，数十から数千塩基の長さをもつが，分子内の相補的な配列間で短い二重鎖構造をとる場合が多い．

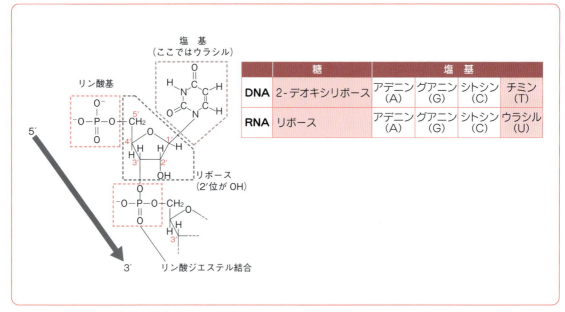

図 18-2 RNAの5′末端の構造

RNAの構造（DNAとの違い）

- チミンの代わりにウラシルが使われる
- デオキシリボースの代わりにリボースが使われる
- 二本鎖ではなく，一本鎖として存在する

2. RNAの種類と働き

a タンパク質合成にかかわるRNA

　タンパク質合成にかかわるRNAは大きく3種類に分けられる（**表18-1**）．mRNA（**メッセンジャーRNA，伝令RNA**）はタンパク質のアミノ酸配列情報をもち，少なくとも遺伝子の数だけの種類があり，長さも数百から数万塩基とさまざまである．tRNA（**トランスファーRNA，転移RNA，運搬RNA**）はアミノ酸をリボソームに運び，少なくともアミノ酸の数（20種類）だけは存在し，大きさは約75塩基と小さい．rRNA（**リボソームRNA**）はリボソーム粒子に含まれるRNAで，数種類が存在する．

表18-1 RNAの種類と働き

タンパク質合成に関連するRNA		タンパク質合成に関連しないRNA	
役割	種類・特徴	役割・性質	種類
タンパク質の鋳型 アミノ酸配列を決める	mRNA（伝令RNA）：多くの種類がある	リボザイム 酵素活性をもつ	RNアーゼP，自己スプライシングRNA
アミノ酸の運搬	tRNA（転移RNA）：小さなRNA	転写や翻訳の制御	マイクロRNA，siRNA
リボソームの成分 アミノ酸の連結	rRNA（リボソームRNA）：28S，18S，5.8S，5S*の大きさをもつ	スプライシングの調節	snRNA
		DNA合成のプライマー	プライマーRNA
		結合性RNA	アプタマーRNA

＊ S：スベドベリ単位（沈降係数．沈降のしやすさを意味する）．

b その他の働きをもつRNA

　種々の調節作用をもつRNAを一般に**制御RNA**といい，スプライシングを調節するRNA（**snRNA．低分子核内RNA**），遺伝子発現を抑制するRNAなど，機能未知のものを含め多様なものが存在する．酵素活性をもつRNAは**リボザイム**といい，tRNAの成熟に関する酵素**RNアーゼP**や**自己スプライシングRNA**などがある．さらに種々の分子に結合するRNA（核酸に結合するものを**アプタマー**という）があり，**RNA抗体**として医療に使われる（**第22章**参照）．DNA合成のプライマーもRNAであり，**RNAウイルス**はRNAをゲノムにもつ．RNAは分子内で部分的二重鎖構造をとることによって折りたたまれて球状になりやすく，タンパク質に似た性質を現すことができる．mRNAはタンパク質をコードする**コードRNA**だが，それ以外のRNAはすべて**非コードRNA（ncRNA）**である．

かつて生命はRNAで支配されていた：RNAワールド

　生物が最初にもった核酸はDNAかRNAか？　上述のようにRNAはゲノムとしての機能を果たすことができ，またリボザイムとしてタンパク質のように酵素活性ももちうる．そのため初期の生物界はRNAが支配する**RNAワールド**であったと考えられている（図）．その後ゲノム機能はDNAに，酵素やその他の細胞機能はタンパク質に引きつがれ，現在のような**DNAワールド**になったのだろう．RNAを鋳型にDNAをつくる**逆転写酵素**が存在することもこの説を支持している．

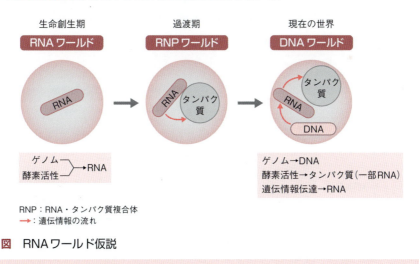

図　RNAワールド仮説

B 転写反応

1. 真核生物のRNAポリメラーゼと転写機構

a RNAポリメラーゼの性質

　DNAを鋳型としてRNAを合成する酵素を**RNAポリメラーゼ**といい，真核生物には少なくとも3種類が存在する（原核生物には1種類）．これらRNAポリメラーゼはその種類により，以下のようにつくるRNAが異なる．mRNAはRNAポリメラーゼⅡでつくられる．

おもなRNAポリメラーゼの種類と性質

◎ 種 類
- RNAポリメラーゼⅠ：rRNA（28S-18S-5.8SリボソームRNAの前駆体）をつくる．
- RNAポリメラーゼⅡ：すべてのmRNA（伝令RNA）と多くのsnRNAなどをつくる．
- RNAポリメラーゼⅢ：tRNA（転移RNA），5S rRNA，ある種のsnRNAなどの小型RNAをつくる．

◎ 性 質
① リン酸ジエステル結合によってリボヌクレオチドを重合する．
② RNA鎖を3'の方向に伸ばす．
③ DNAポリメラーゼと違い，プライマーを使わず鎖の合成開始ができる（**プライマー非依存性**）．
④ 鋳型DNAは二本鎖である必要がある（RNAポリメラーゼが実際に作用するのは一本鎖）．

b 転写反応の概要

真核生物のRNAポリメラーゼは**基本転写因子**（p.241参照）の助けで遺伝子の情報が始まる部分の近くに結合したあと，そこから遺伝子のもう一方の端に向かってDNA上を移動する（図18-3）．RNAポリメラーゼが結合する側を**遺伝子の上流**，向かう側を**遺伝子の下流**という．RNAポリメラーゼが転写開始部位付近に結合すると，基本転写因子の助けでDNAが部分的に変性する．RNAポリメラーゼはDNAポリメラーゼと同じように鋳型鎖側の塩基に相補的な**ヌクレオシド三リン酸**を1個ずつ取り込み，**リン酸ジエステル結合**をつくりながらヌクレオチドを連結していく（残った2個の二リン酸は放出される）．DNA変性部分はRNAポリメラーゼとともに下流に移動し，それと同時にRNA鎖が伸びる．RNAやRNAポリメラーゼは遺伝子部分を転写し終えた適当な時点でDNAから離れる．

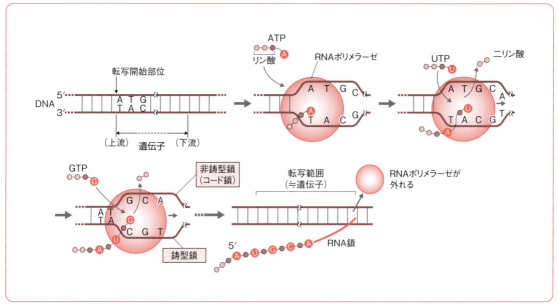

図18-3　転写反応のメカニズム
ATP，UTP，GTP，CTPは基質ヌクレオチドである．

ⓒ プロモーターと基本転写因子

　RNAポリメラーゼが結合する転写開始部位付近のDNA構造（塩基配列）を**プロモーター**という（図18-4）．その構造に厳密な共通性はないが，上流の30塩基対付近にATに富む**TATAボックス**をも

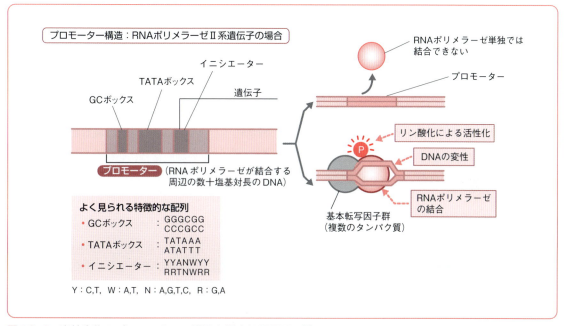

図18-4 真核生物のプロモーターの構造と基本転写因子の働き

解説　センス鎖，プラス鎖

　一般に遺伝情報を含む（コードする）DNA（コード鎖）と相同のRNAを**センス鎖**，鋳型鎖と相同のRNA，すなわち**非コード鎖**を**アンチセンス鎖**と呼ぶ．ウイルスではそれぞれ**プラス鎖**，**マイナス鎖**という場合もあり，タンパク質合成の鋳型になる方がプラス鎖RNAとなる．RNAウイルスのうち，インフルエンザウイルスはマイナス鎖，ポリオウイルスはプラス鎖のゲノムRNAをもつ（図）．

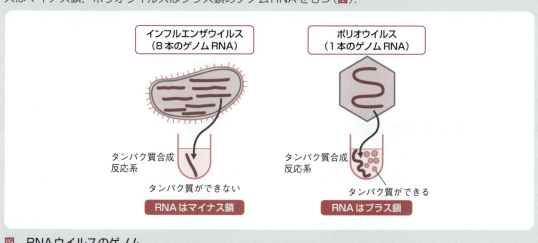

図　RNAウイルスのゲノム
マイナス鎖はmRNAの相補鎖．感染後プラス鎖ができる．プラス鎖はmRNAとなる．

つものがある．プロモーターに結合したRNAポリメラーゼは，何らかの機構（おそらくプロモーター周辺のDNAに結合するタンパク質がかかわる）によって遺伝子下流に向かって転写を行う．**基本転写因子**はどの遺伝子にも必要な調節因子で，RNAポリメラーゼⅡ系遺伝子の場合は，RNAポリメラーゼのプロモーターへの結合を助け，結合した部分のDNAを変性させて転写が起こりやすいようにし，また，RNAポリメラーゼをリン酸化して活性化する．

2．ゲノムの転写

真核生物の転写は核内で起こるが，複製と違って細胞周期のどの時期でも見られる．ゲノムは多数の遺伝子や遺伝子以外のDNAを含むが，**転写範囲**は1つの遺伝子の先頭から末尾までであり，複数の遺伝子が一息に続けて転写されることはない（原核生物にはそのような仕組みがある）．1本のDNA上にある複数の遺伝子に関し，どちらの鎖が鋳型になるかは遺伝子によって違う．1個の細胞のある時点を見たとき，ゲノム中の過半数の遺伝子は転写されていないが，残りの細胞維持に必須な遺伝子である**ハウスキーピング遺伝子**はどの細胞でも常に転写されている．

解説　細菌の転写

細菌の**RNAポリメラーゼ**は1種類しかないが，酵素自身でプロモーターに結合することができる（このときには酵素タンパク質の1つである**σ因子**が働く）．細菌には核がないため，RNAができるとすぐにリボソームが結合して翻訳もほぼ同時に起こる．この現象を**転写・翻訳共役**という．

C　転写調節

1．遺伝子発現の特異性

複製と違い，転写の程度は調節されるが，調節は以下のような状況において特異的に起こる．肝臓で発現するアルブミン遺伝子は膵臓では発現しないし，膵臓で発現するインスリン遺伝子は肝臓では発現しない．この現象を**組織特異的転写**という．普段は発現していない遺伝子が，種々の刺激（温度，ホルモン，薬物など）を受けて発現する現象は**転写誘導**と呼ばれる．アルブミンは胎児期には発現せず，代わりにα-フェトタンパク質が発現してアルブミンの役目を果たす．このような**時期特異的転写**は発生過程でよく見られる（表18-2）．

表18-2　特異的転写の種類

- 細胞特異的転写と組織特異的転写
- 時期特異的転写，発生特異的転写など
- 誘導的転写あるいは特異的刺激に対する応答

2．エンハンサー（転写調節配列）

遺伝子はその発現調節にかかわる部分があって初めて生理的に正しい発現が可能となる．つまり，**ゲノム遺伝情報**は遺伝子配列と調節配列から成り立っていることになる．遺伝子の発現調節は遺伝子の周辺にある**転写調節配列**によって行われ，このような配列のうち転写活性化にかかわるものを**エンハンサー**という．エンハンサーは数塩基対の短い配列だが，非常に多くの種類があり，それらは遺伝子特異的な組み合わせで，おもに転写開始部位の上流に配置されている．エンハンサーの種類と位置が遺伝子特異的なため，発現調節も遺伝子特異的に起こる．エンハンサーは単なる活性化だけでなく，組織または時期

特異的転写や転写誘導にもかかわる．エンハンサーとは逆の機能をもつ転写抑制配列をサイレンサーという．

遺伝子が機能するための2つのDNA要素

Ⅰ．遺伝子領域：タンパク質コード領域＋非コード領域，エキソン＋イントロン
Ⅱ．遺伝子調節領域：プロモーター，エンハンサーなど

3．転写調節にかかわる因子

　エンハンサーが働くためには，そこにDNA結合能をもつ転写調節タンパク質（エンハンサー結合因子，転写調節因子，転写活性化因子ともいわれる．表18-3）が結合する必要があるが，エンハンサーの種類により結合タンパク質も異なる（図18-5）．このタンパク質の種類は多く，ヒトの遺伝子の10％以上を占めている．特異的転写や転写誘導が起こるためには，転写調節タンパク質も特異的に発現，あるいは活性化する必要がある．転写調節能発現のため，転写調節タンパク質に結合する別のクラスの因子として転写共役因子（コファクター．転写活性化にかかわるものは特にコアクチベーターという）が必要

表18-3　転写調節にかかわるタンパク質

	名称	働き・特徴
遺伝子で共通*	基本転写因子	複数の種類がある．RNAポリメラーゼのDNA結合の促進，酵素の活性化，DNAの部分変性を行う
	メディエーター	さまざまな転写調節因子とRNAポリメラーゼに結合する
	転写伸長因子	複数あり．RNAポリメラーゼの進行速度を制御する
遺伝子特異的	エンハンサー結合因子（転写調節タンパク質）	エンハンサー部分のDNAに直接結合する．非常に多くの種類がある
	コファクター	いくつかの種類がある．エンハンサー因子に結合し，その機能の発揮を制御する．HAT活性をもつものもある

＊　このほかクロマチンを構成するヒストンやその修飾も転写の活性化や抑制にかかわる．
HAT：ヒストンアセチル化酵素．

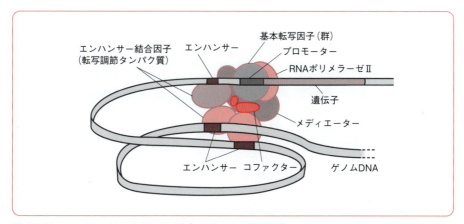

図18-5　エンハンサーとそこに結合するタンパク質群
エンハンサーの場所や種類はさまざまであり，そこに結合する因子にもいろいろな種類がある．

な場合もある．ほかに，転写調節タンパク質に結合し，その調節情報をすべてまとめてRNAポリメラーゼに伝える**メディエーター**という複合体タンパク質が存在する．

4．クロマチンを介する転写調節

　真核生物の転写調節にはクロマチンレベルで起こるものもある（図18-6）．ヒストンは，**メチル化**（-CH₃），**アセチル化**（-COCH₃），**リン酸化**などによって修飾されること（**ヒストン修飾**）があり，これにより近傍の遺伝子の発現が制御される．先に述べたコファクターには**ヒストンアセチル化**の酵素活性（**HAT**と略される）をもつものがあり，それも転写活性化の一因となっている．**クロマチン**に関連する調節にはこのほか，ヌクレオソームの位置を変える**クロマチン再構成**，非コードRNAやクロマチン会合因子の付着などもある．

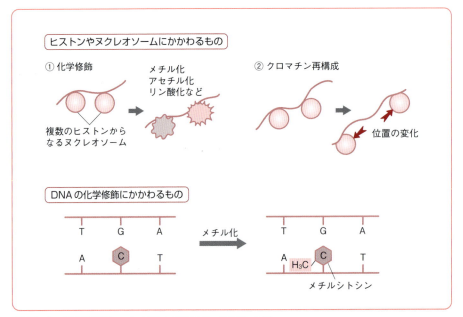

図18-6　転写制御につながるクロマチンの変化の例
後成的遺伝（塩基配列によらない遺伝）の原因になる．

 **後成的遺伝**

　遺伝形質は基本的に遺伝子の塩基配列によって規定される．しかし，遺伝子の塩基配列がまったく同じでも，その遺伝子によって決まる形質が個体間で異なる場合という現象が観察される．このような塩基配列によらない遺伝を**後成的遺伝**といい（**エピジェネティクス**ともいう），受精後あるいは成長の過程で獲得される能力である．**塩基の化学修飾**，あるいは**クロマチン構造の変化**がその原因だが，それにかかわるメカニズムにはいくつかのものがある．DNAの塩基修飾は，おもにシトシンに起こる**メチル化**である（メチル化パターンは生殖細胞でリセットされる）．クロマチン構造（**第17章**，p.224参照）にかかわるものとしては，クロマチンを構成するタンパク質である**ヒストン**の種類の交換，ヒストンタンパク質の化学修飾（例：アセチル化），クロマチンタンパク質の複合体である**ヌクレオソーム**の位置の変化，そして**非コードRNA**（**ncRNA**．**第16章**，p.207参照）のクロマチンへの結合/付着などが知られている．「父親似か母親似か」といった現象や，「**ゲノム刷り込み**」（p.245，**Column**参照）もこれが原因で起こると考えられる．

Column

ゲノム刷り込み

DNA中の塩基，特にシトシンがメチル化（−CH$_3$）される場合があり，その結果，近傍にある転写調節タンパク質の作用も変化（おもに抑制）する．生殖細胞で配偶子ができるときにはDNAが特異的位置でメチル化修飾を受け，発生・誕生後もその修飾パターンが保持される．この現象をゲノム刷り込み（ゲノムインプリンティング．遺伝子刷り込みともいう）という（図）．子が親のどちらかに似る現象もこれに関係があると思われる．女性の性染色体XXの一方のXにある遺伝子はすべて抑制されているが，これもゲノム刷り込みによる．がんになって刷り込みのパターンが変化する場合がある．

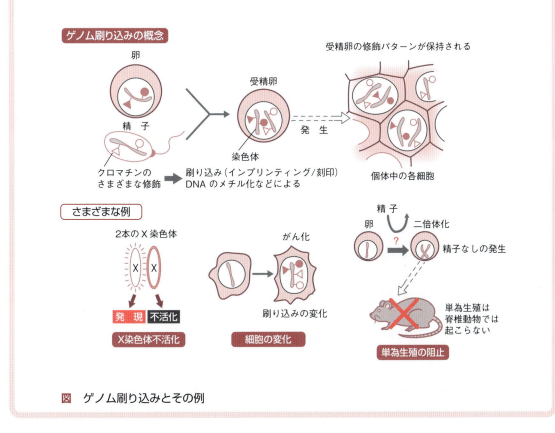

図　ゲノム刷り込みとその例

D 細菌に見られる転写調節

原核生物では，複数の関連した遺伝子が最上流のプロモーターからの調節で一気に転写されるという現象があり，このような遺伝子構成とそれに付随する発現調節構造のまとまりをオペロンという．オペロンの転写でできた1本のmRNAは，リボソームがそれぞれの遺伝子の頭の部分に結合してタンパク質を別々に合成する．大腸菌にはラクトース（乳糖）の代謝に関する3つの遺伝子を含むラクトースオペロンがある（p.246，図18-7）．通常はリプレッサー（抑制タンパク質）がプロモーター近くのオペレーターというDNA部分に結合して，転写は抑えられている．しかしラクトースがあると，それ（実際には少し変化したラクトースであるが）がリプレッサーに結合してリプレッサーをDNAから外し，RNAポリメラーゼが働けるようになってオペロンは発現する．これはラクトースを利用する転写誘導の1つ

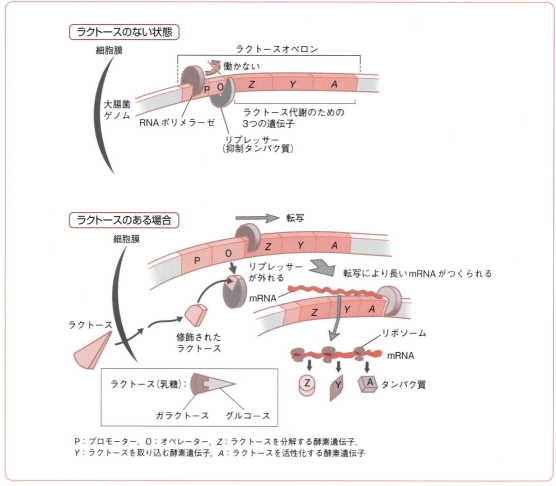

図18-7 ラクトースオペロンの構造と働き

の例である．最終代謝産物がオペロンを抑え，産物をつくりすぎないような仕組み（**フィードバック阻害**）もある（例：**トリプトファンオペロン**）．

E RNAの成熟

1. 新生RNAの加工

　転写されたばかりの**新生RNA**がそのまま利用されることは少なく，何らかの加工を受ける．**RNA成熟**様式の1つには末端部分が除かれたり，内部が切られて複数のRNAとなったりするもの（例：rRNAの成熟）があるが（図18-8），塩基が化学的修飾を受ける様式もある（例：tRNA中の特殊塩基）．真核生物のmRNAには，5′末端に**キャップ構造**というメチル化された塩基，3′末端にはアデニンを含むヌクレオチドが連なる**ポリ(A)鎖**があり，**mRNAの安定性**や**翻訳効率**にかかわる．

2. スプライシング

　スプライシングもRNA成熟様式の1つである．これはRNAの内部が除かれ，その両端が連結される

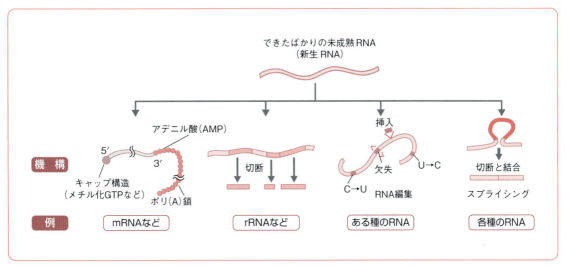

図18-8 RNAはさまざまな機構で成熟する

> **Column**
>
> ## RNAi：RNAを使って遺伝子の働きを抑える
>
> 　RNAi（RNA interference, RNA干渉）といわれる技術を使って遺伝子の働きを抑えることができる（図）．抑えたい遺伝子の塩基配列の一部（約20塩基）をもつ短い二本鎖RNAを細胞に入れると，細胞内で標的mRNAが切断され，翻訳が起こらず，結果的に遺伝子の働きが抑えられる．この技術に用いるRNAはsiRNA（small interfering RNA）といわれる．自然界でもマイクロRNA（miRNA）といわれる小型RNAによる遺伝子抑制が起こっている．胚操作などの煩雑な操作が不要で，組織に直接siRNAを入れても効果が出るため，遺伝子治療の応用例としても期待されている．
>
>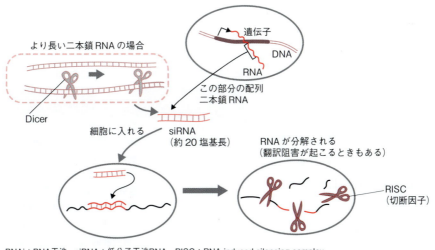
>
> RNAi：RNA干渉, siRNA：低分子干渉RNA, RISC：RNA-induced silencing complex
>
> **図** RNAi：RNAを用いて遺伝子を抑制する

ものである．抜け落ちる部分を**イントロン**，RNAに残る部分を**エキソン**といい，通常の遺伝子にはこれらが複数存在する．スプライシングによりmRNA中のタンパク質コード領域が1つにつながり，1つのタンパク質をコードできる（p.248，**図18-9**）．エキソンのうち特定のものだけを使ってスプライシ

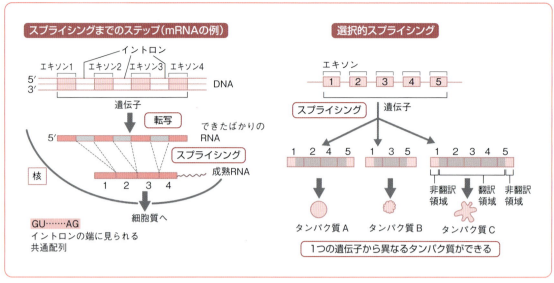

図 18-9 スプライシングによる遺伝子の多様な利用

ングが起こる**選択的スプライシング**という現象があり，標準的なスプライシングでできるタンパク質と異なるタンパク質ができることがある．この機構は1つの遺伝子から複数のタンパク質をつくるのに利用される．スプライシング反応は多くの調節因子からなる複合体（これを**スプライソソーム**という）により行われる．

F 転写調節と疾患

転写調節タンパク質が原因の疾患が多く知られている（**表18-4**）．転写調節タンパク質の**Pit1**は成長ホルモン遺伝子の発現にかかわり，その欠損や調節配列の変異で**小人症**になる例がある．**NF-κB**は細胞増殖や炎症に関連する転写調節タンパク質で，抗炎症薬のアスピリンはこのタンパク質の働きを弱める．転写調節に最も関連が深い疾患はがんである．発がんに関連する細胞やウイルスの遺伝子の多くが転写調節タンパク質であり，これらの遺伝子が活性化するタイプの変異はがんにつながる．逆にがんを抑える**がん抑制遺伝子**の欠陥もがん化につながる（**第21章**参照）が，*p53*などいくつかのがん抑制遺伝子は転写調節に直接かかわる．

表18-4 転写調節タンパク質の異常に起因する疾患

原因となる 転写調節タンパク質	疾患の原因	疾　患
p53	変異・欠損	多くのがん
c-Myc	転座・増幅	リンパ腫，白血病，肺がん
WT1	変異・欠損	ウィルムス腫瘍
MSX1	変異・欠損	奇形（臼歯無形成）
HOXD13	変異・欠損	奇形（合指，多指）
Pit1	変異・欠損	小人症，成長ホルモン異常症
TFⅡH	欠　損	色素性乾皮症
ELL	過剰発現	白血病

TFⅡH：基本転写因子TFⅡHのある種のサブユニット．
ELL：転写伸長因子．

こぼれ話　性ホルモンと環境ホルモン

副腎皮質ホルモンや性ホルモンなどの**ステロイドホルモン**は細胞で転写調節タンパク質（**核内受容体**）と結合し，そのホルモン-タンパク質複合体が転写調節領域に作用して遺伝子を発現させる（図）．性ホルモンと似た作用をもつある種の農薬や化成品など化学物質が環境に出ると，動物にホルモン様作用を及ぼしたり，ホルモン作用を撹乱したりするため（雌の雄化などが見られる），**環境ホルモン**として警戒されている．

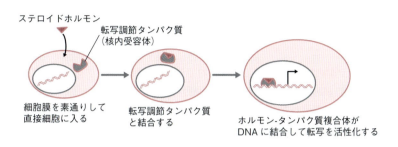

図　ステロイドホルモンによる転写活性化
ビタミンAや**ビタミンD**，**甲状腺ホルモン**も同じ機構で転写を活性化する．

学習内容の 再 Check!

以下の文章が正しいか間違っているかを，○か×で答えなさい．

- □ 1. 遺伝情報が DNA，RNA，タンパク質間をさまざまな方向に流れるこの原則をセントラルドグマという．
- □ 2. RNA と DNA は塩基組成，糖の種類，一本鎖か二本鎖かなど，いくつかの点で異なる．
- □ 3. mRNA, tRNA, rRNA はいずれもタンパク質合成にかかわる．
- □ 4. 「酵素はすべてタンパク質」，「ゲノムは 100％ DNA」は厳密には正しい．
- □ 5. 転写ではまず RNA ポリメラーゼがプロモーターに結合し，ヌクレオチド（リボヌクレオシドーリン酸）がそのままの形で重合し，3′ の方向に鎖が伸びる．
- □ 6. 転写では二本鎖 DNA が必要だが，一方は鋳型鎖，他方は非鋳型鎖で，RNA は鋳型鎖と相同な塩基配列をもつ．
- □ 7. 大腸菌のものと異なり，真核生物の RNA ポリメラーゼの働きには基本転写因子が必要である．
- □ 8. ある細胞ではすべての遺伝子は同程度転写されるが，別の細胞や組織ではその程度が異なる．
- □ 9. 真核生物では，遺伝子が 2〜3 個まとめて同時に転写される．
- □ 10. 遺伝子の周囲の DNA には特異的に転写を制御する転写調節配列が存在し，そこには転写調節タンパク質が結合する．
- □ 11. 異なったヒトで，ある遺伝子（調節配列も含んで）の塩基配列が 100％ 同じでも，その遺伝子の働きがまったく異なる，後成的遺伝という現象が見られる．
- □ 12. 大腸菌には複数の遺伝子をまとめて転写するオペロンという転写調節単位がある．
- □ 13. スプライシングとは，できたばかりの RNA からタンパク質のコード領域になっていない不要な両端を削り取る現象で，削られる部分をイントロン，残る部分をエキソンという．
- □ 14. 細胞に，ある遺伝子の配列をもつ二本鎖 RNA を入れると，その遺伝子の発現が低下する．
- □ 15. ある遺伝子のアンチセンス RNA をつくってタンパク質合成系に加えたところ，予想されるタンパク質がつくられた．

19章 タンパク質合成：翻訳

> **Introduction**
>
> mRNA中の遺伝情報はタンパク質に変換されて遺伝子発現が完了する．タンパク質合成は塩基配列をアミノ酸に読み替えるので「翻訳」といわれるが，翻訳ではmRNAにリボソームが結合し，そこにtRNAで運ばれたアミノ酸どうしがペプチド結合で順次結合する．アミノ酸情報はmRNAにある連続した3塩基配列であるコドンで暗号化（コード）されている．mRNAにある3種類の翻訳の読み枠のうち，開始コドンをもつ読み枠が使われる．翻訳されたポリペプチド鎖は正しく折りたたまれ，種々の加工を経て活性のあるタンパク質となる．細胞内で不要になったタンパク質はリソソームやプロテアソームによって分解処理される．

はじめに

　タンパク質の一次構造の情報をもつmRNAは核から細胞質に移り，そこでリボソームと結合する．リボソーム上では塩基配列からアミノ酸配列への翻訳が起こり，アミノ酸が連結されてタンパク質がつくられる．本章では翻訳機構と，できたタンパク質の処理過程について説明する．

A 翻訳の概要

　タンパク質を**コード**する（指定する／暗号化する）遺伝子の発現は，**mRNA**を元にタンパク質ができた時点で完結する．遺伝情報は塩基配列からなっており，タンパク質はアミノ酸が連なったものである．塩基配列がアミノ酸配列に読み替えられるため，タンパク質合成は**翻訳**と呼ばれる（図19-1）．アミノ酸情報とヌクレオチドの情報をつなぐ分子は**tRNA**であり，翻訳の場所は細胞質に存在する**リボソーム**である．翻訳とはmRNAを鋳型にtRNAがアミノ酸を運び，アミノ酸どうしがリボソーム中で連結される現象である．成熟後，細胞質に出たmRNAは3′末端に**ポリ(A)鎖**，5′末端に**キャップ構造**をもち，塩基配列の内側にアミノ酸配列を指定する**翻訳領域**をもつ（図19-2）．

B 遺伝暗号

1. コドン

a 遺伝暗号表

　mRNA中の翻訳領域では20種類のアミノ酸が塩基配列に従ってコードされるが，アミノ酸1個をコードするには3個の塩基が必要である（塩基が4種類しかないため，1個の塩基だと4種類，2塩基でも16種類しか指定できないが，3塩基だと64種類のアミノ酸が指定できる）．1個のアミノ酸をコードする連続す

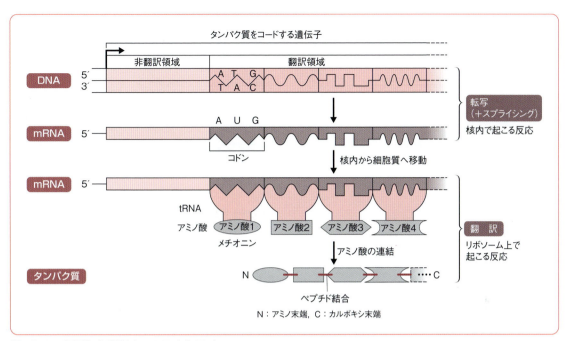

図19-1 転写から翻訳までのアウトライン

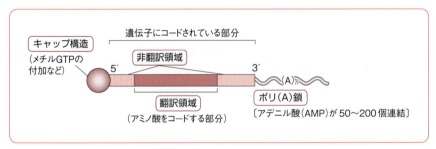

図19-2 成熟したmRNAの構造と翻訳領域

る3塩基を**コドン**といい，**遺伝暗号表**（**コドン表**）にまとめられている（p.252, **表19-1**）．メチオニンとトリプトファン以外のアミノ酸に対応するコドンは複数ある（このようなコドンを**同義コドン**という）．

ⓑ 開始コドンと終止コドン

AUGコドン（mRNAの5′末端から読む）はタンパク質のアミノ末端の**メチオニン**をコードするが，同時に翻訳の**開始コドン**にもなる（p.252, **図19-3**）．得られたタンパク質のアミノ末端がメチオニンでない場合は，アミノ末端領域が取り除かれたことを意味する．コドンにはどのアミノ酸も指定しないものが3種類（UAA，UGA，UAG）あり，これらは**翻訳終結**のシグナル，すなわち**終止コドン**となる．

解説 コドン解読法

遺伝暗号は**ニーレンバーグ** M. W. Nirenberg らにより解読された．たとえば，翻訳反応液にUのみからなるRNAを入れるとフェニルアラニン（Phe）の鎖ができ，UUUがPheのコドンとわかる（注：開始コドンがなくても起こる強引な翻訳反応）．類似の実験でさらにいくつかのコドンが解読され，さらにアミノ酸が結合したtRNAの分析でほかのすべてのコドンが解明された（p.253のtRNAについての記述を参照）．

表19-1 遺伝暗号表（コドン表）

第1字目	第2字目 U	第2字目 C	第2字目 A	第2字目 G	第3字目
U	フェニルアラニン	セリン	チロシン	システイン	U
U	フェニルアラニン	セリン	チロシン	システイン	C
U	ロイシン	セリン	✕	✕	A
U	ロイシン	セリン	✕	トリプトファン	G
C	ロイシン	プロリン	ヒスチジン	アルギニン	U
C	ロイシン	プロリン	ヒスチジン	アルギニン	C
C	ロイシン	プロリン	グルタミン	アルギニン	A
C	ロイシン	プロリン	グルタミン	アルギニン	G
A	イソロイシン	トレオニン	アスパラギン	セリン	U
A	イソロイシン	トレオニン	アスパラギン	セリン	C
A	イソロイシン	トレオニン	リシン	アルギニン	A
A	メチオニン*	トレオニン	リシン	アルギニン	G
G	バリン	アラニン	アスパラギン酸	グリシン	U
G	バリン	アラニン	アスパラギン酸	グリシン	C
G	バリン	アラニン	グルタミン酸	グリシン	A
G	バリン	アラニン	グルタミン酸	グリシン	G

mRNAの5'末端側からの塩基配列を示す．
✕：コードするアミノ酸がない（終止コドンとなる）．
＊　AUGコドンは開始コドンとしても機能する．

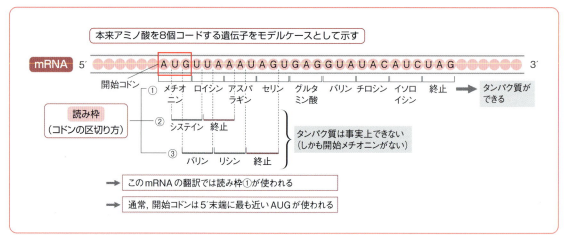

図19-3　開始コドン，読み枠，終止コドン

2. mRNAにある読み枠

ⓐ 読み枠とは

　アミノ酸コード領域中の塩基配列はコドンで3塩基ずつ隙間なく区切られている．このmRNA上のコドンの区切り方を**読み枠**という（図19-3参照）．本来，mRNAの配列は3種類の読み枠のどれが使われてもよい状態になっているが，実際にはメチオニンをコードする**開始AUGコドン**が決まれば，あとはその読み枠で翻訳が進む．3の倍数以外の塩基の挿入・欠失があると，読み枠が途中から変化する．

ⓑ 塩基が突然変異した場合

　遺伝子の翻訳領域内に**突然変異**（あるいは**変異**）が起こって，コドンや読み枠が変化する場合がある

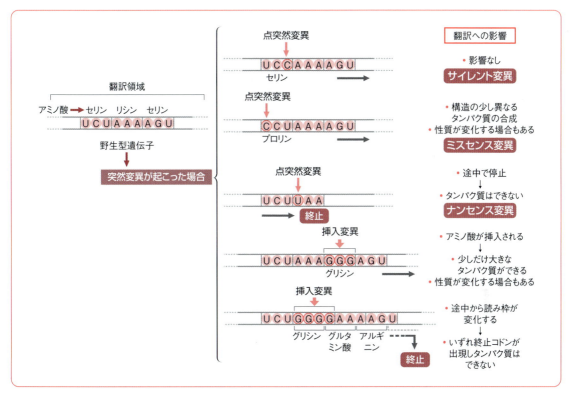

図19-4　翻訳領域に生じた突然変異の影響
挿入変異では欠失変異に相当する変化が起こる．異常終止では翻訳を進ませない仕組みが働く．

（**図19-4**）．ある塩基がほかの塩基に変化したものを**点突然変異**（**点変異**）という．同義コドンに変化するような変異では翻訳に影響が出ないが（これを**サイレント変異**という），影響が現れる場合，現れ方には2通りある．1つは変化したコドンで別のアミノ酸が指定され，少し異なるタンパク質ができる場合で，このような変異を**ミスセンス変異**という．これに対し，あるアミノ酸コドンから終止コドンに変化する場合（読み枠内に発生した終止コドンを**ナンセンスコドン**という），このタイプの変異（**ナンセンス変異**）では翻訳が強制的に終了し，タンパク質もできない．コード領域内の塩基配列が増えたり（**挿入変異**），減ったり（**欠失変異**）する変異では，長さの異なるタンパク質ができるか，あるいは読み枠がずれていずれナンセンスコドンが現れ，タンパク質ができなくなる．

C 翻訳機構

1. リボソームとtRNA

　リボソームは多数のタンパク質と数種類のrRNAからなる巨大な粒子で，大小2つの**亜粒子**（サブユニットともいう）からなる（p.254，**図19-5**）．**tRNA**は75塩基ほどの小型RNAで，少なくともアミノ酸の数（20種類）だけは存在する（p.254，**図19-6**）．アミノ酸は**アミノアシルtRNA合成酵素**により，相当するtRNAの3'末端に結合する（例：グリシンはグリシンのためのtRNAに結合してグリシルtRNAになる）．tRNAの中央部には**アンチコドン**という連続する3塩基があり，ここでmRNAのコドンと相補的に水素結合する．遺伝暗号の解明では，このアミノ酸と結合したtRNAの分析も行われた．

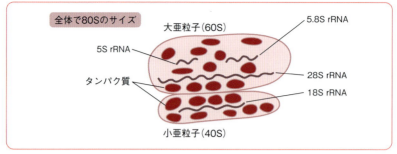

図19-5　リボソームの構造（真核生物の場合）
リボソーム中にタンパク質は約70種類，rRNAは4種類存在する．

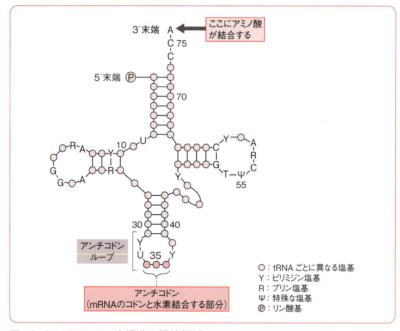

図19-6　tRNAの二次構造と機能領域

2. 翻訳の開始，伸長，終結

　まずmRNAの5′末端のキャップ構造を目印にリボソーム小亜粒子がmRNAに結合し，その後，下流（3′末端側）に移動して開始コドン（AUGコドン）に結合する（図19-7）．続いてメチオニンがついたtRNAがコドンと結合し，リボソーム大亜粒子が結合する．メチオニンtRNAは大亜粒子のP部位（ペプチジル部位）に結合する．次のtRNAがアミノ酸とともに大亜粒子のA部位（アミノアシル部位）に結合すると，2つめのアミノ酸とメチオニンが連結する．このあとリボソームが3塩基分下流に移動して，2つめのアミノ酸のtRNAはP部位に移動する．アミノ酸が外れたtRNAはリボソームから離れるが，このような反応が連続的に起こることによってアミノ酸がtRNAとともに次々に取り込まれ，アミノ酸が連結され，ペプチド鎖ができていく．リボソームが終止コドンに到達するとタンパク質はリボソームから離れ，リボソームもmRNAから離れる．翻訳にはこのほか多数の翻訳因子とGTP（グアノシン三リン酸）が使われる．

3. アミノ酸連結反応：ペプチドの生成

　2つのアミノ酸はカルボキシ基（−COOH）とアミノ基（−NH₂）の間の脱水縮合（水分子がとられる形

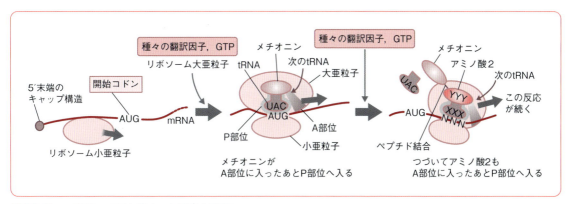

図19-7　mRNAへのリボソーム結合と翻訳
アミノ酸が結合したtRNAは，まずA部位に取り込まれ，続いてP部位に移動してペプチド結合が形成される.

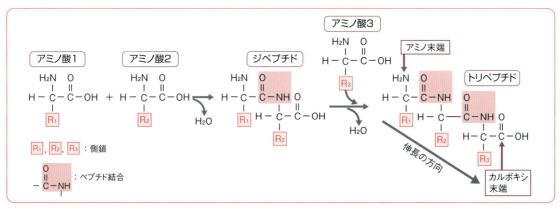

図19-8　ペプチド結合とペプチド鎖伸長

での結合）で結合する．この結合を**ペプチド結合**といい，できたものをジペプチド（「ジ」は「2」の意味）という（**図19-8**）．ジペプチドのカルボキシ末端は新たなアミノ酸のアミノ末端との間でペプチド結合をつくり，より長いペプチドとなり，こうしてタンパク質（**ポリペプチド**）ができていく．このように，**ペプチド鎖伸長**はmRNAの5′末端から3′末端の方向に対応するように，カルボキシ末端（C末端）からアミノ末端（N末端）の方向に進む．

D タンパク質の加工，輸送，分解

1．タンパク質の成熟

　できたばかりのタンパク質が修飾・加工されて成熟する場合がある．**タンパク質成熟**の過程には限定分解と化学修飾があり（p.256，**表19-2**），また特殊な例としてはつなぎ替え（**タンパク質スプライシング**という）もある．

a 限定分解
　限定分解の場合，前駆体タンパク質（**プロタンパク質**，**プロ酵素**，……ノーゲンという名称のものもある）が加水分解によって特定部位が切断・除去されて活性をもつものがあり，消化酵素や血液凝固因子などにそのような例が多い（例：トリプシノーゲンからトリプシン，プロトロンビンからトロンビン）．**インスリン**もこのようにして成熟する（p.256，**図19-9**）．

表19-2 タンパク質のおもな成熟様式

種 類	メカニズム	例
限定分解	タンパク質の内部が切断され，特定の部分が除かれる，あるいは利用される	トリプシン，フィブリン，インスリン
化学修飾	特定のアミノ酸を標的に共有結合する	リン酸化，メチル化，アセチル化，ユビキチン化，糖付加

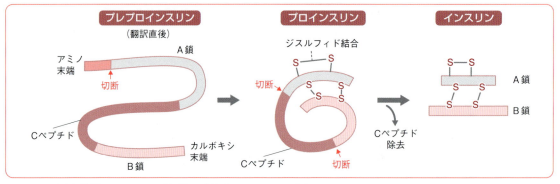

図19-9 限定分解によるタンパク質の成熟（インスリンの例）

b 化学修飾

化学修飾で重要なものはリン酸化である．細胞内にはタンパク質中のセリンやトレオニン，あるいはチロシンをリン酸化する酵素であるプロテインキナーゼ（タンパク質リン酸化酵素）が多数存在する．多くの場合，タンパク質はリン酸化されて活性をもつ．化学修飾には，このほか小型タンパク質であるユビキチンや糖（鎖）が結合する場合などがある．化学基の結合と解離によってタンパク質の活性が可逆的にかつ速やかに変化するため，化学修飾はタンパク質活性調節の主要な機構となっている．

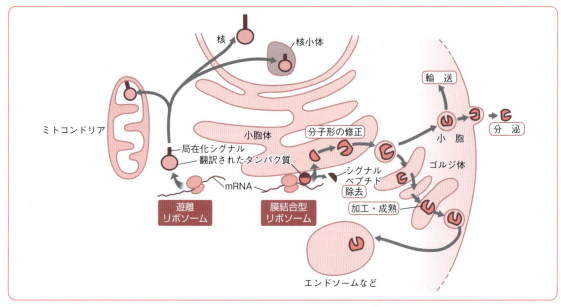

図19-10 タンパク質の成熟，移送，局在化の様式

2. タンパク質の移動

　つくられたタンパク質が必要とされている部位に移動する機構には2つある（図19-10）．1つはタンパク質自身がもつ**移行シグナル**（**局在化シグナル**ともいう．例：**核移行シグナル**）というアミノ酸配列に従って移動する機構で，このようなタンパク質は**遊離リボソーム**で翻訳される．もう1つは**膜結合型リボソーム**でつくられるタンパク質に見られる機構で，タンパク質は翻訳後に**小胞体**の内腔に移動し，小胞体膜を通過するときにタンパク質のアミノ末端の断片（**シグナルペプチド**あるいは**リーダー配列**という）が切り取られる（図19-11）．こうしたタンパク質は膜に包まれたままゴルジ体を経由してエンドソームなどに運ばれたり，**小胞**に入って**輸送**されたり細胞外に**分泌**されたりする．

3. 不要タンパク質の分解

　細胞内ではさまざまな**タンパク質分解**が起こっている（p.258，図19-12）．分解の1つは**リソソーム**によるもので，細胞外から取り込んだ異物タンパク質の分解処理でみられる．細胞自身の使用済みあるいは老化したタンパク質や，細胞小器官が類似の機構で分解される場合があるが，この現象を**オートファ**

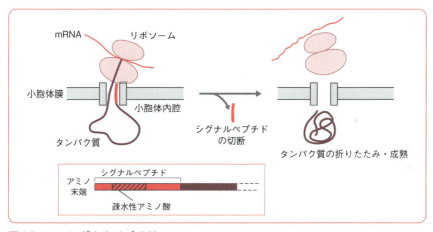

図19-11　シグナルペプチド

 タンパク質折りたたみ

　翻訳されたタンパク質は**シャペロン**といわれる調節因子によって正しく折りたたまれ，一定の高次構造をとって機能を発揮できるようになる（図）．

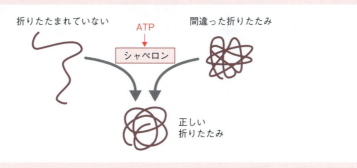

図　シャペロンの作用

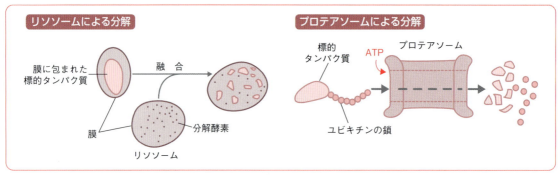

図19-12　2種類の細胞内タンパク質分解機構

ジー（自食）といい（ミトコンドリアの分解処理はマイトファジーという），大隅良典らにより発見された（図19-13）．もう1つはプロテアソームといわれる巨大なタンパク質複合体で分解される機構で，寿命の比較的短い調節タンパク質などが分解される．この場合，分解されるタンパク質にはユビキチンという76個のアミノ酸からなる小さなタンパク質が鎖状に多数結合する．

Column

プリオンと脳細胞の死

狂牛病〔ウシ海綿状脳症 bovine spongiform encephalopathy（BSE）〕は，ウシなどの動物の脳がスポンジのように，スカスカになる致死的な病気である．病気の動物を材料にした餌を食べたウシのみならず，牛肉を食べたヒトが同じような症状を示して死亡する（いわゆる感染性CDJ）ということで社会問題になった．この病気の病原体はプリオンというタンパク質で，ほかのプリオン病としてはヒツジのスクレイピーやヒトのクロイツフェルト・ヤコブ病 Creutzfeldt-Jakob disease（CJD）がある（図）．プリオンは哺乳類の通常タンパク質で，正常であれば特に問題はない．しかし変異などがあると不溶化して脳に沈着し脳細胞を殺す．異常プリオンが正常プリオンの立体構造を異常型に変化させるので，異常プリオンが増える．これが「感染」の機序と考えられている．CJD患者脳の硬膜移植によってもCJDが発症する（いわゆる医原性CJD）．アルツハイマー病やハンチントン病などの神経変性疾患もプリオン病ではないが，別のタンパク質の脳細胞への沈着が原因とされている．

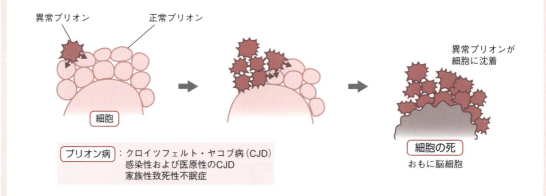

図　プリオン病とプリオン増幅のメカニズム

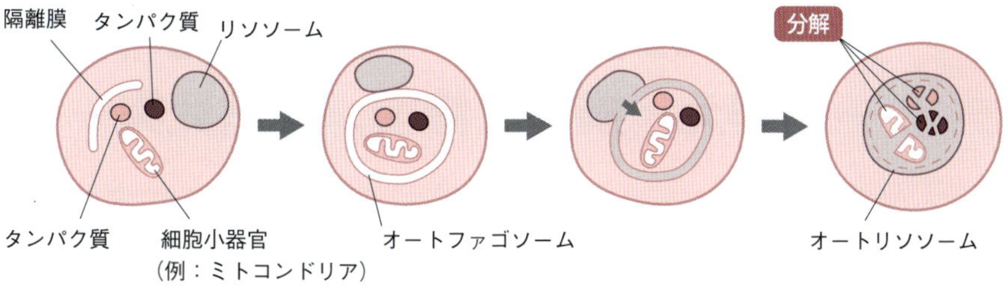

図 19-13 オートファジーの進行

学習内容の 再 Check!

以下の文章が正しいか間違っているかを，〇か×で答えなさい．

☐ 1. 翻訳が細胞質で起こるため，mRNA は核でつくられたのち，細胞質に移動する．

☐ 2. 真核生物の mRNA には 5′ 末端と 3′ 末端にそれぞれキャップ構造とポリ(A)鎖がある．タンパク質は mRNA 内部の塩基配列の限定的な部分にコードされている．

☐ 3. コドンとは連続した 4 塩基の配列で，それぞれのコドンはそれぞれのアミノ酸をコードする．

☐ 4. 細胞から調製したタンパク質のアミノ末端にグリシンやアラニンなど，いくつものアミノ酸が見つかるという事実から，開始アミノ酸はタンパク質によって異なることがわかる．

☐ 5. 翻訳領域に点突然変異が生じると，コドンの変化によって，必然的にアミノ酸が変化するので，正規とわずかに構造の異なるタンパク質ができる．

☐ 6. 翻訳領域に 4 塩基の挿入変異が生じてもリボソームは同じ読み枠で翻訳を続けるので，正規のタンパク質より少し長い類似タンパク質ができる．

☐ 7. 翻訳領域に連続する 3 塩基の欠失変異が生じても，変化が 3 の倍数のために読み枠がずれることはなく，少し短くはなるが，通常タンパク質はできる．

☐ 8. ペプチド結合とはアミノ基とカルボキシ基の間でできる結合であり，ペプチドの伸長はアミノ基の方向に伸びる．

☐ 9. リボソームには大亜粒子と小亜粒子があり，最初に小亜粒子が mRNA に結合し，その後，大亜粒子が結合する．

☐ 10. ペプチドの伸長は C 末端に向かって起こる．これは mRNA の 5′ 末端の方向に対応する．

☐ 11. 血液凝固因子のトロンビンは，前駆体のプロトロンビンがリン酸化修飾を受けて活性化状態になったものである．

☐ 12. 小胞体膜結合型リボソームでつくられたタンパク質はタンパク質の一部である「シグナルペプチド」が切り取られ，いったん小胞体の内部に入る．

☐ 13. 細胞内タンパク質の分解様式には，消化の役目をもつリソソームによらない方式もある．

☐ 14. プリオン病の病原体であるプリオンタンパク質は内部に遺伝子を含んでおり，ウイルスのように侵入した脳細胞などで複製して増殖し，細胞を死に至らしめる．

DNAのダイナミックな側面
―組換え，損傷と修復，突然変異―

Introduction

DNAは遺伝子に使われる分子であるため塩基配列の安定性が特に重要であるが，詳しく見るとさまざまな様式，さまざまなレベルで変化していることがわかる．細胞内に配列の同じDNAが入ると2本のDNAの相同な部分で組換えが起こるが，真核生物では減数分裂の時期にこのような相同組換えが見られる．DNAは種々の要因で異常な化学構造をとることがあり，特にDNA傷害剤などが作用するとこのような損傷が高頻度に起こる．DNA傷害剤のいくつかは突然変異を誘発することがある．突然変異はさまざまな機構，さまざまなDNAの範囲で起こり，このようなDNAの動的な性質が生物の多様性獲得や進化の原動力になっている．

はじめに

細胞活動の維持と子孫への遺伝情報伝達のため，ゲノムDNAは安定であるべきである．しかし，微視的・短期的に見ると，ある条件下では組換えが高頻度に見られ，また，さまざまな要因によっては偶発的なDNA損傷も起こり，さらには突然変異というDNA構造変化が一定の確率で起こる．

A　DNAの組換え

ごく短い断片から染色体レベルの巨大なものまで，DNA鎖の置換，挿入，欠失，逆位などがかかわって新たな構成のDNA鎖が生成する現象を**DNA組換え**という（**図20-1**）．

1．相同組換え

a　相同組換えとは

原核生物，真核生物に限らず，細胞内に数百塩基対以上の同じ（相同な）配列をもつDNA断片があると，両者の間でDNAが部分的に交換される**組換え**という現象が起こる場合があり，これを**相同組換え**という（**表20-1**，**図20-2**）．相同組換えは，ABCというDNAとabcという相同なDNAがあったとき，組換えによって，たとえばAbCやABcというDNAができると，他方ではaBcやabCができる．この様式はDNA領域が入れ替わるので**相互組換え**といい，DNA断片が抜け落ちたり増えたりすることはない．**組換え点**（交差点）は相同な配列内部の任意の場所に設定される．

b　相同組換えが起こる場所

真核生物では配偶子（精子や卵）を形成する**減数分裂**の第一分裂の中期に，複製を終えた相同な姉妹染色分体が接近し（**第3章**参照），このときに相同染色体の間で鎖の交換が起こる（**姉妹染色分体交差**という）．染色体領域の入れ替えは**乗り換え**ともいい，染色分体が交差する像（**キアズマ**）が観察される．

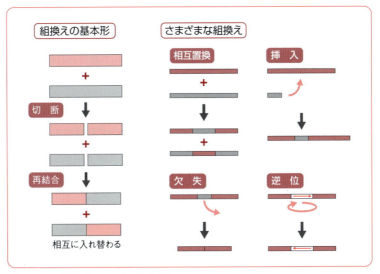

図 20-1　組換えのいろいろな形

表 20-1　組換えの形式

組換え様式	真核生物の例	原核生物の例
相同組換え	減数分裂のとき，遺伝子ノックアウト実験	Fプラスミドによる染色体移入のとき
非相同組換え	トランスポゾンの組込み，外来DNAの取り込み	
	免疫グロブリン遺伝子の再編	ファージDNAのゲノムへの組込み

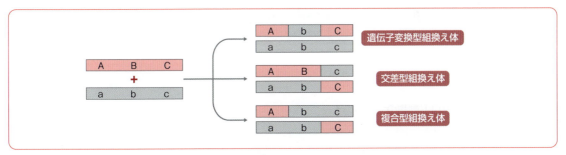

図 20-2　相同組換えの結果，生じる組換え体の種類

通常の体細胞では，相同染色体の組換え頻度は低く抑えられている．大腸菌などでは**Fプラスミド**の作用によってほかの細胞から入ったゲノムDNAと元からあるDNAとの間（**第17章**参照），共感染したバクテリオファージどうし，ゲノム配列とそれに相当するバクテリオファージが運ぶ宿主DNA断片の間で相同組換えが見られる．

疾患ノート ● 遺伝病と多因子疾患

先天異常などの典型的遺伝病は，特定の遺伝子の欠損により起こり，病状も一定で明らかに**遺伝病**とわかる．これに対し，**肥満**，**2型糖尿病**，**高血圧**などの**生活習慣病**は何らかの遺伝的素質に関連するものの，単一の病因遺伝子が特定できていない．これは，これら疾患にかかわる遺伝子（病気になるルート）が多数あることが原因と考えられる．このような疾患を**多因子疾患**という．

Topics

組換えを利用して細胞から遺伝子を消し去る

培養動物細胞に，染色体のある部分と相同なDNA断片を人為的に大量に入れると，ゲノムDNAとの間で低い確率（0.01〜1％）で相同組換えが起こる．図のように相同領域を両端に2箇所もち，中央部に無関係な塩基配列をもつDNA断片を使って組換えを起こさせると，無関係な塩基配列をもつDNA断片がゲノムに入り込む．この手法を使い，染色体の標的部分を無関係な塩基配列をもつDNA断片に置き換えることができ，その結果，その部分の遺伝子は欠陥となる．低い確率で起こる組換えを検出するため，無関係な塩基配列をもつDNA断片にはその細胞がもたない，細胞の生存にかかわる遺伝子を使う．遺伝子が2個あるので，再び同じような操作をして細胞から標的遺伝子の機能を完全に失わせることができる．この手法を**遺伝子ノックアウト**といい，このような細胞を元に**遺伝子ノックアウト動物**をつくることもできる．

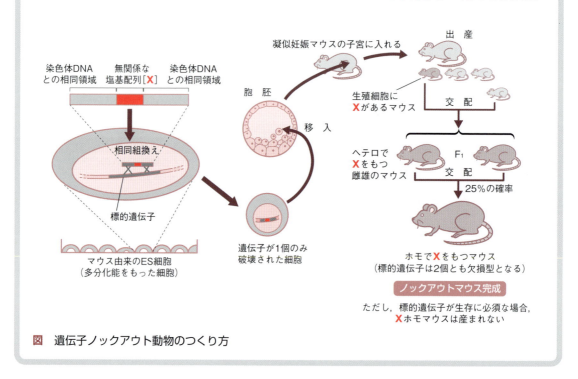

図 遺伝子ノックアウト動物のつくり方

C 組換え反応の進行

DNA組換えではまず一方の鎖が切断され，そこから一本鎖DNAが相手のDNAに入り込んで相補的に結合し，一本鎖部分を二本鎖に修復するような複製が起こる（図20-3）．各DNA鎖が相当する鎖と連結し，X字状構造（**ホリデイ構造**）ができる．やがてホリデイ構造の部分で切断が起こり，2組のDNAになるように連結が起こる．大腸菌ではここに**RecA**，**RecBCD**といった因子が，真核生物では**Rad51**や**Mre11**，**Spo11**といった因子が働く．この反応は**二本鎖切断修復モデル**といわれる．ホリデイ構造は減数分裂過程で見られるキアズマに相当すると考えられる．DNA二本鎖切断を複製しながら組換えを伴って修復する場合は，遺伝子変換型のみができる別の機構「**DNA合成依存性アニールモデル**」が働くと考えられる．

2. 非相同組換え

相同な配列がなくともDNA組換えが起こる例もいろいろと知られている．これを**非相同組換え**とい

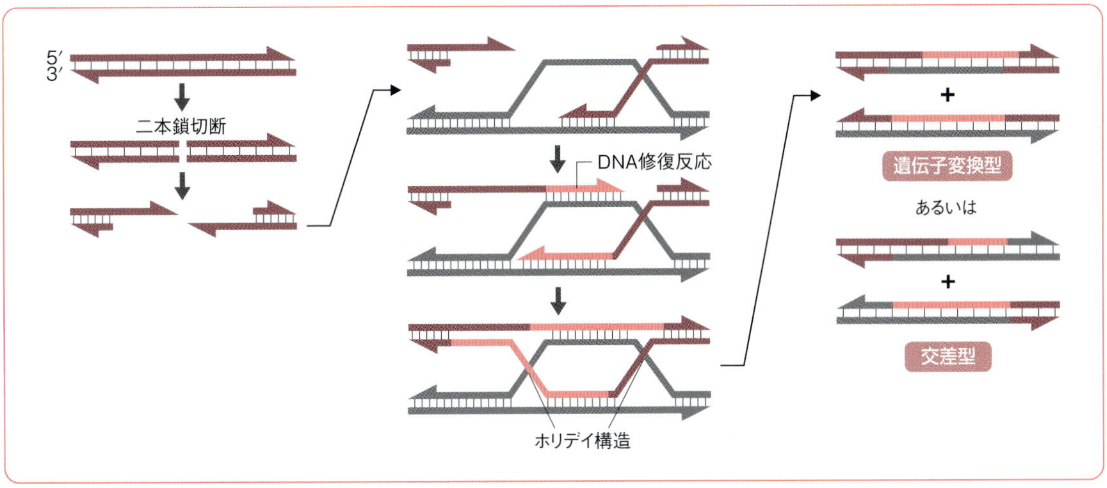

20. DNAのダイナミックな側面—組換え，損傷と修復，突然変異— 263

図20-3 相同組換え機構の一例（二本鎖切断修復モデル）

うが，この中には強引に細胞にDNAを入れたときに見られるDNA断片の染色体への組込み，**免疫グ
ロブリン遺伝子**（抗体遺伝子）の**遺伝子再編**のときに見られる組換えや，**トランスポゾン**の組込みなど
がある．免疫グロブリン遺伝子は細胞が抗体を分泌するようになるときに，遠方の遺伝子領域がつなぎ
合わさって1つになるが，この現象は利根川進により発見された．

Ⓑ DNAの損傷とその修復

1. DNA損傷の原因と種類

DNAが異常な状態に構造変化することを**損傷（傷害）**といい，その発生の原因となる細胞外のものを
DNA傷害剤という（p.264，**表20-2**）．**DNA損傷**の1つに鎖の切断があり，この原因として**電離放射線**
（**γ線**，**X線**，宇宙線）やある種の薬剤が知られている．DNA分解酵素による場合もある．化学的変化
を伴う損傷には，**亜硝酸塩**などによってシトシンが**ウラシル**に変化する（アミノ基が外れる．RNAにあ
るべき塩基がDNAにできてしまう）例がある（p.264，**図20-4**）．この反応は細胞内では比較的よく起
こっている．**紫外線**によって連続する2個のチミンが結合する**チミン二量体**の形成は，皮膚など，太陽
光に当たる部分では無視できない．塩基が自然に加水分解し，糖（デオキシリボース）から離れてしまう
場合もある（**脱塩基**）．材料である5-ブロモウラシルなどのDNA塩基の類似物質が誤ってDNAに取り込
まれることがあるが，このようなものは細胞増殖を止める薬剤として利用される．

2. 損傷を受けたDNAは修復される

DNA損傷がそのまま残るとDNAは正常に機能できず，細胞は死んだり，場合によっては塩基が変化
して突然変異として残ったり，細胞のがん化につながる場合がある．このような事態を回避するため，
細胞には損傷を**修復**するさまざまな仕組みが備わっている．上述したように損傷は日常的に起こってお
り，生物は修復機構を充実させるように進化してきたといえる．よく知られている**修復機構**には以下の
ようなものがある．

20

表20-2　DNA損傷の種類と原因

損傷	例	原因や傷害剤
塩基の脱アミノ→誤対合を起こす	C（Gと対合）→ウラシル（Aと対合） A（Tと対合）→ヒポキサンチン（Cと対合)	亜硝酸塩
塩基のアルキル化→誤対合を起こす	G（Cと対合）→O^6-メチルグアニン（Tと対合)	アルキル化剤（マスタードガスなど)
塩基の除去	塩基が糖から外れる（鎖切断が誘導される)	酸，高温
塩基どうしの結合	チミン二量体	紫外線
鎖切断	リン酸ジエステル結合の切断	電離放射線（X線，γ線） 重金属
二本鎖の結合	―	マイトマイシンC（抗生物質の一種)

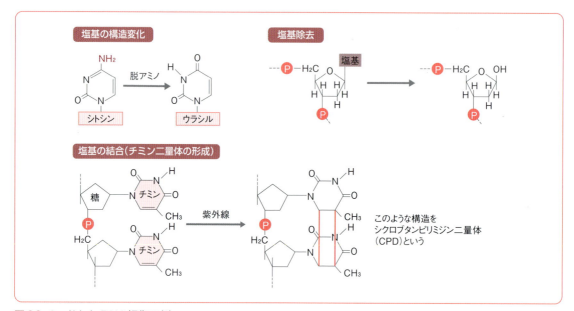

図20-4　おもなDNA損傷の例

ⓐ 除去修復

不都合な塩基（例：**複製のミス**，**ウラシルの生成**，**塩基欠損**，**チミン二量体**）を除く主要な修復方式である（**図20-5**）．**除去修復**は詳しく見るといろいろなバリエーションがあるが，基本的には損傷のある側のDNAに切れ目が入ったあとに断片が**DNAヘリカーゼ**ではがされ，一本鎖になったところを**DNAポリメラーゼ**が二本鎖に修復し，**DNAリガーゼ**が連結するという過程が進む．

ⓑ チミン二量体に対する対応

チミン二量体は除去修復以外にも，光によって修復される機構がある（細菌や植物などに備わっている**光修復**）．大腸菌には組換えがかかわる**組換え修復**やTT二量体部分にAAを強引に対合させて複製を進める**SOS修復**といった機構もあるが（**表20-3**），これらは広義には**複製時修復**に分類される．

ⓒ 切断された鎖の修復

DNA鎖の1本だけが切れている場合（リン酸ジエステル結合の切断．いわゆる**切れ目**）は**DNAリガーゼ**がそこをつないで修復する．二本鎖が切れてしまった場合の**二本鎖切断修復**では，DNAの末端どうしを**直接連結**させる機構や，**相同組換え**に似た機構が働いて両者をつなぐ．

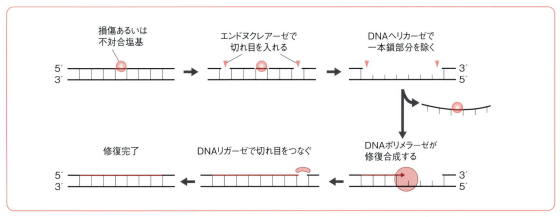

図20-5 除去修復のメカニズム

表20-3 チミン二量体の修復（大腸菌の例）

1.	光修復	光が当たると元の構造に戻る
2.	除去修復	損傷部を取り除き，DNAポリメラーゼで二本鎖にする
3.	組換え修復	損傷部をスキップして複製し，その後，組換え反応で正常DNAをつくる
4.	SOS修復	複製時に損傷部分にAAを強引に対合させる

＊ 3と4は複製時修復に分類される．

疾患ノート ◆ 修復機能の欠損が原因の病気

色素性乾皮症 xeroderma pigmentosum（XP）は遺伝病の1つで，**除去修復**にかかわる遺伝子に欠陥がある（図）．**紫外線**によるDNA損傷の修復がうまくいかず，太陽光が当たると皮膚の色素沈着や死滅が起こり，**皮膚がん**が発生しやすい．ほかに**コケイン症候群**という類似の病気もある．

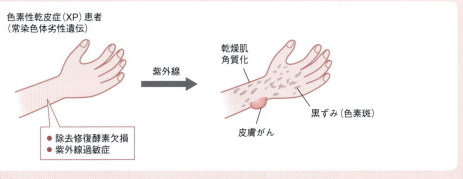

図 色素性乾皮症
患者により欠損している除去修復酵素の種類が異なる．皮膚がんの発生率が高いが，ほかのがんの発生率も高い．

こぼれ話 早期老化症の原因

老化の速度が速くなる病気（**早期老化症**，早老症）の1つである**ウェルナー症候群**では，除去修復で働く酵素であるDNAヘリカーゼの遺伝子が欠損している．

C 突然変異

a 変異の種類と規模

分子生物学では遺伝子の一次構造（塩基配列）の変化した状態を**突然変異**（あるいは単に**変異**）と定義するので，突然変異の中にはタンパク質に変化が及ばないものも含まれる（図20-6）．変異には塩基が変化する**点突然変異**（**点変異**ともいう），ヌクレオチドが増える**挿入変異**と減る**欠失変異**，そして**置換**がある．挿入変異（これにはトランスポゾンの転移も含まれる．第17章参照），欠失変異と置換は，数

規模による分類	タイプによる分類	機能（表現型）による分類*
● 小規模 　1〜数塩基程度 ● 中規模 　遺伝子/DNAのあるまとまった領域 ● 大規模 　遺伝子全体〜染色体レベル 　（染色体異常）	● 点(突然)変異 　塩基が入れ替わる ● 欠失塩基 　ヌクレオチドが減る ● 挿入変異 　ヌクレオチドが増える ● 置換 　組換えによりある領域が 　そっくり入れ替わる	● サイレント変異 　遺伝子発現・機能に影響ない ● ミスセンス変異 　アミノ酸の置換が起こる ● ナンセンス変異 　翻訳が強制終了してタンパク質ができない ● 復帰変異 　一度変異したものが元に戻る ● 抑圧変異 　ある変異を抑え込む新たな変異

* 調節領域に生じた変異が原因で，遺伝子発現量が大きく変化する現象も含まれる

図20-6　突然変異のタイプ

解説　DNA傷害剤，変異原と抗がん剤

DNA傷害剤や**変異原**はDNAに傷を与えたり（例：**ブレオマイシン**），結合したり（例：**マイトマイシンC**），場合によっては誤ってDNAに取り込まれる（例：**5-ブロモウラシル**）ため，その程度が大きくなると修復が間に合わずに細胞増殖が停止し，場合によっては死滅する．この性質を利用してDNA傷害剤や変異原を**抗がん剤**として使うことができる（図）．がん細胞は増殖性が高いので，正常細胞より薬に敏感で効きやすいことが知られている．

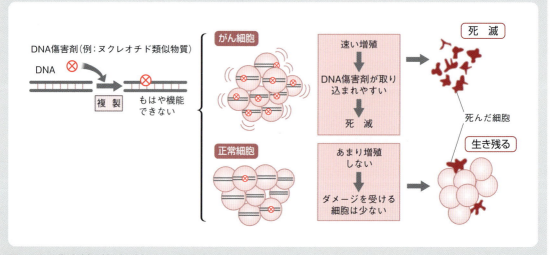

図　DNA傷害剤は抗がん剤として使える

塩基対の小規模なものから染色体レベルまでさまざまあるが，何らかの組換え反応やDNAポリメラーゼの機能欠陥がかかわることが多い．染色体の倍加や大規模な組換えは染色体異常や相同組換えとして論じられることが多い．

b 変異原

突然変異はDNAポリメラーゼのミスがそのまま残ったり，シトシンがウラシルに変わる損傷が残ったために次のDNA複製でアデニンが対合したりするなど，内因性の（細胞に原因がある）ものもある．これに対し，突然変異を起こす外因性のものを変異原あるいは突然変異誘引物質などというが，タール成分，紫外線，高温，化学物質などがあり，多くはDNA傷害剤と共通である．

解説 ゲノム多型

個体のゲノムDNAのある部分の塩基配列が大多数の個体がもつ塩基配列である標準的塩基配列（参照塩基配列ともいう）と異なる場合がある．この変化の頻度が1％未満であれば突然変異とし，1％以上のときは多型（ゲノム多型，遺伝子多型）ということが多い．多型ははじめ制限酵素による切断で生じるDNA断片の有無や長さの違いとして認識され（つまり，制限酵素認識配列の有無），その後はいろいろな方法で多型解析が行われた．1塩基の違いをもつ多型を1塩基多型（SNP）といい，ヒトゲノム中には数百万個が存在する．縦列反復配列であるマイクロサテライトDNA（繰り返しの単位が数塩基）やミニサテライトDNA（繰り返しの単位が数から数十塩基）の繰り返し数の違いによる多型も知られており，前者は個人での差異が大きいために個人識別（いわゆるDNA指紋）に利用され，後者は生物系統間で差異が大きいため系統分析に利用される．次世代シークエンサー（NGS）の登場により個人のゲノムを短い期間で網羅的に調べることが可能になりつつあり，多型など塩基配列の違いの結果を元にしてより効率的・効果的に疾患の診断，治療，予防を行うゲノム医療が注目されている．

解説 突然変異と生物多様性，進化

ゲノムは意外に不安定であり，一定の確率で突然変異を起こすことも生物の1つの特徴であると考えることができる．突然変異は一般に生存に不利に働くが，まれに有利に働くものもあり，ダーウィン C. R. Darwinによる自然選択説（自然淘汰説ともいう）ではこのような有利な突然変異がときとして生物の進化や多様性の獲得に関連する（図）としている．なお，進化のメカニズムを説明する説の中には，生存に対して中立の立場にある変異の蓄積が進化のおもな原動力となるとする中立説もある．

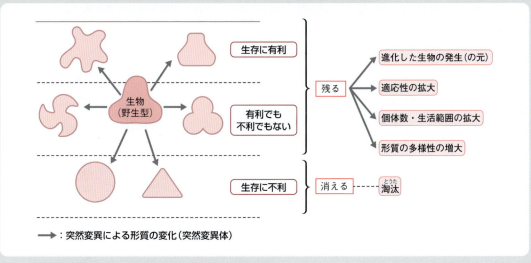

図 突然変異は進化，生存，多様性の獲得に必要である

子孫に遺伝しない突然変異：体細胞突然変異

　古典的遺伝学では突然変異を子孫に伝達される変異としている．がんは増殖性が高まり，不死化した突然変異細胞である（第21章参照）．がんという病態はあくまでもがん組織限定的であり，生殖細胞のがんでない限り個体レベルで遺伝することはない．ただ，がんになりやすい体質は遺伝する可能性がある．このような多細胞生物の細胞増殖過程で起こる局所的な変異を体細胞（突然）変異という．メラニン色素を含む細胞が増殖亢進して集団となったホクロもこれに相当する．

学習内容の再Check!

以下の文章が正しいか間違っているかを，〇か×で答えなさい．

☐ 1. 遺伝子は安定で不変であることが基本だが，低い確率でDNA構造が変化する突然変異が起こる．この遺伝子の変動性が，生物の多様性や進化を引き起こす要因になっている．

☐ 2. 細胞内に塩基配列の似ているDNAがあると，その部分で組換えが起こる．このような現象が高頻度で起こっている生体内の場所は細胞分裂のさかんな骨髄である．

☐ 3. 2個の相同なDNA（一方がXYZ，他方がABCとする）が組換えを起こし，一方がXYCとなると他方はABZとなる．

☐ 4. 大腸菌のDNAを大量にヒト細胞に注入しても，両者の間には相同な配列がないため，組換えが起こる可能性はまったくない．

☐ 5. X線がDNAに当たるとDNA切断が起こる．このような場合，細胞では修復機構が働くが，修復のミスなどにより突然変異が誘発され，細胞ががん化する場合がある．

☐ 6. 紫外線の殺菌効果は，病原体のDNAが紫外線により構造の変化を起こし，それが元でDNAが働けなくなったために起こる現象である．

☐ 7. 二本鎖DNAの一方の鎖の内部に不適切な塩基があると，細胞はその塩基だけを切り取り，正しい塩基と交換する．このような修復方式を交換修復という．

☐ 8. DNA傷害剤は細胞をがん化させることも，逆にがん細胞を死滅させることもできる．

☐ 9. タール成分が身体に悪いおもな理由は，DNAに作用して突然変異を誘発するからである．

☐ 10. DNA修復にかかわる遺伝子に欠陥があると，寿命が短くなる．

細胞のがん化

Introduction

　がんは無限増殖，浸潤・転移という性質をもち，最後に個体を死に至らしめる．がん細胞ではさまざまな遺伝子が突然変異しており，通常，変異する遺伝子が多くなるほど悪性度も増す．がんを起こす原因は突然変異を誘発する化学物質，放射線，生物やその産物，そしてウイルスと多様であり，発がんウイルスはがん遺伝子をもつ．がん細胞では増殖促進に関連する遺伝子の活性が上がっているが，その原因の多くは，増殖抑制に働くがん抑制遺伝子の欠損や発現減少である．高い血管新生能や細胞外マトリックス分解能，そしてトランスフォームしている細胞特性により，がん細胞は全身に広がって増えることができる．

はじめに

　がんは最も罹患率の高い致死的疾患である．無限で高い増殖能をもつ性質の変化した突然変異細胞，それががん細胞である．がんがなぜ悪性なのか，悪性化とは具体的に何で，それを引き起こす原因は何なのか．本章ではがん細胞生成のメカニズムやがん細胞の生体内挙動について説明する．

A 疾患としてのがんとその分類

1. がんは最も重要な疾患

　がん（漢字で癌とも書く．英語でcancer，ゴツゴツしたカニの甲羅という意味．統計では**悪性新生物**としてまとめられる）はわが国における死亡原因のトップを占め（p.270，**図21-1**），世界的にも1位になりつつある重要な病気である．最終的な死因にはならなくとも，がんに罹患する（罹る）人は60歳を過ぎると急速に増え始め，加齢に伴い，より高齢では大部分の人が罹患するようになる．全体の寿命が延びたのが一因であり，がん死は今後も増加すると予想される．

2. がんとは

　がん細胞は**体細胞突然変異**によって発生し，急速かつ無秩序・無制限に成長して組織や器官の機能を低下させ，**浸潤**（組織内に侵入すること）や**転移**によってほかの組織・器官にも広がり，個体の抵抗力を奪い，体液の状態を悪化させて（**悪液質**という）恒常性を崩し，最終的に個体を死に至らしめる．がんは悪性の**腫瘍**（腫物，でき物）で，皮膚，粘膜，神経といった上皮組織にできたものを特にがん（**がん腫**），骨や筋肉などの結合組織にできたものを**肉腫**，血液細胞にできたものを**白血病**と分けていう場合がある（p.270，**図21-2**．本書では便宜上，悪性腫瘍を**がん**という用語で一括して記す）．発生する組織によりさまざまな名称のがんがあり，悪性度などで差はあるものの，死を招く力があることに変わりはない．

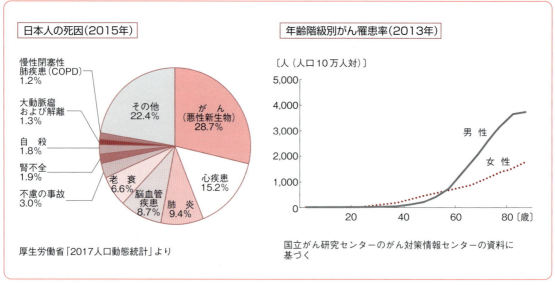

図21-1 日本人の死因とがんの罹患率

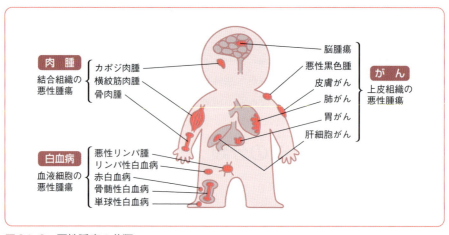

図21-2 悪性腫瘍の分類

> 📖 **疾患ノート ◆ イボ（疣）やコブ（瘤）はいずれがんになる？**
>
> 　イボやコブは**良性腫瘍**であり，これらはある程度増殖したらそれ以上は増えず，浸潤も転移も起こさない．遺伝子の変化がそれ以上起こらなければがんになることはない．

B がん細胞の特徴

がん細胞は以下に述べるような，正常細胞とは異なる性質をもつ（図21-3）．

1. 高い増殖能

がん細胞は例外なく増殖速度が高く，少ない栄養素でも活発に増える．事実，大部分のがん細胞では

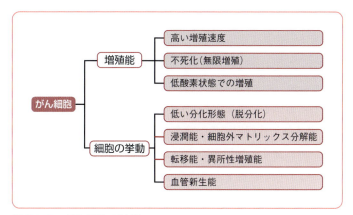

図21-3 がん細胞の特徴

増殖を支える遺伝子の発現が高い．がん細胞増殖の本質的特徴は**無限増殖能**，つまり**不死化**である．通常の細胞はテロメアの短縮などにより50～60回以上は分裂できないが（**第17章**参照），がん細胞は高い**テロメラーゼ**活性によってテロメアが複製され続けるため，無限に増殖することができる．

2. 変化した細胞特性

がん細胞は「変化した（**トランスフォーム**した）」性質をもつ（**図21-4**）．試験管内で見られるこの細胞の性質の変化を**トランスフォーメーション**という．がん細胞では正常細胞がもつ，ほかの細胞や細胞外マトリックスに触れると増殖を停止する**接触阻害（接触阻止）**という特性が失われており，盛り上がったり絡み合ったりして増殖する．また，がん細胞には浮遊しながら増殖するという性質（**足場非依存的増殖**）もある．正常細胞は同種細胞どうしで接着し，ほかの細胞とは接着しない．しかし，がん細胞は同種細胞との接着力が弱い一方で，無関係の細胞集団の中でも増殖する性質がある（**細胞社会性の喪失**）．このため，がん細胞を免疫能の低い動物に注入すると，定着してがん組織として増殖する（**腫瘍形成能**）．

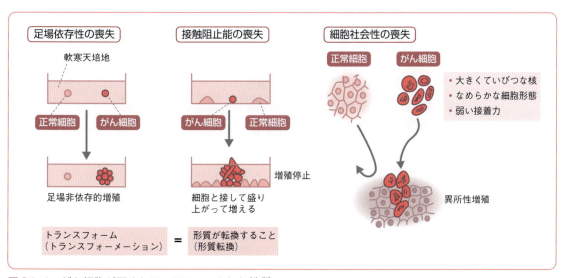

図21-4 がん細胞が示すトランスフォームした性質

C がん化の原因

1. 遺伝子の突然変異

a 増殖関連遺伝子

　がん細胞は増殖にかかわる遺伝子に変異をもつ**突然変異細胞**である（**図21-5**）．関連する遺伝子にはいろいろある（後述）が，基本的に**細胞増殖の調節**をつかさどる遺伝子〔**細胞増殖調節因子（細胞周期調節因子**ともいう）とそのために働く**転写調節因子**や**シグナル伝達分子**など〕が中心となる（**表21-1**）．一般に，増殖促進遺伝子がより強い活性をもつような変異は少なく，増殖を抑える遺伝子の変異（欠陥する方向に変異する）の例が多い．原因遺伝子に変異がなくても，そこに発現量が変化するような変異があると，当該遺伝子の変異に類似の効果が発揮される．

b アポトーシス，DNA修復関連遺伝子

　上記以外にもがん化で変化が見られるいくつかの遺伝子がある．まずは**アポトーシス**（**細胞死**の1つのタイプ）にかかわる遺伝子で，細胞死を起こす遺伝子が働けばがん細胞になる前に自死する（突然変異が起こると細胞を死滅させる機能が働きやすくなるため）．このほか損傷DNAの**修復**にかかわる遺

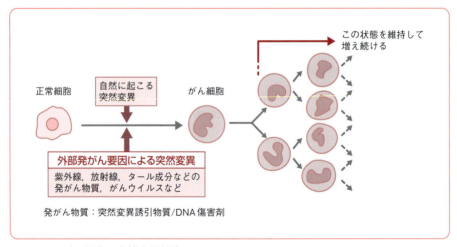

図21-5 がん細胞は突然変異細胞

表21-1 がん化にかかわる遺伝子の種類

遺伝子のカテゴリー	がん化に向かう場合の変化
増殖に関する遺伝子	増殖促進↑ 増殖抑制↓
ゲノム安定性に関する遺伝子	修復↓ 変異誘発↑
細胞死に関する遺伝子	アポトーシス促進↓ アポトーシス抑制↑
分化に関する遺伝子	分化促進↓ 脱分化促進↑
遺伝子発現関連遺伝子	転写活性化↑ シグナル伝達活性化↑
がんの進展にかかわる遺伝子	トランスフォーメーション関連遺伝子↑ 転移・浸潤に関連する遺伝子↑

伝子もかかわりがあり，これに欠陥が生じるとがん化の確率が上がる〔例：除去修復欠陥の遺伝病である色素性乾皮症（第20章参照）患者は紫外線による皮膚がん発症の割合が高い〕．

解説 アポトーシス

細胞死が起こる場合，自らが能動的に死ぬ場合（自死）と受動的に死ぬ場合があり，後者の死に方は壊死といわれ（ネクローシスともいう），火傷や溶解性ウイルス感染などによって起こる．これに対し，前者の死に方（例：オタマジャクシのシッポの退縮，体内での不要な免疫細胞の処理やがん細胞の死）はおもに遺伝子に組み込まれたプログラムに従って細胞が死ぬ現象（プログラム細胞死という）で，大部分はアポトーシスといわれる死に方によって起こる．アポトーシスは生理的，病理的なさまざまな要因で起こり，ATPや遺伝子発現を必要とし，細胞体積の減少，ヌクレオソーム単位でのDNAの断片化，細胞の断片化などを特徴とする．アポトーシス進行の細胞内経路には，複数のカスパーゼ（タンパク質分解酵素の一種）の連鎖反応や，ミトコンドリアがもつアポトーシス誘導因子とシトクロムcの漏出がかかわる．

2. 発がん物質，発がん要因

がんを起こす外来性の発がん物質（第18章参照）はDNAに直接作用して損傷を与えるものと，遺伝子発現を高めるものの2種類に分けられる（表21-2, 21-3）．前者のように働くものを発がんイニシエーター，後者のように働くものを発がんプロモーターという場合があり，タール成分などは発がんイニシエーターに分類される．発がんプロモーター自身は細胞をがん化する活性は弱く，がん化に向かうように変異した細胞の増殖にかかわる．発がん要因には化学物質や放射線，紫外線だけでなく，細菌（例：ピロリ菌感染による胃がん）やp.274で述べるウイルスがあり，この意味で，ある種のがんは感染症である．

表21-2　身の周りにある発がん物質，発がん要因

- 放射線（γ線，X線）
- 紫外線（太陽光，殺菌燈，日焼け用ランプ）
- 毒物，重金属，薬品（ニトロソ化合物，鉛など）
- 食品，食品添加物，化粧品
- し好品（アルコール飲料，タバコ）
- 環境物質（ダイオキシン，アスベスト）
- 病原体など（がんウイルス，ピロリ菌，カビのつくる毒素）
- 物理的要因（高温，摩擦）

表21-3　発がん物質は2つに分けられる

分類	役割	作用機序	例
発がんイニシエーター	がんになる最初の部分で効く	DNAを標的として攻撃し，DNA損傷を起こす	タール成分，放射線，ニトロソ化合物
発がんプロモーター	がん細胞の増殖を促す	遺伝子発現を高める	ホルボールエステル（TPAなど），フェノールなど

疾患ノート ◆ ピロリ菌と発がん

ピロリ菌 *Helicobacter pylori* は動物の胃などに感染するらせん状細菌で，ウォレン J. R. Warrenとマーシャル B. J. Marshallにより発見された．細菌の分泌する酵素や毒素により，胃や腸などの消化器に潰瘍やがんをつくる．

D ウイルス発がん

1. がんウイルス

ウイルスの中には自己の増殖を長期間維持するため，細胞を殺さず，むしろ増殖性を高めるものがある．このようなタイプのウイルスは細胞の増殖関連遺伝子を活性化し，その結果，細胞をがん化させる場合がある．感染後，ウイルスDNAが細胞内に長期間存在したり，ゲノムに組み込まれるなどして，がんの状態を維持する．このようなウイルスをがんウイルスといい，DNAがんウイルスとRNAがんウイルスの両方が存在する（図21-6）．強い抗ウイルス免疫ができないことが多く，ウイルスが排除されにくい．

2. DNAがんウイルス

動物にがんを起こすDNAがんウイルスには多くの種類があるが，ヒトのがんウイルスもいくつかある（表21-4）．特に重要なものは，子宮頸がんの原因となるヒトパピローマウイルス（HPV），肝炎と肝がんの原因になるB型肝炎ウイルス（HBV）である．HPVにはいくつかの型があり，非発がん性ウイルスの中にはイボを形成するものもあるが，強毒株には明確な発がん性がある．性交渉などで感染する（近年ワクチンが開発された）．HBVは肝炎を起こすが，それが肝硬変を経て肝がん（肝細胞がん）になる（ただし，わが国ではHBVより後述のHCVの方が重要である）．HBVは血液を介して感染するので，

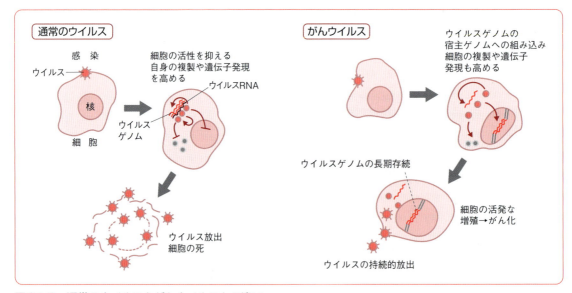

図21-6 通常のウイルスとがんウイルスとの違い

表21-4 ヒトにがんを起こすおもなウイルス

DNAがんウイルス	関連するがん	RNAがんウイルス	関連するがん
ヒトパピローマウイルス（HPV）	子宮頸がん，皮膚がん，乳頭腫（良性）	ヒトT細胞白血病ウイルス（HTLV-1）	成人T細胞白血病
B型肝炎ウイルス（HBV）	肝がん	C型肝炎ウイルス（HCV）	肝がん

かつては血清肝炎ウイルスと呼ばれた．血液製剤による感染事故が社会問題となった．EBウイルスはバーキットリンパ腫を起こす．

Column

レトロウイルスの生活環

レトロウイルスはRNAウイルスであり，ウイルス自身がもつ逆転写酵素によって感染後，ゲノムRNAがDNAに変換され，それが宿主ゲノムに組み込まれる（逆転写酵素には組込み活性もある）．あとは染色体DNAと同じように挙動し，RNAへの転写（ウイルスRNAの複製），翻訳，形態形成を経てウイルス粒子が出芽するように出てくる（図）．レトロウイルスには明瞭な細胞毒性がなく，感染しても持続的にウイルスを放出する（持続感染）．レトロウイルスには非発がん性のものもあるが，発がん性になったものは宿主の遺伝子が高活性型に変異したがん遺伝子をもつ（図21-8参照）．

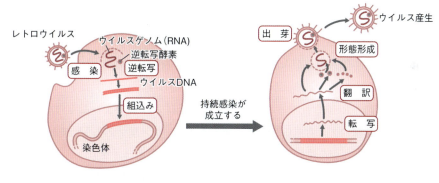

図　レトロウイルスの増え方

疾患ノート◆エイズとHIV1

エイズ（AIDS．後天性免疫不全症候群）はHIV1（ヒト免疫不全ウイルス）の体液を介した感染後に起こる．HIV1はレトロウイルスに属すが，がんウイルスではない．HIV1はT細胞に感染後，ウイルスを出しながら長期間経過するが（数カ月から10年），この時期は免疫機能とウイルス産生の釣り合いがとれている（図）．免疫が低下するとウイルス産生が上昇してT細胞などのリンパ球が死滅し，さらに免疫力が低下する．末期はカポジ肉腫や神経症状を発症し，最終的に死に至る．

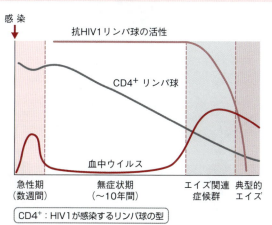

図　エイズの進行

3. RNAがんウイルス

RNAがんウイルスのほとんどはレトロウイルス科に属し，種々の脊椎動物にがんウイルスが存在する．おもにリンパ球に感染して白血病を起こすが，肉腫を起こすものもある．動物の白血病の大部分はウイルス性と考えられる．ヒト固有のウイルスは成人T細胞白血病の病原体であるヒトT細胞白血病ウイルス(HTLV-1)で，わが国で発見された(HTLV-1は西日本に多い)．まったく別のRNAがんウイルスとしてC型肝炎ウイルス(HCV)があり，非アルコール性肝炎の主要な原因である．HBVと同様に血液を介して感染し，肝硬変を経て肝がんを起こす．先進国の肝炎や肝がんの主要な原因となっている．

E がんにかかわる遺伝子

1. がん遺伝子

がん化に働く遺伝子をがん遺伝子といい，がんウイルス研究から見つかった．DNAがんウイルスは独自のがん遺伝子をもつ．代表的ながん遺伝子産物には，サルのウイルスSV40のT抗原やヒトアデノウイルスのE1A (いずれのウイルスも実験小動物にがんを起こす)，そしてヒトパピローマウイルスのE7/E6がある(図21-7)．RNAがんウイルスのがん遺伝子はこれとはまったく異なる．レトロウイルスのがん遺伝子は感染動物のゲノム遺伝子とよく似たもので，ビショップ J. M. Bishopとバーマス H. E. Varmusにより発見された．がん遺伝子の元になった細胞由来の遺伝子をがん原遺伝子(原がん遺伝子ともいう)という．がん原遺伝子は，本来は細胞増殖に必要な正常遺伝子だが，レトロウイルスに入ったときに強い活性化型に突然変異したと考えられている(図21-8)．がん原遺伝子は細胞増殖に正に働くシグナル伝達遺伝子や転写調節遺伝子が多い．

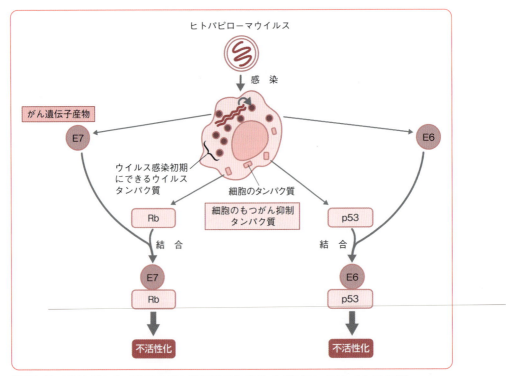

図21-7 DNAがんウイルスのがん遺伝子の作用(ヒトパピローマウイルスの例)

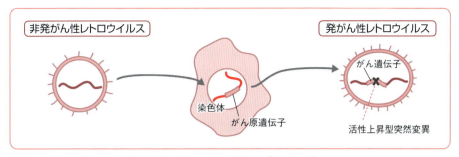

図21-8　発がん性レトロウイルスが生じたメカニズム（仮説）
がん原遺伝子とは細胞に本来ある通常の遺伝子で，突然変異によりがん遺伝子となる遺伝子である．

2. がん抑制のプロセスとがん抑制遺伝子

　がん細胞と正常細胞を融合して1つの細胞にすると，多くの場合，正常細胞に似た挙動をとることから，多くのがんは遺伝的には**劣性の形質**であることがわかる．このことは正常細胞ではがん化を抑える遺伝子が働いていることを意味する．このような遺伝子を一般に**がん抑制遺伝子**といい，これまでに多くの遺伝子が発見された（表21-5）．ヒトのがんでは，これらがん抑制遺伝子の突然変異や発現低下が見られる．代表的ながん抑制遺伝子の*p53*は多くのがんで変異しており，その産物（分子量53,000のタンパク質）は**転写調節タンパク質**として作用し，細胞増殖を抑える遺伝子やアポトーシス（細胞死）遺伝子を活性化する．*Rb*は網膜芽細胞腫というがんで変異しているがんの原因遺伝子として見つかった．*Rb*は細胞周期のG_1期からS期に進む過程を促進させる転写調節タンパク質の**E2F**に結合して，その機能を抑制する普遍的に存在する遺伝子である．上述したように，細胞死やDNA修復に働く遺伝子もがん抑制遺伝子としての側面をもつ．

表21-5　おもながん抑制遺伝子

遺伝子の名称	関連するがんの例	遺伝子の働き*
Rb	肺がん，網膜芽細胞腫，乳がん	転写因子の抑制
p53	大腸がん，肺がん，乳がん	転写制御
WT1	ウィルムス腫瘍	転写制御
APC	大腸がん，胃がん，膵臓がん	シグナル伝達分子の調節など
p16	悪性黒色腫，食道がん	細胞周期抑制
NF1	悪性黒色腫，神経芽腫	シグナル伝達分子の調節
PTEN	神経膠芽腫	脱リン酸化酵素

＊　いくつかある機能のうち，がん抑制にかかわるものを示す．

 ヘテロ接合性消失

　がんでは対立遺伝子の一方が欠失する**ヘテロ接合性消失** loss of heterozygosity（**LOH**）という現象がよく見られる．その遺伝子座の遺伝子が1個しかないため，がん抑制遺伝子の一度の変異・欠陥がそのままがん化に効いてしまう．

 DNAがんウイルスはがん抑制遺伝子を抑える

　がん抑制遺伝子の*p53*と*Rb*はがん抑制にとって特に重要である．T抗原やE6/E7といった**DNAがんウイルス**のがん遺伝子産物は，細胞で働くタンパク質p53やRbに結合し，その働きを抑える（図21-7参照）．

F がん進展のプロセス

1. がんの悪性度と突然変異の積み重ね

がんには悪性度の高いものと低いものがあり，また前がん状態という，がんとも正常とも区別できないものもある．このような事実は，がん悪性度の上昇と遺伝子変異の間に相関関係があることを示唆する．悪性度の高い典型的な大腸がんができるとき，最初は大腸粘膜に発生した過形成細胞が良性のポリープに発展し，それががん腫となり，さらに浸潤能や転移能の高いがんに変化する．この段階的な変化には別々の遺伝子における発現量の変化と突然変異がかかわっている（図21-9）．がんが変異の積み重ねにより段階的に悪性度を増すこの機構を多段階発がんという．時間とともに突然変異の数が徐々に増えていくにもかかわらず，がんの発症率がある年齢を超えるまでは急には高まらないという事実は，この考え方と矛盾しない．

> **こぼれ話　がんの芽は早くからできている？**
>
> がん細胞は免疫によって常に監視・排除されている（これをがん免疫という）．事実，免疫能を高めることによりがんの進行を遅らせることができる．がんの芽になる細胞はできてもすぐ免疫により駆除されるが，免疫能の低下で監視ができなくなると前がん細胞が増殖し，悪性化の機会も増えるのであろう．

2. 組織でのがん組織進展

体内にできる最初のがん（原発がんという）はがんの元になる1個の細胞を起源とする（これをがんのクローン性という）．がん組織は次第に成長し，浸潤・転移によって全身に広がる（これを転移がんという）が，進展には増殖関連遺伝子以外の遺伝子も必要である．がんが組織で成長するためには血管から栄養や酸素をとる必要があるが，がん細胞は酸素が不足して低酸素状態になると，近くの血管を進展させて，自身の側にまで伸ばす血管新生に必要な増殖因子を分泌する（図21-10）．さらにがん細胞は細胞外マトリックスを自身が分泌するタンパク質分解酵素で分解し，それによって周囲の組織へ浸潤を可能にしている．生体内のがん細胞もトランスフォームしており，足場非依存的増殖能によって血管内

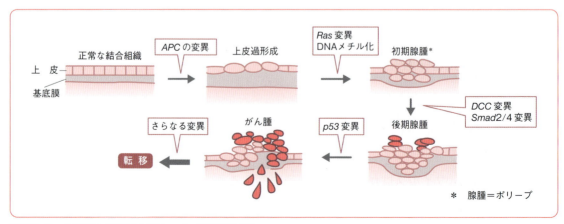

図21-9　大腸がんで明らかになった多段階発がん

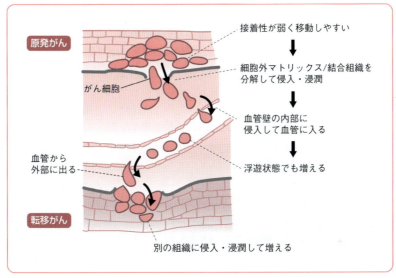

図21-10　がん組織の周りで起こる血管の新生

図21-11　がんの進展はトランスフォーム細胞のもつ性質と関連がある

やリンパ管内でも増殖し，さらに細胞社会性の喪失によって転移した先の組織でも異所性に（本来の場所と異なる場所で）増殖する（図21-11）．

学習内容の再Check!

以下の文章が正しいか間違っているかを，○か×で答えなさい．

1. わが国におけるがんが原因の死亡数は脳血管疾患，肺炎，心疾患に次いで多いが，治療法や健診の進歩・徹底によって，近年は死亡率が低下している．
2. イボやコブなどの良性腫瘍も，取り出して培養すると，無限に，しかも盛り上がって増殖し，がん細胞と同じ挙動をとる．
3. がん細胞は強く結合しあって離れにくい．この性質が，がんが組織で大きくなれる理由である．
4. 組織中のがん細胞は正常細胞とは挙動が異なるが，これは遺伝的に獲得した性質ではなく，周囲の細胞が大量に調節因子を分泌したために見られる応答の一種である．
5. 発がん剤などの発がん要因のうち，遺伝子に傷をつけるように働くものを発がんプロモーターという．

280 ⫶ Ⅲ．分子生物学編

☐ 6. がん細胞は培養しても正常細胞のように途中で死ぬことはなく，永遠に増え続ける．これはがん細胞に高いテロメラーゼ活性があることと密接な関連がある．

☐ 7. がんはがん遺伝子とがん抑制遺伝子とのバランスが崩れたときに起こる．がん抑制遺伝子の発現に効く転写調節タンパク質の活性が十分あると，がんになりにくい．

☐ 8. *p53* や *Rb* はよく知られるがん遺伝子で，がん細胞では突然変異を起こし，活性が上昇している．

☐ 9. 発がん性 DNA ウイルスがもつがん遺伝子は，細胞にはないウイルス独自のもので，細胞のもつがん抑制遺伝子の働きを抑える働きがある．

☐10. RNA がんウイルスのもつがん原遺伝子はウイルス感染の過程で染色体に取り込まれた．そのような遺伝子は普段は働いていないが，細胞ががん化すると活性化され，がん化を助ける．

☐11. アデノウイルスは子宮頸がんの原因であることがわかっており，近年ワクチンが開発され，その効果が期待されている．

☐12. がんの原因となる遺伝子は最終的に細胞増殖を活発化させるように働くが，DNA 損傷修復や細胞死促進にかかわる遺伝子が十分に働くと，がん化の確率が上がる．

☐13. 大部分のがんは 1 度の突然変異で発生する．がんに悪性や良性の違いがあるのは突然変異する遺伝子の違いによる．

☐14. がん組織が成長すると酸素を得にくくなるが，がん細胞はむしろ酸素の少ない環境の方がよく増殖するので，いったん成長すると加速度的に成長が早くなる．

☐15. ある夫婦のそれぞれの血縁者全員が同じタイプの大腸がんで亡くなっている場合，両親から生まれた子も大腸がんになる可能性が高い．

☐16. がん細胞と正常細胞を融合して 1 つの細胞にした場合，その細胞はがんの性質を示す．これはよく増殖するというがんの基本的性質が強いためである．

☐17. 「ナチュラルキラー細胞などの免疫細胞を活性化する楽天的な生活を送るとがんに罹りにくくなる」という俗説は，あながち間違いでないかもしれない．

22章 分子生物学的技術とその応用

Introduction

　制限酵素はDNAを特定の塩基配列で切断するので，目的とするDNA断片を得るのに使える．制限酵素によってつくられたDNA断片はほかの断片と容易に結合するので，組換えDNA作製の良い材料となる．組換えDNA分子内に複製起点をもたせると，DNA全体を細胞内で増やすことができ，工夫によりタンパク質産生も可能である．PCRは試験管内でDNAを増幅する技術で，遺伝子診断やDNA鑑定などに広く応用されている．ES細胞やiPS細胞などの多能性幹細胞を分化させて目的の組織をつくり，移植して治療する再生医療が期待されている．究極の治療法とされる遺伝子治療は，まだいくつかの技術的な問題が未解決のまま残っている．抗体医薬は高い特異性で標的分子を攻撃する．

はじめに

　分子生物学は遺伝子やDNAをツールに生命現象を解明してきたが，その過程で多くの技術を生み出した．現在，これらの技術はさまざまな分野に使われており，社会にとって不可欠なものになっている．本章では医療関連に焦点を絞り，分子生物学の応用について概観する．

A　DNA組換え技術

1. 制限酵素とDNAリガーゼで組換えDNAをつくる

ⓐ 制限酵素による切断

　DNA組換え技術は生物学における20世紀最大の発見の1つにあげられる（ほかにペニシリンの発見やDNA構造の発見があげられる）．DNAを希望通りに加工して増やすことを可能にしたこの技術のきっかけは制限酵素の発見である．制限酵素はDNAの特定の部分を切断する細菌由来のDNA分解酵素で，決まった4〜8塩基対を識別して切断する（p.282，図22-1）．種類が多く，切断配列も多様なため，酵素をうまく使うとほぼ任意のDNA断片を得ることができる．

ⓑ 一本鎖部分を利用した連結

　制限酵素には切断された部分に決まった配列の一本鎖部分（粘着末端）を残すという特徴がある（p.282，図22-2．例外もある）．このため2種類のDNAが何であっても，末端の一本鎖部分が同じなら，そこを利用して2本のDNAを容易に連結でき，次にDNA連結酵素であるDNAリガーゼを作用させると1つの組換えDNA分子をつくることができる（p.282，図22-3）．

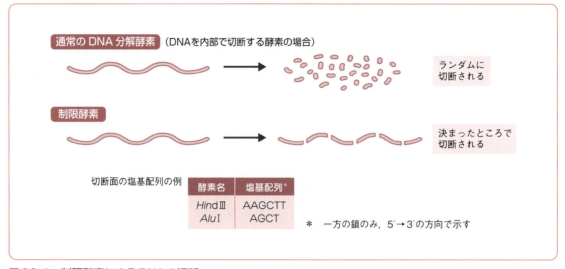

図22-1 制限酵素によるDNAの切断

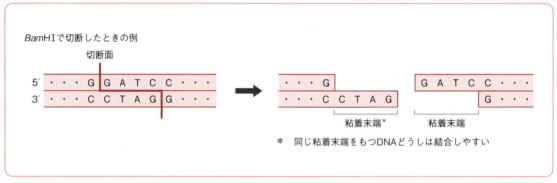

図22-2 制限酵素で切断後のDNA末端の特徴

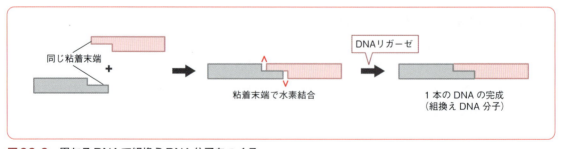

図22-3 異なるDNAで組換えDNA分子をつくる

2. 組換えDNAを細胞の中で増やす：クローニング

　上述のように2個のDNAで組換えDNAをつくったとき，もし組換えDNA中に複製にかかわる領域があれば組換え分子全体は細胞内で増える．組換え分子を増やす働きのDNA単位を**ベクター**といい，**プラスミド**や**ウイルス**，あるいはゲノムの複製起点が使われる．大腸菌で増やしたいなら大腸菌のベクターを，ヒト細胞で増やしたいならヒトのウイルスでつくったベクターを使う．ベクターに連結された

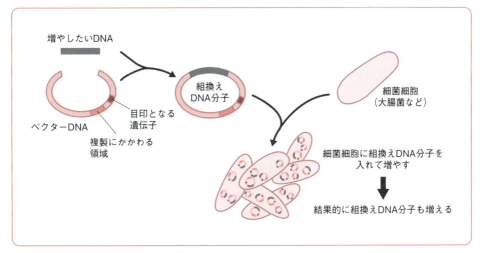

図22-4 遺伝子クローニングの概要
図中のベクターDNAはプラスミドの場合.

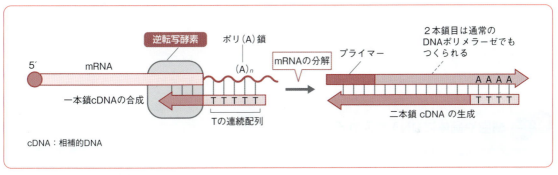

図22-5 cDNAの作製法

DNA断片を細胞内で純粋に増やすことを**DNAクローニング**という（**遺伝子クローニング**，**分子クローニング**ともいう．図22-4）．

3. mRNAからつくったDNAを元にインスリンをつくる

　RNAはそのままでは組換え操作には使えないが，**逆転写酵素**を使ってDNAにすると（このようなDNAを**cDNA**という），あとは同様に操作できる（図22-5）．ヒトのインスリンmRNAを写し取ったcDNAをクローニングし（この技術を**cDNAクローニング**という），その上流に転写や翻訳に必要な調節配列をつけて大腸菌で増やすと，大腸菌内で転写・翻訳が起こってインスリンが産生される．このような技

> **POINT　遺伝子工学とタンパク質工学**
>
> DNAを加工して希望の分子を構築することを**遺伝子工学**，発現クローニングでつくられるタンパク質の構造をDNAレベルで変化させて希望のタンパク質をつくる技術を**タンパク質工学**という．

術を**発現クローニング**といい（図22-6），インスリンのほか，成長ホルモン，エリスロポエチン，インターフェロンなどのタンパク質薬剤がこの方法で製造されている．

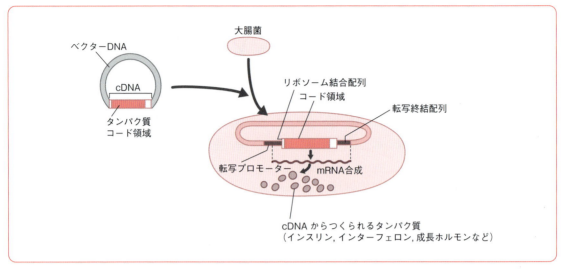

図22-6 発現クローニングによるタンパク質の産生

解説 細胞や個体にDNAを入れる

培養細胞にDNAを入れる最も単純な方法はDNAを細胞に接触させる**トランスフェクション**だが，ウイルスを使う**感染**では，もっと効率的に**DNA導入**ができ，ヒト細胞ではアデノウイルスやレトロウイルスが使われる．卵にDNAを入れる場合は**微量注入**を行う（極小のガラスピペットを使う）．動物個体内の組織にDNAを入れる場合も**ウイルスベクター**がよく使われ，また高電圧の電気パルスでDNAを入れる方法もある（図）．

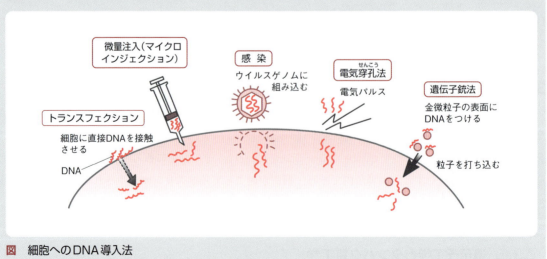

図 細胞へのDNA導入法

遺伝子導入動物

　全身の染色体に目的DNAが一様に入った動物を**遺伝子導入動物**（**トランスジェニック動物**）という．マウスでつくる場合（図），まず受精卵の核にDNAを微量注入し，それをホルモンで擬似妊娠させた雌の子宮に入れて妊娠・出産させる．この段階で産まれたマウスはトランスジェニック（遺伝子が均一に行き渡った）状態ではない**キメラ動物**で，遺伝子の入り方は細胞によりまちまちである（DNAが卵割のいろいろなタイミングでゲノムに入るため）．そのマウスを交配させて仔をつくると，生殖細胞に遺伝子が入っていれば，染色体の一倍体分に遺伝子が同じように入った（ヘテロな）遺伝子導入マウスが得られる．ヘテロマウスどうしの交配により，遺伝子が二倍体分に入った（ホモの）マウスが得られる．

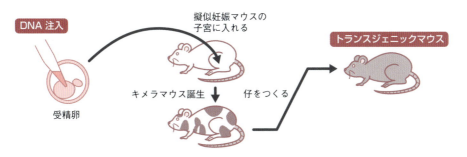

図　トランスジェニックマウスのつくり方
キメラマウスには注入したDNAが入った細胞が分散しており，トランスジェニックマウスには注入したDNAが均一に全身の細胞に入る（ただし，一方の相同染色体でヘテロに存在している状態である）．

余談　遺伝子組換え作物

　遺伝子組換え作物はトランスジェニック植物である．遺伝子を入れた細胞を個体にまで成長させてつくる（図．植物にはどのような細胞でも個体に育つことのできる**分化の全能性**がある）．この手法により，病原体，寒暖，乾燥に強い農作物や，付加価値の高い農作物が多数つくられている．

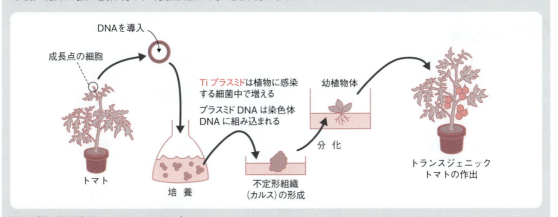

図　遺伝子組換えトマトのつくり方
DNAは電気穿孔法で入れるか，Tiプラスミドを使って細胞に導入する．

B PCRと遺伝子診断

1. PCRの原理

　試験管内でDNAを連続的に増幅する技術，それが**PCR**（polymerase chain reaction，**ポリメラーゼ連鎖反応**）で，マリス K. B. MullisとスミスM. Smithによって考案された（図22-7）．ポイントとなるのは100℃でも活性を失わないDNAポリメラーゼ（**耐熱性DNAポリメラーゼ**）の使用である．試験管に増やしたいDNAとその両端の配列をもつ**プライマー**を1対，さらに4種類の基質ヌクレオチドとDNAポリメラーゼを加える．95℃でDNAを変性させ，50℃に下げてプライマーを鋳型に結合させ，70℃で酵素反応を進めるとDNAが複製される．この操作をもう一度繰り返すとDNAが4倍，また繰り返すと8倍というように，DNAが指数関数的に増幅され，30回も繰り返すと**電気泳動**（下の**解説**参照）で検出できるまでに増える．プライマーの位置を変えることにより増幅したい場所を変えることができる．

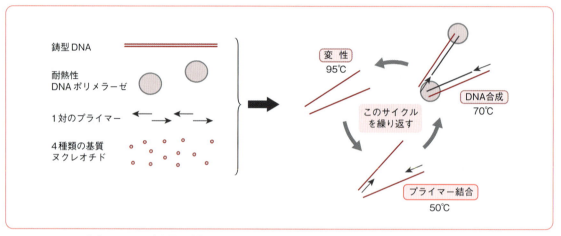

図22-7　PCR（ポリメラーゼ連鎖反応）によるDNAの増幅

 電気泳動

　DNAを分離・分析する一般的な方法である．寒天などのブロックに溝をつくってDNAを入れ，電圧をかけると，DNAは電気的に負（マイナス）なので陽極（プラス極）に移動する．この技術を**電気泳動**といい，小さなDNAほど早く動くため，DNAを長さで分離できる．DNAは適当な方法で染色して検出できる（図）．

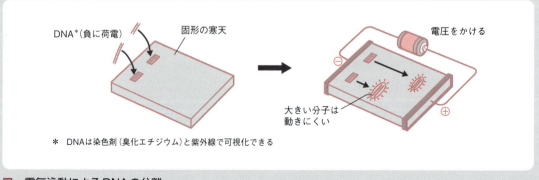

図　電気泳動によるDNAの分離

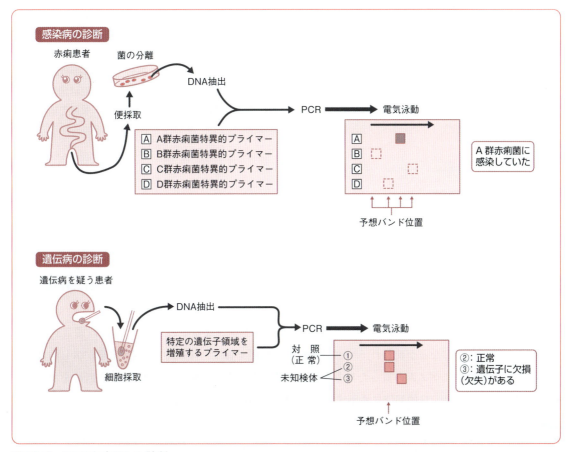

図22-8 PCRを応用した診断

2. PCRを応用した診断と検査

　PCRは塩基配列情報があれば何にでも応用できる．1個の細胞に1個存在する特定の遺伝子を検出できるほど正確で感度がよく，また単にその領域の存在の有無だけでなく，長いか短いか，塩基配列が同じかどうかまでわかる．医療現場では，さまざまな分野でPCRを使った**病原体の同定**や**遺伝子診断**が行われている（**図22-8**）．たとえば赤痢患者がどの型の赤痢菌に感染しているかを検査するためには，菌の型特異的プライマーを用意し，どのプライマーが検体DNAを増やしたかで，菌の型を決定できる．またある遺伝子DNAに関するPCRにより，そこにある点突然変異や欠失・挿入変異の有無がわかり，遺伝病の診断ができる．

> **こぼれ話　ツタンカーメンの死因**
>
> 　何年か前にエジプトの研究者から，「ツタンカーメン王はマラリアに感染していた」との発表があった．ミイラに残っていた痕跡程度のDNAを材料にしてPCRから，マラリア原虫の配列を割り出したものだ．ところがその後「鎌状赤血球貧血が死因」という別の研究結果がドイツの研究チームから発表された．王の死因はしばらくの間，決着しそうもなさそうである．

> **DNA鑑定**
>
> 犯罪捜査や親子鑑定のDNA検査はPCRで行われる．ヒトには**マイクロサテライト**と呼ばれる個人で変異しやすいDNA部分（**縦列反復配列**の一種．**第17章**参照）があるので，この部分を**DNA指紋**として**個人識別マーカー**に使うことができる．以前は1,000通りの型別しかできなかったが，最近では地球上の全個人を区別できるまで精度が上がった（DNA**鑑定**は足利事件における誤認逮捕の話題で一般にも広く知られるようになった）．

C ゲノム編集

これまでゲノムDNAの決まった部分を改変するには**遺伝子ノックアウト法**（**第20章**，p.262参照）が使われていたが，この方法は時間（例：1〜2年間）も手間もかかるためあまり普及していなかった．この問題を解決するために開発された新しい方法に**ゲノム編集**があり，その簡便さ（例：操作数が少なく，時間も数週間以内）ゆえ，現在広く使われている．これはゲノムの特定の塩基配列を**二本鎖切断**させ，あとは細胞がもつ切断DNA末端をつなぐ活性を利用して**修復**させるというものである（**図22-9**）．切断には**CRISPR/Cas9**などが使われ，すべて細胞内の反応で行う．修復時にDNA末端が少し削れてつながるため，結果的にゲノムの狙った部分が欠失することになる．細胞に適当なDNA断片を導入して相同組換えを起こさせ，目的部位に希望するDNA配列を挿入することもできる．

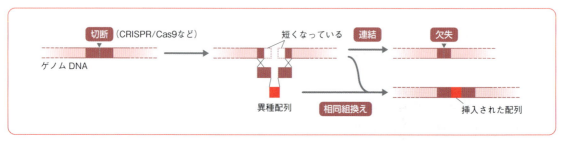

図22-9 ゲノム編集によるゲノムDNAの改変

D 再生医療

1. 再生医療とは

再生とは失われた分化細胞や組織が再びつくられる現象で，**分化細胞**は**幹細胞**を元につくられる（**図22-10**）．腸内皮や皮膚など，再生能の高い組織では再生は常に起こっているが，神経などは損傷しても簡単に再生しないため，移植が注目されている．患者に組織や臓器を移植する**移植医療**のうち，試験管の中でいったん分化・増殖させた細胞や組織を材料にする手段は特に**再生医療**といわれる．

2. 万能細胞：ES細胞

幹細胞のうち，どのような組織にでも分化できるものを**多能性幹細胞**，一般には**万能細胞**という．胚

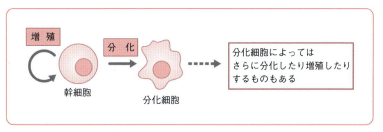

図22-10 細胞の分化

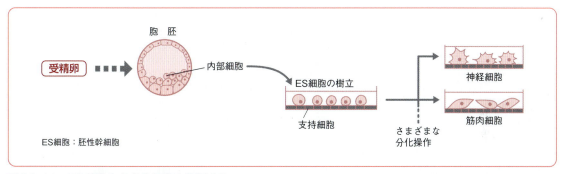

図22-11 ES細胞から分化細胞を作製する

発生の初期に形成される**胞胚**(ほうはい)の内部にある**内部細胞**(ないぶさいぼう)は典型的な多能性幹細胞で，これを取り出して培養したものを**ES細胞**(さいぼう)(**胚性幹細胞**(はいせいかんさいぼう))という．ES細胞は適当な分化処理により，心筋，膵臓，神経など，希望する多くの方向に分化させることができる(図22-11)．ただし，ES細胞の使用にはいくつかの問題がある．ES細胞の元となる受精卵(胚)は妊娠女性から得る必要があるために胚提供の問題があり，また生命の萌芽である胚を殺すことの倫理的な問題も残る．さらにES細胞が自身由来のものでない限り，移植片が排除される**拒絶反応**(きょぜつはんのう)の可能性があるため，移植後は拒絶反応を抑える措置が必須である．このほかにもいくつかの技術的問題や法的問題が残っている(わが国ではヒトの胚を実際の医療に使用することは禁じられている)．

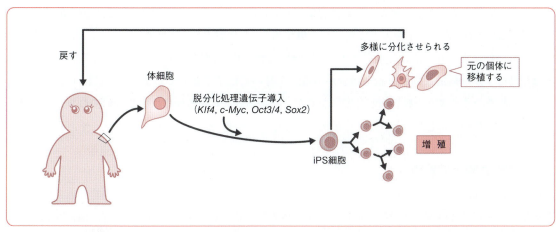

図22-12 iPS細胞(誘導多能性幹細胞)の作製

290 ⬡ Ⅲ．分子生物学編

3．遺伝子を使った人工的万能細胞：iPS 細胞

　山中伸弥のグループにより，いくつかの遺伝子（細胞増殖を促進し，分化を抑制する働きのある4種類の遺伝子の*Klf4, c-Myc, Oct3/4, Sox2*）を入れたヒト体細胞が万能細胞になることが明らかにされた．このような細胞を iPS 細胞（誘導多能性幹細胞，人工多能性幹細胞）という（p.289，図22-12）．あらかじめ，自分の細胞を元にした iPS 細胞を用意しておけば，必要なときに分化させ，移植に使えると考えられる．ES 細胞を用いる場合の問題を克服できる方法として注目されており，臨床研究（例：加齢黄斑変性症の治療）も始まっている．

余談　ES 細胞か，iPS 細胞か

　iPS 細胞は再生医療の優れた材料だが，患者個人から作製するとなると高額な費用と長い時間がかかり，機動的でない．そこで，いくつかの型の細胞で iPS 細胞を事前に用意しておき（このような細胞集団を iPS 細胞ストックという），それを材料につくった組織を移植（自身の細胞の移植である自家移植に対し他家移植という）に用いようとする戦略が立てられ，臨床研究も始まっている．細胞の型が一定以上一致すれば実用にはほぼ問題なく，100種類の型の細胞があれば日本人の大部分をカバーできると推定される．これにより，困難があっても種々の ES 細胞を準備しておくのも悪くないということになり，現在 ES 細胞株のストックも進んでいる．iPS 細胞には *c-Myc* といったがん原遺伝子（第21章，p.276参照）などが入っているので，安全性を考えれば ES 細胞もあながち悪くないかもしれない．他方で iPS 細胞では，疾患にかかわる iPS 細胞を病因解明や創薬の道具（このようなものを疾患 iPS 細胞という）として使おうという試みがある．

こぼれ話　ヒト型ブタ？

　再生医療をもってしても，複雑な形の臓器の作製はまだ困難であるが，解決案としてヒト型動物がある．動物の臓器をヒトに移植しないのは，細胞の型がヒトとあまりにも違いすぎるためである．そこでまずヒトの HLA 抗原（移植の拒絶などの細胞型を決める白血球抗原）遺伝子をもつトランスジェニック動物（ブタが適している）をつくり，その動物の臓器を患者のための移植に使おうというアイデアである．

Ⓔ 遺伝子治療

1．遺伝子治療の目的

　遺伝子に突然変異があって起こる先天異常などの病気は，遺伝子を元に戻さない限り抜本的治療が難しい．「組織や細胞に遺伝子を入れて病気を治療する」，これが遺伝子治療（遺伝子療法）で，究極の治療法ともいわれる．方法には大きく分けて，細胞に入れた DNA がゲノムに組み込まれる場合と，組込みは期待せず，一時的な効果を狙う場合がある．全身の遺伝子を変えてしまうためにはトランスジェニック動物をつくるような胚操作が必要になるが，生殖細胞に対する操作は禁じられており，もっぱら局所の体細胞を標的にして行われる．応用例としてはがんが多い．

2．治療の実際と問題点

　最初に行われた遺伝子治療は *ADA*〔アデノシンデアミナーゼ．リンパ球の増殖や機能に重要で，欠陥があると重症複合型免疫不全症（SCID）になり，感染症に罹りやすい〕遺伝子であった（図22-13）．この場合は患者から取り出したリンパ球に *ADA* 遺伝子を入れ，それを患者に戻すという方法がとられた．

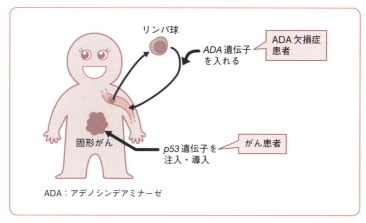

図22-13 *ADA*遺伝子や*p53*遺伝子を用いた遺伝子治療の例

固形がんの治療の場合，がん組織に*p53*などのがん抑制遺伝子を注入する方法が多い．ただし遺伝子取り込み効率が低く，ウイルスベクターを使うと感染事故の恐れもあり，まだ発展途上の技術といえる．

医療ノート◆RNA抗体とDNAワクチン

RNA抗体とは，RNAアプタマー（結合性RNA）を抗体（リンパ球のつくるタンパク質で，特定のタンパク質などと結合することによって毒素や病原体を不活性化する）と同じように使うもので，一部は実用化されている．ワクチンとは免疫を得るために人工的に接種する抗原（免疫をつくり出す物質）であるが，抗原の遺伝子（DNAワクチン）を染色体に組み込ませて発現させると，体内で抗原タンパク質が常につくられるため，それに対する持続的な免疫ができると期待される．

F 抗体医薬

治療・予防・検査に使われる生物そのもの，あるいは生物由来物質に基づく薬剤は生物学的製剤といわれ，これまでにも血液製剤（例：フィブリノーゲン製剤，抗毒素血清），ワクチン（毒性を抑えた病原体や病原体由来成分），生理活性物質（例：インターフェロン，エリスロポエチン）などがあった．生物学的製剤の中では，抗原-抗体反応を利用して標的分子を特異的に攻撃する抗体医薬の発展が近年めざましい（p.292，図22-14）．抗原分子の特定領域に対する純粋な抗体，すなわち単クローン性抗体をマウスで作製する古典的技術を元に，遺伝子組換え技術を利用してマウス抗体の一部をヒト型に変換したキメラ抗体やヒト化抗体がつくられるようなり，現在ではより副作用の少ないヒト抗体の構造をもつ完全ヒト抗体をマウスでつくれるようになった．最近では動物への免疫操作を行わない迅速な方法も用いられている．抗体医薬は関節リウマチなどの自己免疫疾患やがんなどでの使用例が多いが，その他にも，感染症（例：RSウイルス感染症），加齢黄斑変性症，気管支喘息など，多くの疾患で使用されており，標的分子も，細胞を攻撃するサイトカイン（例：TNF-α），抗体，増殖因子，受容体や細胞表面抗原など多様である（p.292，表22-1）．近年，抗体に抗がん剤を結合させた抗体薬物複合体を使ったり，特殊な化学物質を結合させ，そこに近赤外光を当てて化学物質を活性化し，それによって標的細胞を殺す（光免疫療法）といった，より効率的な技術も用いられている．

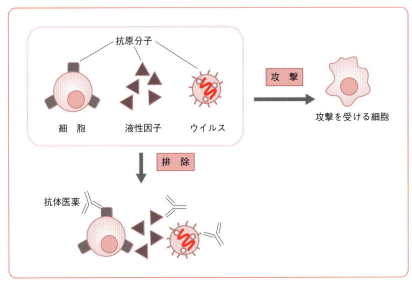

図 22-14 抗体医薬の作用

表 22-1 おもな抗体医薬

疾　患	一般名	商品名	標的分子
関節リウマチ	インフリキシマブ	レミケード®	TNF-α
	アダリムマブ	ヒュミラ®	TNF-α
	トシリズマブ	アクテムラ®	IL-6受容体
	エタネルセプト	エンブレル®	TNF-α, TNF-β
	ゴリムマブ	シンポニー®	TNF-α
	セルトリズマブペゴル	シムジア®	TNF-α
	アバタセプト	オレンシア®	CD80/86
がん/白血病	リツキシマブ	リツキサン®	CD20
	ゲムツズマブオゾガマイシン	マイロターグ®	CD33
	トラスツズマブ	ハーセプチン®	HER2
	ベバシズマブ	アバスチン®	VEGF
RSウイルス感染症	パリビズマブ	シナジス®	RSV Fタンパク質
加齢黄斑変性症	ラニビズマブ	ルセンティス®	VEGF
気管支喘息	オマリズマブ	ゾレア®	IgE

解説　分子標的薬

分子標的薬とは疾患に関連する特定の分子と結合してその機能を抑える薬剤の総称で，従来の薬剤に比べて副作用が少ないと考えられている．血中や細胞表面にある疾患関連分子（例：生理活性物質/増殖因子やその受容体，シグナル伝達分子），あるいはそれらをコードする核酸が標的となる．医薬品の種類としては，抗体（p.291参照），RNA，そして低分子化合物があるが，後者2つは簡単に化学合成できるというメリットがある．

22. 分子生物学的技術とその応用 293

☑ 学習内容の 再 Check!

以下の文章が正しいか間違っているかを，〇か×で答えなさい．

☐ 1. DNA 組換え技術に使われる制限酵素はヒトの細胞などに本来備わっている DNA 分解酵素の1つで，DNA を特定配列部分で切断する．

☐ 2. 組換え DNA は DNA リガーゼを作用させてつくるが，できた DNA を細胞内で増幅させるには，DNA の中に少なくとも DNA ポリメラーゼ遺伝子が含まれている必要がある．

☐ 3. 組換え DNA によって大腸菌内でヒトの成長ホルモンをつくることができる．このときに元になる DNA はヒトゲノムから取り出した成長ホルモンの遺伝子である．

☐ 4. 動物の受精卵に遺伝子を入れ，特定の組織の目的遺伝子が入った動物を遺伝子導入動物という．この技術はヒトの遺伝病治療のためにもさかんに使われている．

☐ 5. PCR とはポリメラーゼ連鎖反応の略で，一定温度条件で鋳型を往復しながら DNA 合成を連続的に行うことのできる，特殊な DNA ポリメラーゼが使われる．

☐ 6. 塩基配列の全情報がなくとも，その両端の情報があれば PCR で全体を増幅することができる．

☐ 7. RNA ウイルスは DNA をもたないため，PCR による型別判定ができない．

☐ 8. DNA 指紋という用語は，個人により DNA の塩基配列が微妙に異なるという意味で使われる．

☐ 9. 再生医療に使われる幹細胞は，適当な操作で目的の細胞や組織に分化するが，型の合わない他人の細胞を用いる限り，拒絶反応という問題と向き合う必要がある．

☐ 10. ES 細胞は胚由来の万能細胞であり，iPS 細胞とは体細胞でつくった人工多能性幹細胞である．

☐ 11. ES 細胞をつくる材料は生殖細胞である精子である．このため ES 細胞は大量に得られ，倫理的な問題も比較的少ないため，再生医療の本命と期待されている．

☐ 12. がんの遺伝子療法で用いられる遺伝子には，がんで変異しているがん抑制遺伝子を使うことが多い．

☐ 13. 遺伝子治療の特殊な例として RNA 抗体がある．これは抗体遺伝子を入れることで体内に抗体のRNA をつくらせ，それによって病原体などを無毒化しようというものである．

☐ 14. ゲノム編集とは，試験管内反応で目的に合うように改変したゲノム DNA 全体を細胞に入れ，新たなゲノム組成を獲得した細胞をつくる技術である．

☐ 15. 近年発展の著しい抗体医薬は，1種類で多数の標的分子に作用できるという特徴をもつ．

22

☑ 学習内容の **再 Check!** の解答 ▶ ▶ ▶ ▶ ▶ ▶ ▶ ▶

<p.12　第1章>
1(×)，　2(×)，　3(×)，　4(○)，　5(×)，　6(×)，　7(×)，　8(○)，　9(×)，10(×)，11(×)，12(×)

<p.27　第2章>
1(○)，　2(×)，　3(×)，　4(×)，　5(×)，　6(×)，　7(○)，　8(○)，　9(×)，10(×)，11(×)，12(×)，
13(×)，14(×)，15(○)，16(○)，17(○)，18(○)，19(×)，20(○)，21(○)，22(×)，23(×)，24(×)，
25(×)

<p.38　第3章>
1(×)，　2(×)，　3(×)，　4(×)，　5(○)，　6(○)，　7(×)，　8(×)，　9(×)，10(○)，11(×)，12(×)，
13(×)，14(○)

<p.45　第4章>
1(×)，　2(×)，　3(×)，　4(×)，　5(○)，　6(×)，　7(×)，　8(×)

<p.56　第5章>
1(×)，　2(○)，　3(○)，　4(×)，　5(○)，　6(×)，　7(○)，　8(×)，　9(○)，10(○)，11(×)，12(×)，
13(×)，14(×)

<p.72　第6章>
1(○)，　2(×)，　3(×)，　4(○)，　5(×)，　6(×)，　7(×)，　8(○)，　9(○)，10(×)，11(○)，12(×)

<p.81　第7章>
1(×)，　2(○)，　3(○)，　4(○)，　5(○)，　6(×)，　7(○)，　8(×)，　9(×)，10(×)

<p.95　第8章>
1(×)，　2(×)，　3(×)，　4(×)，　5(○)，　6(×)，　7(×)，　8(○)，　9(×)，10(×)，11(×)，12(○)，
13(×)，14(○)，15(○)

<p.118　第9章>
1(×)，　2(×)，　3(×)，　4(×)，　5(○)，　6(×)，　7(○)，　8(×)，　9(○)，10(×)，11(×)，12(×)，
13(×)，14(×)，15(○)，16(×)，17(○)，18(×)，19(○)，20(×)，21(×)，22(×)，23(×)，24(○)

<p.127　第10章>
1(○)，　2(○)，　3(×)，　4(×)，　5(×)，　6(×)，　7(○)，　8(×)

<p.147　第11章>
1(○)，　2(×)，　3(×)，　4(×)，　5(○)，　6(×)，　7(×)，　8(×)，　9(○)，10(×)，11(×)，12(○)，
13(×)，14(×)，15(×)，16(×)，17(×)，18(○)，19(○)，20(○)，21(×)，22(×)

<p.156 第12章>
1(×), 2(×), 3(×), 4(×), 5(○), 6(○), 7(○), 8(×), 9(×), 10(×), 11(○)

<p.175 第13章>
1(○), 2(×), 3(○), 4(×), 5(○), 6(×), 7(×), 8(○), 9(×), 10(○), 11(×), 12(×), 13(○), 14(×), 15(×), 16(○), 17(×), 18(×), 19(×), 20(○)

<p.188 第14章>
1(○), 2(×), 3(×), 4(×), 5(×), 6(○), 7(×), 8(○), 9(×), 10(○), 11(×), 12(×), 13(×), 14(○), 15(×), 16(×), 17(○), 18(○), 19(○), 20(×), 21(×), 22(○)

<p.202 第15章>
1(○), 2(×), 3(×), 4(×), 5(×), 6(×), 7(○), 8(×), 9(×), 10(○), 11(×), 12(×), 13(×), 14(×), 15(×), 16(○), 17(×), 18(○)

<p.220 第16章>
1(×), 2(×), 3(○), 4(×), 5(×), 6(×), 7(×), 8(○), 9(○), 10(×), 11(○), 12(×), 13(×), 14(×), 15(○), 16(×), 17(○), 18(○)

<p.236 第17章>
1(×), 2(×), 3(○), 4(○), 5(○), 6(×), 7(×), 8(×), 9(×), 10(×), 11(○), 12(×), 13(×), 14(×), 15(×), 16(○), 17(×), 18(○)

<p.249 第18章>
1(×), 2(○), 3(○), 4(×), 5(×), 6(×), 7(○), 8(×), 9(×), 10(○), 11(×), 12(○), 13(×), 14(○), 15(×)

<p.259 第19章>
1(○), 2(○), 3(×), 4(×), 5(×), 6(×), 7(×), 8(×), 9(○), 10(×), 11(×), 12(○), 13(○), 14(×)

<p.268 第20章>
1(○), 2(×), 3(○), 4(×), 5(○), 6(○), 7(×), 8(○), 9(○), 10(○)

<p.279 第21章>
1(×), 2(×), 3(×), 4(×), 5(×), 6(○), 7(○), 8(×), 9(○), 10(×), 11(×), 12(×), 13(×), 14(×), 15(○), 16(×), 17(○)

<p.293 第22章>
1(×), 2(×), 3(×), 4(×), 5(×), 6(○), 7(×), 8(○), 9(○), 10(○), 11(×), 12(○), 13(×), 14(×), 15(×)

和文索引

アイソザイム 89
アカパンカビ 206
アガロース 104
悪性腫瘍 270
悪性新生物 269
悪玉コレステロール 145
アクチンフィラメント 25, 27
アシドーシス 139
足場非依存的増殖 271
亜硝酸塩 263
亜硝酸菌 162
アシルキャリアタンパク質(ACP) 140
アシルCoA 137, 138
アスコルビン酸 116
アスパラギン酸トランスアミナーゼ(AST) 94, 159
アスパルテーム 152
アスピリン 142
アセチル化 244
N-アセチルガラクトサミン 104
アセチル基シャトル 140
N-アセチルグルコサミン 100, 104
アセチルCoA 110, 139, 140, 142
── カルボキシラーゼ 140
アセトアルデヒド 108
── デヒドロゲナーゼ 107
アセト酢酸 139
アディポカイン 187
アディポサイトカイン 187
アディポネクチン 182, 187
アデニル酸(AMP) 215
── シクラーゼ 22, 23, 109
アデニン 215
S-アデノシルメチオニン(SAM) 165
アデノシン 215
── 三リン酸(ATP) 123, 215
── デアミナーゼ(ADA) 169, 171, 230
── 二リン酸(ADP) 123
アドレナリン 109, 163, 181, 183
アニーリング 217
アノマー 98
アフィニティクロマトグラフィー 155
アプタマー 239
アボガドロ数 62
アポ酵素 90
アポトーシス 272, 273
アポリポタンパク質 136
アミノアシルtRNA合成酵素 253
アミノ基 67, 148, 254
── 転移酵素 158

アミノ酸 67, 114, 148, 198
── 代謝 157
── プール 157
アミノプテリン 169
アミノペプチダーゼ 198
アミノ末端(N末端) 151
5-アミノレブリン酸(ALA) 171
アミラーゼ 94, 193, 195, 198
アミロース 103
アミロペクチン 103
アラキドン酸 131, 142
── カスケード 142
β-アラニン 165
アラニントランスアミナーゼ(ALT) 159
アルカプトン尿症 165, 166
アルカリ性 71
アルカリホスファターゼ(ALP) 94
アルギナーゼ 160
アルギニン 160
アルギノコハク酸 159
アルコール 101
── デヒドロゲナーゼ 108
── 発酵 107, 108
── 類 67
アルツハイマー病 258
アルデヒド基 96
アルドース 96, 97
アルドステロン 143, 181, 185
── 分泌 185
アルドン酸 100
α細胞(A細胞) 180
α受容体 181
α炭素 148
αヘリックス 152
αらせん 152
アルブミン 155
アロステリック効果 91
アロステリック酵素 91
アンジオテンシン 184
アンジオテンシンⅡ 185, 186
アンジオテンシン変換酵素(ACE) 185, 186
アンチコドン 253, 254
アンドロゲン 135, 143, 182
アンドロステンジオン 181
暗反応 201, 202
アンヒドラーゼ 88
アンモニア 159～161

胃 193
胃液 193

イオン 61
──, 陰 61
── 価 61
── 化 61
── 結合 64
── 交換クロマトグラフィー 155
──, 陽 61
──, 両性 149
異化 78
胃潰瘍 194
鋳型 216, 227
移行シグナル 257
胃酸 193
移植医療 288
異性化 74
── 酵素 87, 89
異性体 97
胃腺 193
イソ酵素 89
イソプレン 135, 136
イソメラーゼ 88
1遺伝子1酵素説 206
1塩基多型(SNP) 267
一次構造 152
一次胆汁酸 135
一次卵母細胞 33
一倍体 31
逸脱酵素 94
遺伝 3, 46
── 暗号表 251, 252
遺伝子 46, 205
── 型 46
── 間距離 209
── 間領域 221
── 組換え作物 285
── 工学 283
── 座 46
── 再編 263
── 診断 287
── 地図 208
── 治療 290
── 導入動物 285
── 発現 237
── 密度 221
── 療法 290
遺伝子ノックアウト 262
── 動物 262
── 法 288
イノシトールリン脂質 23, 133
イノシン―リン酸(IMP) 167
イノシン酸 169
陰イオン 61
飲作用 25

298 和文索引

インスリン　105，110，180，183，255，256
　——感受性　187
　——抵抗性　187
インターフェロン　187
インターロイキン　187
インドメタシン　142
イントロン　247
院内感染　235

ウイルス　10，274，282
　——ベクター　284
ウェルナー症候群　265
ウシ海綿状脳症（BSE）　258
右旋性　98
ウラシル　215，237，263
ウリジル酸　215
ウリジン　215
ウリジン一リン酸（UMP）　167
ウロビリノーゲン　172
ウロビリン　172
ウロン酸　100
運搬RNA（tRNA）　238

え

エイコサノイド　131，184
エイコサペンタエン酸（EPA）　130
エイズ　275
　——ウイルス　229
栄養生殖　29，30
栄養素　190
栄養増殖　29
エキソサイトーシス　25
エキソヌクレアーゼ　219
3′→5′エキソヌクレアーゼ活性　228
5′→3′エキソヌクレアーゼ活性　229
エキソペプチダーゼ　195，198
エキソン　247
液胞　16
壊死　273
エステル　128
　——結合　132
エストラジオール　182
エストロゲン　135，143，182
エストロン　182
エタノール　108
　——アミン　165
エネルギー収支　111
エネルギー代謝　78，120
エネルギー物質保存　109
エネルギー保存の法則　75
エピジェネティクス　244
エピネフリン　181
エピマー　98
エピメラーゼ　88

エムデン-マイヤーホフ経路（EM経路）105
エムデン-マイヤーホフ-パルナス経路
　　　　　（EMP経路）　105
エリスロポエチン　187
塩化物イオン　193
塩基　213，214
　——対　216
塩基性　71
　——アミノ酸　149
　——タンパク質　155
　——物質　72
塩基配列　215
　——解析　232
塩酸　193
　——グアニジン　153
猿人　9
エンドサイトーシス　25
エンドソーム　14，19
エンドヌクレアーゼ　219
エンドペプチダーゼ　195，198
エントロピー増大の法則　78
エンハンサー　22
　——結合因子　243

黄体　36，182
　——形成ホルモン（LH）　36，37，179
　——刺激ホルモン　36
　——ホルモン　36，37，135，143，182
黄疸　173
岡崎断片　230，231
オーガナイザー　35
オキサロ酢酸　110，113
オキシゲナーゼ　87
オキシダーゼ　87
オキシトシン（OT）　179
2-オキソグルタル酸（α-ケトグルタル酸）
　　　　110，158，161
2-オキソ酸（α-ケト酸）　158
オータコイド　184
おたふく風邪　193
オートファジー　19，257，259
オペレーター　245
オペロン　245
ω系列　130
オリゴ糖　67，96，102
オリゴペプチド　152
オリゴマータンパク質　155
オルガネラ　14，17
オルニチン　159
　——回路　159
オレイン酸　131
オロチジル酸　167
オロチン酸　167
オロト酸　167

か

壊血病　187
外呼吸　42
開始コドン　251，252
回腸　195
解糖　105
　——系　105，106
外胚葉　35
界面活性　68
　——剤　135，153
回路　80
化学基　65
化学合成　162
化学修飾　256
化学反応　73，74
　——エネルギー　77
　——式　73
化学変化　73
可逆的阻害　85，86
核　4，14，17
　——移行シグナル　257
核酸　67，213，237
　——分解酵素　219
核磁気共鳴（NMR）　156
核小体　17
核相　4，31
核内受容体　22，176，249
核膜　17
過形成細胞　278
化合物　62
下垂体　179
　——後葉　179
　——前葉　177
　——門脈　177
加水分解酵素　87〜89
価数　121
カスケード　92
ガス交換　42
ガストリン　182，193
カスパーゼ　273
カタラーゼ　19，87
顎下腺　193
活性化エネルギー　75，82，83
活性酢酸　110
活性中心　86
活性部位　86
滑面小胞体　18
カテコールアミン　181
価電子　62，63
果糖　99
カプシド　10
カポジ肉腫　275
鎌状赤血球貧血　51，52，212
可溶性タンパク質　155
β-ガラクトシダーゼ　118
ガラクトース　99，100，117

和文索引　299

―― 血症　118
カリクレイン-キニン系　185
加リン酸分解　109, 169
カルシウム代謝　180
カルジオリピン　133
カルシトニン(CT)　179
カルニチン　138
カルバモイルリン酸　159
カルビン・ベンソン回路(カルビン回路)　202
カルボキシ基　67, 128, 148, 254
カルボキシペプチダーゼ　198
カルボキシ末端(C末端)　151
カルボニル基　97
カルボン酸　128
カロテノイド　136
β-カロテン　136
カロリー　77
がん　266, 269, 270
　―― 遺伝子　276
　―― ウイルス　274
　―― 原遺伝子　276, 290
　――, 原発　278
　―― 細胞　232
　―― 腫　269
　―― のクローン性　278
　―― 免疫　278
　―― 抑制遺伝子　248, 277
肝炎　274
肝がん　274
間期　19, 223
環境変異　54
環境ホルモン　249
ガングリオシド　133
環形動物　7
還元　121
　―― 型NADH　122
幹細胞　36
環状AMP (cAMP)　109
環状DNA　215, 232, 233
肝性脳症　160
関節リウマチ　291
感染　284
完全ヒト抗体　291
肝臓　195
官能基　65
γ-アミノ酪酸(GABA)　165
γ線　263
γ-チューブリン　18

基　65
キアズマ　32, 33, 260
器官　39, 44
　―― 系　44, 45
キサンチン　169

基質　83
　―― 親和性　87
　―― 特異性　83, 84
　―― 類似物質　86
　―― レベルのリン酸化　123
キシリトール　101
キシルロース 5-リン酸　116
偽足　14
基礎代謝量　190, 191
キチン　103
拮抗阻害　86
キナーゼ　92
キニン　185
基本転写因子　240, 242, 243
キメラ動物　285
キモシン　194
キモトリプシノーゲン　194
キモトリプシン　198
逆転写酵素　229, 239, 275, 283
逆反応　76
キャップ構造　246, 250
吸エルゴン反応　79, 80
旧口動物　7
球状タンパク質　155
急性白血病　225
吸着クロマトグラフィー　155
狂牛病　258
競合阻害　86
競争阻害　86
莢膜　16
共有結合　62, 63
共優性　51
局在化シグナル　257
極性　68
極体　33
棘皮動物　7
拒絶反応　43, 289
キロミクロン　136, 144, 145, 198
菌界　5, 6
筋原線維　27
筋収縮　26, 27
筋節　27
筋電図　72
筋肉組織　40, 41

グアニル酸　169
グアニン　215
グアノシン　215
　―― 三リン酸(GTP)　167, 254
空腸　195
クエン酸　110
　―― 回路　110
口　193
クッシング症候群　181
組換え　208, 260

―― 修復　264
―― 点　260
クライシス　231
クラミジア　4
グリア細胞　41
繰り返し配列　221
グリコーゲン　103, 108
　―― 代謝　108, 109, 118, 195
　―― ホスホリラーゼ　109
グリコサミノグリカン　104
グリコシド　98
　―― 結合　98
O-グリコシド型糖タンパク質　105
N-グリコシド型糖タンパク質　105
グリコシラーゼ　87
グリコシルトランスフェラーゼ　117
グリシン　171
グリセルアルデヒド 3-リン酸(GAP)　105, 202
グリセロ糖脂質　132, 133
グリセロリン脂質　132, 141
グリセロール　131, 137, 199
　―― 3-リン酸　198
　―― 3-リン酸シャトル　127
グルカゴン　109, 114, 180, 183
グルクロン酸　100, 104, 116
　―― 経路　116
　―― 抱合　116
グルココルチコイド　135, 181, 183
　―― 合成系　143
グルコサミン　100
グルコース　99, 100, 105, 110, 112, 120, 198
　―― 6-リン酸　105, 114
グルコン酸　100
グルタチオン　166
グルタミン　161
　―― シンテターゼ　162
グルタミン酸　158
　―― -オキサロ酢酸トランスアミナーゼ(GOT)　159
　―― デヒドロゲナーゼ　159, 161
　―― の酸化的脱アミノ反応　159
　―― -ピルビン酸トランスアミナーゼ(GPT)　159
クレアチニン　163
　―― クリアランス　163
クレアチン　163
　―― 尿症　163
　―― リン酸　163
クレブス回路　110
クロイツフェルト・ヤコブ病(CJD)　258
α-グロビン　171
β-グロビン　171, 212
グロブリン　155
クロマチン　17, 223, 244
　―― 再構成　244

クロマニヨン人　9
クロロフィル　171, 201
クローン　54
　──増殖　30
L-グロン酸　116

形質　46
　──転換　211
形態形成　35
血圧　185
　──上昇効果　181
血液　41
　──凝固因子　43
　──凝固阻止剤　43
　──凝固反応系　43
血液型　44, 118
　──，ABO式　44, 50, 51, 116
　──，Rh式　44
血管新生　278
血球凝集反応　44
月経　36, 37
結合組織　40, 41
欠失塩基　266
欠失変異　253, 266
血漿　41
結晶X線解析法　156
結晶化　156
血小板　43
血清　41, 42
血中グルコース濃度　183
血中ビリルビン濃度　173
結腸　197
血糖値　114
　──上昇　114
血糖量　181, 183
血餅　41〜43
血友病　43, 50
解毒　195
　──代謝（→薬物代謝）
α-ケトグルタル酸（2-オキソグルタル酸）
　　　　　　　　　110, 158, 161
ケト原性　161
α-ケト酸（2-オキソ酸）　158
ケトーシス　139
ケトース　96, 97
ケトン基　96
ケトン症　139
ケトン体　139
ゲノム　221
　──遺伝情報　242
　──インプリンティング　245
　──サイズ　222
　──刷り込み　244, 245
　──の形態　10
　──DNA　17

　──編集　288
ケモカイン　187
ケラチン　155
ゲル　69
　──電気泳動法　155
　──ろ過　155
原核生物　4〜6
原がん遺伝子　276
嫌気呼吸　107, 112, 127
原形質　14
　──膜　15
　──流動　26
原口　7, 35
　──上唇部　35
原索動物　6
原子　59
　──核　59
　──番号　60
　──量　60
原人　9
減数第一分裂　32, 33
減数第二分裂　33, 34
減数分裂　32, 260
限性遺伝　50
原生生物界　5, 6
原生動物　5
元素　59
　──記号　59
原虫　5
原腸　35
　──胚　35
限定分解　92, 255, 256
原発がん　278

コアクチベーター　243
降圧薬　186
高アンモニア血症　160
高エネルギー物質　123
高エネルギーリン酸化合物　123
恒温動物　6, 7
光学異性体　98
抗がん剤　169, 266
好気呼吸　18, 112, 127
高級脂肪酸　128
高級アルコール　101
抗原　43, 291
　──抗体反応　44
光合成　201
後口動物　7
高コレステロール血症　143
抗コレステロール薬　143
交雑　47
鉱質コルチコイド　135
恒常性の維持　4
甲状腺　179

　──機能亢進症　179
　──刺激ホルモン（TSH）　179
　──の検査　60
　──ホルモン　179
校正機能　229
合成酵素　87, 89
後成的遺伝　244
後生動物　6
抗生物質　234
　──耐性遺伝子　233
酵素　82, 83
　──医薬　93
　──活性　87
　──阻害剤　93
　──阻害薬　94
抗体　43, 291
　──医薬　291, 292
　──薬物複合体　291
硬タンパク質　155
高張　70
後天性免疫不全症候群（AIDS）　275
交配　47
高分子　64〜66
肛門　197
抗利尿ホルモン（ADH）　179
高リポタンパク質血症　145
光リン酸化　123, 201
コエンザイムA　91
コエンザイムQ10（CoQ10）　126
五界説　5
呼吸　107, 112
　──鎖　124
コケイン症候群　265
コケ植物　6
古細菌　4, 5
ゴーシェ病　146
五炭糖　99, 100
骨格筋細胞　27
骨代謝　135
コードRNA　239
コード領域　206
コドン　251
　──表　251, 252
コハク酸　110
小人症　248
コファクター　243
コラーゲン　41, 155, 187
コリ回路　114
コール酸　134
ゴルジ装置　18
ゴルジ体　14, 18
コルチゾール　143, 181
コレシストキニン（CK）　195, 196, 182
コレステロール　15, 134, 142,
　　　　　　　　　143, 145, 146
混合物　67
コンドロイチン硫酸　104

根瘤細菌　162

細菌　16
　──細胞　16
　──類（バクテリア）　4, 5
サイクリックAMP（cAMP）　22, 23
サイクリン　19, 20
再生　154, 288
　──医療　288
臍帯　36
最大速度　84
最適温度　82
サイトカイン　187, 291
サイトゾル　14
細胞　4, 13
　──外消化　190, 191
　──間シグナル伝達　22, 23
　──死　272, 273
　──社会性の喪失　271
　──内共生説　5, 232
　──内呼吸　112, 120
　──内シグナル伝達　22, 23
　──内消化　190, 191
細胞外マトリックス　105, 278
細胞骨格タンパク質　25
細胞質　14
　──遺伝　53
　──分裂　22
細胞周期　19
　──チェックポイント　21
細胞寿命　231
細胞小器官　4, 14, 17
細胞性免疫　42
細胞増殖　19
　──の調節　272
細胞分裂　21
　──促進因子　20
細胞壁　14, 16
細胞膜　14, 15
サイレンサー　243
サイレント変異　253, 266
酢酸発酵　107
左旋性　98
刷子縁　196
　──酵素　196, 197
雑種　47
　──第一代（F₁）　47
　──第二代（F₂）　47
サブユニット　153
　──構造　153
サルコメア　27
サルベージ経路　169
酸化　121
　──型NAD⁺　122
　──発酵　108

酸化還元酵素　87～89
酸化還元反応　87
　──の共役　121
酸化酵素　87
酸化的リン酸化　123, 126
残基　151
散在性反復配列　222, 223
三次構造　153
三重結合　62
酸性　71
　──アミノ酸　149
　──物質　72
酸性ムコ多糖　104
　──代謝異常症　118
酸素　42, 59, 201
　──呼吸　18
　──添加酵素　87
三大栄養素　190
3ドメイン説　4

シアノバクテリア　4, 5
シアル酸　100
シアン化カリウム　127
シェーグレン症候群　193
自家移植　290
紫外線　135, 263
耳下腺　193
色素性乾皮症（XP）　265
時期特異的転写　242
色盲　50
子宮頸がん　274
シグナル伝達　22, 23
　──分子　272
シグナルペプチド　257
シクロオキシゲナーゼ　142
自己スプライシングRNA　239
自己増殖　3
自己免疫疾患　291
脂質　67, 128, 190
　──異常症　145, 146
　──合成　115
　──蓄積症　146
脂質二重層　15
視床下部　177
自食　19, 258
ジスルフィド結合（S-S結合）　153
示性式　63
次世代シークエンサー（NGS）　232
自然選択説　267
持続感染　275
シダ植物　6
疾患iPS細胞　290
質量　61
　──分析法　156
質量作用の法則　76

質量保存の法則　73, 74
至適pH　82, 83
至適温度　82, 83
シトクロムc（cyt.c）　124, 126, 273
　──オキシダーゼ　127
シトシン　215
シトルリン　159
ジヒドロキシアセトンリン酸　105, 141
脂肪細胞　187
脂肪酸　67, 128, 129, 137, 199
　──合成　139
　──代謝　139
　──分解　19
脂肪族　133
脂肪組織　182
刺胞動物　7
姉妹染色分体　21
シャペロン　154, 257
　──，分子　154
シャルガフの法則　213
種　7
　──の定義　7
自由エネルギー　77
重合分子　64, 66
終止コドン　251, 252
収縮環　22
重症複合型免疫不全症（SCID）
　　　　　　　　　　　171, 290
集団遺伝学　49
十二指腸　195
修復機構　263
重複受精　34
絨毛　196
縦列反復配列　221, 267, 288
種間雑種　7, 47
粥状硬化巣　146
受精　31, 34, 36, 37
　──卵　31
出芽　29, 30
主反応　79
腫瘍　12, 269
　──壊死因子　187
　──形成能　271
主要3元素　59
受容体　22, 176
主要4元素　59
純系　54
消炎剤　93
消化　190
　──管　192
　──器官　192
　──系　192
　──補助剤　93
　──ホルモン　182
硝化細菌　162
消化腺　192
松果体　179

硝酸菌　162
脂溶性ビタミン　187, 200
脂溶性ホルモン　176
常染色体　223
小腸　195
少糖　96, 102
消費者　200, 201
上皮小体　180
上皮組織　40
小胞体　14, 18, 257
除去修復　264, 265
食作用　25
触媒　82
植物界　5, 6
植物細胞　5, 16
食物連鎖　200
女性ホルモン　36, 135, 182
初速度　85
ショ糖　102
白子症　166
自律増殖　3
仁　17
真核生物　4, 6
真菌　5
神経膠細胞　41
神経組織　40, 41
神経伝達物質　182, 183
神経胚　35
神経分泌細胞　177
神経変性疾患　258
人工多能性幹細胞（iPS）　290
新口動物　7
浸潤　269
親水性　65, 68
真正クロマチン　17, 224
真正細菌　4, 5
心臓　182
伸長作用　227
新陳代謝　78
シンテターゼ　88
心電図　72
浸透圧　70
心房性ナトリウム利尿ペプチド（ANP）
　　　182, 184, 185

す

膵アミラーゼ　198
膵液　194
膵管　196
水酸化物イオン　71, 122
水酸基　67, 96
水素　59, 110
　──イオン　61, 71, 193
膵臓　180, 194
水素結合　64
　──切断試薬　153

膵島　180
水溶性　68
　──ビタミン　187
膵リパーゼ　198
スクアレン　143
スクシニル CoA　110, 171
スクラーゼ　198
スクロース　102
ステアリン酸　131
ステロイド　38, 133, 134
　──系抗炎症薬　142, 181
　──ホルモン　181, 182, 249
ストレプトマイシン　234
スフィンゴ脂質　133
　──蓄積症　146
スフィンゴ糖脂質　132, 133, 146
スフィンゴミエリン　133, 146
スフィンゴリン脂質　132, 133,
　　　　　　　　　　145, 146
スプライシング　246
　──，選択的　248
すべり運動　27
スルフヒドリル基（SH基）　153

せ

生活環　31
制御 RNA　239
生気論　66
制限酵素　281, 282
精原細胞　33
制限点　19, 20
生合成　78
青酸カリ　127
生産者　200
精子　31, 32, 208
　──形成　33
　──成熟　182
性周期　36, 37
星状体　18, 22
生食　70
生殖　29
成人 T 細胞白血病　276
性腺　182
　──刺激ホルモン　179
性染色体　50, 223
生態系　200
生態ピラミッド　201
生体膜　15, 70, 133, 134
成長ホルモン（GH）　179, 183
生物　3
　──の進化　267
　──の特徴　3
生物学的製剤　291
性ホルモン　135
生理的食塩水　70
セカンドメッセンジャー　24

脊索動物　6, 7
脊椎動物　6, 7
赤道面　22
赤緑色覚異常　50
セクレチン　182, 196
世代交代　31
舌下腺　193
赤血球　41
接合　31
　──子　31, 46
接触阻害　271
接触阻止　271
節足動物　7
セラミド　133
セルロース　103, 104
セレノシステイン　149
セロトニン　165, 184
腺　40
線維芽細胞　41
線維状タンパク質　155
旋光性　98
前口動物　7
染色体　21, 31, 223
　──異常　224, 267
　──地図　208, 209
　──乗り換え　33
染色分体　21
選択的スプライシング　248
善玉コレステロール　145
先天異常　224
先天性アミノ酸代謝異常症　166
先天性脂質代謝異常　146
蠕動運動　192
セントラルドグマ　237
セントロメア　223, 224
全能性細胞　36
線毛　16
線溶系　43

臓器　44
早期老化症　265
相互組換え　260
増殖　3
　──因子　187
　──シグナル　20
相同組換え　33, 260, 261
相同染色体　208
挿入変異　253, 266
相変異　54
相補性　216
藻類　6, 31
属　7
側鎖　148
組織　39, 40
　──幹細胞　36

和文索引 303

――特異的転写　242
疎水結合　64
疎水性　65, 68
　　――アミノ酸　150
　　――相互作用　64
ソマトスタチン　179, 180
ソマトメジン　179
粗面小胞体　18
ゾル　69

た

体液性免疫　42
体温発生　80
体細胞クローン　30
　　――動物　30
体細胞突然変異　56, 268, 269
体細胞変異→体細胞突然変異
胎児　34, 35, 37
胎仔　34
代謝　4, 78
　　――回転　80, 81
　　――経路　80
　　――式　80
胎生　6, 7
耐性菌　234
耐性プラスミド　233
大腸　197
耐熱性DNAポリメラーゼ　286
胎盤　182
対立遺伝子　46
多因子疾患　261
タウリン　166
ダウン症　225
ダウン症候群　225
唾液　193
　　――腺　193
他家移植　290
多型　267
多剤耐性菌　235
多剤耐性プラスミド　235
多糸染色体　225
多段階発がん　278
脱共役　80, 126
脱水縮合　254
脱水素酵素　87
脱水素反応　122
脱離酵素　87〜89
多糖　67, 96
多能性幹細胞　36, 288
多様性の獲得　267
多量体タンパク質　155
単為生殖　32
ターンオーバー　80
胆管　196
単クローン性抗体　291

単結合　62
炭酸ガス　42
炭酸同化　201
胆汁　172, 195
　　――酸　198
単純脂質　131
単純多糖　103
単純タンパク質　154
単純糖質　100
炭水化物　96
男性決定遺伝子　50
男性ホルモン　135, 182
炭素　59
単相　31
単糖　67, 96, 99
　　――類　198
胆嚢　195
タンパク質　67, 148, 152, 190, 198
　　――活性調節　256
　　――工学　283
　　――スプライシング　255
　　――の加工　18
　　――分解　257
　　――リン酸化酵素　20, 256
単量体タンパク質　155

ち〜て

チェックポイント（細胞周期の）　21
置換　266
致死遺伝子　51
窒素　59
　　――固定　162
　　――同化　161
　　――平衡　157
チミン　215
　　――二量体　218, 263
チモーゲン　92
着床　36, 37
チャネル　24
中間径フィラメント　25
中間雑種　50
中鎖脂肪酸　129
中心体　14, 18, 22
虫垂　197
中性　71
　　――アミノ酸　149
　　――子　59
中性脂肪　67, 128, 131
中性タンパク質　155
中胚葉　34, 35
中立説　267
チューブリン　25
　　, γ-　18
超遠心分離　155
腸間膜　196

超らせん（DNAの）　219
直腸　197
チロキシン（T4）　164, 179, 183
チロシン　163

痛風　170

低級アルコール　101
低張　70
低分子　64, 65
　　――核内RNA　239
デオキシコール酸　135
デオキシリボ核酸（DNA）　67, 213
デオキシリボース　101, 213
デカルボキシラーゼ　88
テストステロン　181, 182
デヒドロゲナーゼ　87
δ細胞（D細胞）　180
テルペノイド　136
テロメア　223, 224, 229〜231
テロメラーゼ　229〜231, 271
電圧　77
電位　121
転移　269
　　――RNA（tRNA）　238
　　――がん　278
　　――酵素　87〜89
電位差　77
電解質　72
転化糖　102
電気陰性度　68
電気泳動　286
電子　60, 61
　　――受容体　127
　　――伝達系　124, 125
転写　237
　　――共役因子　243
　　――伸長因子　243
　　――調節因子　272
　　――調節タンパク質　24, 243
　　――調節配列　242
　　――誘導　242, 243, 245
　　――抑制配列　243
点突然変異　253, 266
デンプン　103, 198
点変異→点突然変異
電離　61
　　――放射線　263
伝令RNA（mRNA）　238

と

糖　67, 96
　　――アルコール　101
同位元素　60
同位体　60

和文索引

同化　78
同義遺伝子　52, 53
糖原性　161
動原体　223
糖原蓄積症　118
糖原病　118
糖鎖　105
頭索動物　7
糖脂質　105, 132, 133
糖質　96, 190
　——コルチコイド　135
糖新生　112, 113
　——経路　114
　——の基質　114
糖代謝障害　139
糖タンパク質　105
　——代謝異常症　118
等張　70
動的平衡　80, 81
等電点　149
糖尿病　183
糖ヌクレオチド　117
動物界　5, 6
動物細胞　17
動脈硬化　146
糖誘導体　100
独立の法則　48, 49, 210
ドコサヘキサエン酸(DHA)　130
突然変異　54, 55, 206, 228, 252, 266, 267
　——細胞　272
　——誘引物質　267
ドーパ　163
ドーパミン　163, 181
ドライアイ　193
ドライマウス　193
トランスアミナーゼ　158, 159
トランスジェニック動物　285, 290
トランスファーRNA　238
トランスフェクション　284
トランスフェラーゼ　87, 88
トランスフォーム　271
トランスフォーメーション　271
トランス不飽和脂肪酸　130
トランスポゾン　223, 234, 263
トランスポーター　24
トリアシルグリセロール　67, 131, 199
トリカルボン酸回路(TCA回路)　110
トリグリセリド(TG)　67, 114, 131, 137, 141, 144, 145, 198
　——合成　109
トリプシノーゲン　195
トリプシン　198
トリヨードチロニン(T_3)　179
トロンビン　43
トロンボキサン(TX)　131, 184
貪食作用　25

な行

内胚葉　35
内部細胞　289
内分泌　23, 176
　——器官　176
　——物質　176
軟骨　41
ナンセンスコドン　253
ナンセンス変異　253, 266
軟体動物　7

肉腫　269, 270, 276
ニコチンアミドアデニンジヌクレオチド(NAD)　90
二酸化炭素　42, 110, 202
二次元電気泳動　155
二次構造　152
二次代謝　79
二次胆汁酸　135
二重結合　62
二糖類　102, 198
二倍体　31
二分裂　29, 30
二本鎖形成　217
二本鎖切断修復モデル　262
ニーマン・ピック病　146
二名法　7
乳化　68, 198
乳酸　105, 114
　——発酵　107
乳糖　102
乳び管　198
ニューロン　41
尿酸　160, 169, 170
尿素　153, 159
　——回路　159, 160
ヌクレアーゼ　195, 200, 219
ヌクレオシド　213〜215
ヌクレオソーム　224, 244
ヌクレオチド　67, 167, 169, 200, 213, 214, 237

ネアンデルタール人　9
ネクローシス　273
熱　77
　——エネルギー　77
熱量　77
燃焼　120
稔性因子　233
粘着末端　281, 282

ノイラミン酸　100
脳下垂体　179
脳-消化管ホルモン　182
脳腸ペプチド　182
能動輸送　24
脳ナトリウム利尿ペプチド(BNP)　182
脳波　72
ノルアドレナリン　163, 181
ノルエピネフリン→ノルアドレナリン

は

胚　34
肺炎球菌　210
バイオエタノール　108
配偶子　31, 32, 46
胚性幹細胞(ES細胞)　36, 289
配糖体　98
胚盤胞　36
ハイブリダイゼーション　217
排卵　37
バーキットリンパ腫　275
麦芽糖　102
バクテリア　4
バクテリオファージ　211
白皮症　165, 166
パスツール効果　108
バセドウ病　180
バソプレッシン　179, 184
発エルゴン反応　79, 80
発がんイニシエーター　273
発がんプロモーター　273
白血球　41, 42, 269, 270, 276
発現クローニング　284
発酵　107, 197
ハーディー・ワインベルグの法則　49
ハーディー・ワインベルグ平衡(HWE)　49
パピローマウイルス　12
パラトルモン(PTH)　180
パルミチン酸　131
反競争阻害　87
半減期　80
半数体　31
伴性遺伝　50
ハンチントン病　258
半透膜　70
パントテン酸　141
反応系　73
万能細胞　36, 288
反応速度　75, 84
　——定数　75
反応特異性　83
反応の共役　79
反復配列　221
半保存的複製　225, 226

ひ

ヒアルロン酸　104

ビオチン　140
尾芽胚　35, 37
光エネルギー　77
光修復　264
光免疫療法　291
非競合阻害　86, 87
非共有結合　64
非コードRNA（ncRNA）　207, 239, 244
非コード領域　206
尾索動物　7
微絨毛　14, 196
微小管　25
ヒスタミン　165, 184
非ステロイド系抗炎症薬　142
ヒストン　224, 244
　——アセチル化　244
　——アセチル化酵素（HAT）　243
　——修飾　244
非相同組換え　261, 262
ビタミン　187, 190, 200
　——A　38, 136, 187
　——B5　141
　——B6　159
　——B7　140
　——B群　187
　——C　116, 187
　——E　187
　——K　187
ビタミンD　135, 187
　——の活性化　74
必須アミノ酸　162, 190
必須脂肪酸　131, 190
ヒト　7
　——T細胞白血病ウイルス（HTLV-1）
　　　　276
　——型動物　290
　——ゲノム　221
　——絨毛性性腺刺激ホルモン（hCG）
　　　　182
　——白血球抗原　43
　——パピローマウイルス（HPV）
　　　　274, 276
　——免疫不全ウイルス（HIV）
　　　　12, 275
ヒドラーゼ　23, 87, 88
ヒドロキシ基　67, 96
比熱　67, 68
ピノサイトーシス　25
皮膚がん　265
ヒポキサンチン　167
肥満　109, 192
非メンデル遺伝　53
表現型　46
標準還元電位　121, 122
　——差　122
標的細胞　176
病毒　11

表皮　40
日和見感染　234
ピラノース環　97
ピリドキサールリン酸　159
ピリミジン塩基　214, 215
微量注入　284
ビリルビン　172, 195
　——の腸管循環　172
ピルビン酸　105, 110, 113
ピロリ菌　194, 273
ピロール環　171

ふ

ファゴサイトーシス　25
ファージ　211
ファーバー病　146
ファブリー病　146
ファン・デル・ワールス力　64
フィードバック阻害　91, 92, 246
フィブリン　43
フィブロイン　155
フィラデルフィア染色体　225
封入体　11
フェニルアラニン　163
フェニルケトン尿症　165, 166
フェノール類　102
不可逆的阻害　85, 86
付加酵素　88
不完全優性　50, 51
不競合阻害　86, 87
複合脂質　132
副甲状腺　180
　——ホルモン（PTH）　180
複合多糖　103
複合タンパク質　154
複合糖質　105, 198
副腎　181
　——性アンドロゲン　181
副腎髄質　181
副腎皮質　181
　——刺激ホルモン（ACTH）　179
　——ホルモン　135
複製（DNAの）　225
　——時修復　264
　——の泡　227
　——のフォーク　227, 230
　——の末端問題　231
　——の目　227
複製起点　224, 227, 282
複相　31
複対立遺伝子　50
副反応　79
不死化　232, 271
浮腫　70
不斉炭素　97, 98, 147

物質代謝　78
ブドウ糖　99
腐敗　107
不飽和脂肪酸　129, 130
フマル酸　110
プライマー　227, 286
　——合成酵素　231
　——要求性　227
プライマーゼ　230, 231
ブラジキニン　184
プラスマローゲン類　133
プラスミド　233, 282
プラスミン　43
フラノース環　97
フラビンアデニンジヌクレオチド
　　　　（FAD）　91
プリオン　258
プリン塩基　214, 215
プリン代謝異常症　170
5-フルオロウラシル（5-FU）　169
フルクトース　99, 100, 117
ブレオマイシン　266
不連続複製　231
プログラム細胞死　273
プロゲステロン　135, 143, 182
プロ酵素　92, 198
プロスタグランジン（PG）　131
　——類　184
プロテアソーム　14, 258
プロテインキナーゼ　256
プロテオグリカン　104, 105
プロトヘム　171
プロトポルフィリン　171
プロトン　61
　——ポンプ活性　125
プロビタミン　135
5-ブロモウラシル　266
プロモーター　241
プロラクチン（PRL）　179
分化　35, 36
分子　61
　——構造式　63
　——式　63
　——シャペロン　154
　——標的薬　292
　——量　61
分泌性タンパク質　155
噴門　193
分離の法則　48

平衡状態　76
ヘキソース　99
ベクター　282
β構造　152

β細胞（B細胞） 180
β酸化 138
βシート 152
β受容体 181
ヘテロ 46
ヘテロクロマチン 17, 224
ヘテロ接合性消失（LOH） 277
ヘテロ多糖 103
ペニシリン 234
ヘパラン硫酸 104
ヘパリン 43, 104
ペプシノーゲン 193, 198
ペプシン 193, 198
ペプチド 67, 152, 198
　　──結合 151, 255
ヘム 171
　　──の合成 171
　　──の分解 172
ヘムオキシゲナーゼ 172
ヘモグロビン 42, 91, 171
ペルオキシソーム 14, 19, 138
変異 54, 206, 252, 266
　　──原 266, 267
変温動物 6, 7
変性 153, 217
　　──剤 153
ベンゼン環 102
ペントース 99, 114
　　──リン酸回路 114～116, 140
鞭毛 14, 16, 33

芳香環 102
胞子生殖 30
放射性同位元素（RI） 60, 211
放射性免疫測定（RIA） 60
放射線 60
放射能 60
紡錘体微小管 21
胞胚 34, 37, 289
傍分泌 23, 184
飽和脂肪酸 129, 130
補欠分子族 91
補酵素 90, 122, 187
　　──A（CoA） 91
　　──Q（CoQ） 124, 126
捕食関係 200
ホスファチジルイノシトール 133
ホスファチジルエタノールアミン 132
ホスファチジルコリン 132
ホスファチジルセリン 132
ホスファチジン酸 132, 141
ホスホエノールピルビン酸 113
6-ホスホグルコノラクトン 114
ホスホジエステル結合 213

ホスホリパーゼ 141, 198
ホスホリボシルピロリン酸（PRPP） 167
ホスホリラーゼ 109
母性遺伝 18, 53
補足遺伝子 52, 53
ボトルネック効果 49
哺乳類 7
骨 41
ホモ 46
ホモ・サピエンス 7, 9
ホモ多糖 103
ポリ（A）鎖 246, 250
ホリデイ構造 262
ポリープ 278
ポリペプチド 152, 255
　　──鎖 152
ポリメラーゼ連鎖反応（PCR） 286
ポルフィリン 171
ホルモン 22, 23, 36, 176
　　──感受性リパーゼ 144
　　──作用の階層性 182
　　──の拮抗作用 183
　　──の神経支配 183
　　──の相互作用 182
　　──のフィードバック調節 183
　　──分泌器官 176, 177
ホロ酵素 90
翻訳 250
　　──終結 251
　　──領域 250

マイクロRNA（miRNA） 247
マイクロサテライト 288
　　──DNA 267
マイトファジー 258
マイトマイシンC 266
膜間腔 125
膜結合型リボソーム 257
膜タンパク質 15
マラリア抵抗性 52
マルターゼ 198
マルトース 102, 198
マロニルCoA 140
慢性骨髄性白血病 225

み

ミオシン 26, 27
ミカエリス定数 84
ミカエリス・メンテンの式 84
水 67, 70
　　──の特徴 68
ミスセンス変異 253, 266

ミトコンドリア 5, 9, 14, 18, 110, 124, 125, 232
　　──遺伝子 53
　　──・イブ 9
　　──DNA 232
　　──病 18
ミニサテライトDNA 267
ミネラル 200
ミネラルコルチコイド 135, 181
　　──合成系 143

む～も

無機塩類 190
無機化合物 64
無気呼吸 107, 112, 127
無機物 64～66
むくみ 70
無限増殖能 271
無糸分裂 22
娘細胞 19
娘DNA 225
無性生殖 29, 31
無脊椎動物 6, 7
ムチン 105, 193

明反応 201, 202
メタボリズム 78
メタボリックシンドローム 187
メチオニン 165
メチル化 244, 245
　　──修飾 245
メチル基供与体 165
メッセンジャーRNA（mRNA） 238
メディエーター 243, 244
メトトレキセート 169
メバロン酸 143
メープルシロップ尿症 166
メラトニン 179
メラニン 164
免疫 42
　　──グロブリン遺伝子 263
　　──抑制作用 181
メンデルの法則 47

毛細管現象 67, 68
毛細リンパ管 198
盲腸 197
モータータンパク質 26
モチーフ 153
モネラ界 5, 6
2-モノアシルグリセロール 198
モノアミン 165
2-モノグリセリド 198
モル 62
　　──濃度 69

和文索引

門脈 193, 195, 196

薬剤耐性遺伝子 234
薬剤耐性プラスミド 233
薬物代謝 80

有機化合物 64
有機酸 128
有機物 64〜66
有機溶媒 128
有糸分裂 19, 21, 22
優性 47
　——, 共 51
　——の法則 47
有性生殖 29, 31
誘導多能性幹細胞 (iPS 細胞) 290
幽門 193
遊離脂肪酸 136
遊離リボソーム 257
ユークロマチン 17, 224
油脂 129
輸送小胞 14, 19
輸送体 24
ユビキチン 256, 258
ユビキノール 126
ユビキノン 12, 1646

陽イオン 61
溶液 67
溶解 67
溶血 70
葉酸拮抗剤 169
葉酸誘導体 167
陽子 59
溶質 68
ヨウ素デンプン反応 103
溶媒 68
葉緑素 171
葉緑体 5, 16, 201
　——遺伝子 53
抑制遺伝子 52, 54
抑制タンパク質 245
四次構造 153
読み枠 252

ら〜わ

ラインウィーバー・バークの式 84
ラギング鎖 230, 231
ラクターゼ 198
ラクトース 102
　——オペロン 245
　——不耐症 93, 118
　——分解酵素 118
ラセマーゼ 88
ラセミ体 98
卵 31〜33
　——形成 33
　——割 34
　——原細胞 33
　——生 6, 7
ランゲルハンス島 180, 194
卵巣 36
ラン藻類 4, 5
ランダムコイル構造 153
卵胞 36
　——刺激ホルモン (FSH) 36, 37, 179
　——ホルモン 36, 37, 135, 182
卵母細胞 33

リアーゼ 88
リガーゼ 88
リガンド 22
リケッチア 4
リソソーム 14, 19, 257
　——病 118, 146
リゾチーム 93, 193
リーダー配列 257
律速段階 77
律速反応 77
リーディング鎖 230, 231
利尿ペプチド 182
リノール酸 130, 131
リパーゼ 137, 195
リプレッサー 245
リブロース 5-リン酸 114
リボ核酸 (RNA) 67, 237
リポキシゲナーゼ 142
リボザイム 82, 239
リボース 99, 100, 237
　—— 5-リン酸 114, 115, 167

リボソーム 14, 18, 250, 253
　—— RNA 238
リポタンパク質 136, 154
　——リパーゼ 144
リボヌクレオチドレダクターゼ 168
流行性耳下腺炎 193
流動モザイクモデル 15
両親媒性 129, 133
　——物質 68
両性イオン 149
良性腫瘍 270
両方向複製 227
リンゴ酸 110, 113
　—— -アスパラギン酸シャトル 127
リン酸 213
リン酸化 92, 244, 256
　——, 基質レベルの 123
　——, 酸化的 126
リン酸ジエステル結合
　　　　　　　213, 219, 227, 240
リン脂質 15, 132, 198
リンパ球 41, 42
リンホカイン 187

ルシャトリエの原理 76

レシチン 132
レッシュ・ナイハン症候群 171
劣性 47
レトロウイルス 229, 275, 276
　——科 276
レトロトランスポゾン 223
レニン 184, 186
　—— -アンジオテンシン系 181, 185
レプチン 182, 187
連鎖 208, 209
レントゲン線 207

ロイコトリエン (LT) 131
六炭糖 99, 100
濾胞 36
　——刺激ホルモン 36
　——ホルモン 36, 135, 182

ワクチン 291

欧文索引 ▶▶▶

A細胞（α細胞） 180
ABO式血液型 44, 50, 51, 116
ACE（アンジオテンシン変換酵素）
　　　　　　　　　　94, 185, 186
ACP（アシルキャリアタンパク質） 140
ACTH（副腎皮質刺激ホルモン） 179
ADA（アデノシンデアミナーゼ） 169, 290
　—— 欠損症 171
ADH（抗利尿ホルモン） 178
ADP（アデノシン二リン酸） 123
AIDS（後天性免疫不全症候群） 275
ALA（5-アミノレブリン酸） 171
ALDH（アルデヒドデヒドロゲナーゼ） 107
ALP（アルカリホスファターゼ） 94
ALT（アラニントランスアミナーゼ）
　　　　　　　　　　　　94, 159
AMP（アデニル酸） 123
ANP（心房性ナトリウム利尿ペプチド）
　　　　　　　　　　　　182, 185
ARB 186
AST（アスパラギン酸トランスアミナーゼ）
　　　　　　　　　　　　94, 159
ATP（アデノシン三リン酸）
　　　　　　　79, 123, 124, 167
　—— アーゼ（ATP加水分解酵素） 24, 26
　—— 合成 123, 126
　—— 依存性ポンプ 24
　—— 加水分解酵素 24
　—— 合成酵素 80, 125, 126
AUGコドン 251

B型肝炎ウイルス（HBV） 274
B細胞（β細胞） 180
BMI（body mass index） 192
BNP（脳ナトリウム利尿ペプチド） 182
BSE（ウシ海綿状脳症） 258

C型肝炎ウイルス（HCV） 276
C末端（カルボキシ末端） 151
cAMP（サイクリックAMP，環状AMP）
　　　　　　　　　　22, 23, 109
Cdk 19, 20
　—— 阻害因子 20
cDNA 283
　—— クローニング 283
cell（細胞） 13
CJD（クロイツフェルト・ヤコブ病） 258

CK（クレアチンキナーゼ） 94
CK（コレシストキニン） 182
CoA（コエンザイムA） 91
ColE1 233
CoQ（補酵素Q） 124, 126
CoQ10（コエンザイムQ10） 126
CRISPR/Cas9 288
CT（カルシトニン） 179
CTP 168
cyt.c（シトクロムc） 124

D型アミノ酸 148
D型異性体 97
D細胞（δ細胞） 180
DHA（ドコサヘキサエン酸） 130
DNアーゼ 219
DNA（デオキシリボ核酸） 67, 213
　—— 合成反応 228
　—— 抽出方法 217
　—— 導入 284
　—— の変性 216
　—— 複製 225, 227
DNAウイルス 11, 12
DNAがんウイルス 274, 276, 277
DNA鑑定 288
DNA組換え 260
　—— 技術 281
DNAクローニング 282
DNAシークエンサー 232
DNA傷害 263
　—— 剤 263, 266, 267
DNA損傷 263
DNAダイナミクス 216
DNA超らせん 219
DNAトポイソメラーゼ 219
DNA二重らせん 215, 216
DNA分解酵素 281
　—— 活性 228
DNAヘリカーゼ 216, 230, 264
DNAポリメラーゼ 227, 228, 264
DNAポリメラーゼⅠ 229
DNAリガーゼ（DNA連結酵素）
　　　　　　　　　231, 264, 281
DNAワクチン 291
dTTP 169

E2F（転写調節タンパク質） 20, 277
EBウイルス 275

EC番号 89
EDTA 43
EM経路（エムデン-マイヤーホフ経路）
　　　　　　　　　　　　　105
EMP経路（エムデン-マイヤーホフ-
　　　　　　パルナス経路） 105
EPA（エイコサペンタエン酸） 130
ES細胞（胚性幹細胞） 36, 289

F因子（稔性因子，Fプラスミド） 233
Fプラスミド（稔性因子，F因子） 233
F₁ 47
F₂ 47
FAD（フラビンアデニンジヌクレオチド）
　　　　　　　　　　　　91, 122
FADH₂ 110, 122
FMN 159
FSH（卵胞刺激ホルモン） 182
5-FU（5-フルオロウラシル） 169

G細胞 182, 193
Gタンパク質 23
G₀期 19, 20
G₁期 19
G₂期 19
GABA（γ-アミノ酪酸） 165
GH（成長ホルモン） 179
GMP（グアニル酸） 169
GOT（グルタミン酸-オキサロ酢酸
　　　　トランスアミナーゼ） 159
GPT（グルタミン酸-ピルビン酸
　　　　トランスアミナーゼ） 159
GTP（グアノシン三リン酸） 110, 167
　—— 結合タンパク質 23
γ-GTP（γ-グルタミル
　　　　トランスフェラーゼ） 94

HAT（ヒストンアセチル化酵素） 244
HBV（B型肝炎ウイルス） 274
hCG（ヒト絨毛性性腺刺激ホルモン） 182
HCV（C型肝炎ウイルス） 276
HDL（高密度リポタンパク質） 136, 145
Helicobacter pylori 194
HGPRT（ヒポキサンチン-グアニンホス
　　　　ホリボシルトランスフェラーゼ） 169
　—— 活性 171
HIV1（ヒト免疫不全ウイルス） 12, 275

HLA（ヒト白血球抗原） 43
　　── 抗原　290
HMG-CoA（3-ヒドロキシ-3-
　　　　メチルグルタリル CoA）　142
　　── 還元酵素　143
Homo sapiens（ホモ・サピエンス）　7
HPV（ヒトパピローマウイルス）　274
HTLV-1（ヒト T 細胞白血病ウイルス）
　　　　276

I〜L

IMP（イノシン一リン酸, イノシン酸）
　　　　167
iPS 細胞（誘導多能性幹細胞,
　　　　人工多能性幹細胞）　290
　　── ストック　290

K_m　84

L 型アミノ酸　148
L 型異性体　97
LDH（乳酸デヒドロゲナーゼ）　94
LDL（低密度リポタンパク質）　136, 145
　　── 受容体　145
LH（黄体形成ホルモン）　182
LOH（ヘテロ接合性消失）　277
LT（ロイコトリエン）　131

M〜O

M 期　19
miRNA（マイクロ RNA）　247
MPF（細胞分裂促進因子）　20
mRNA（メッセンジャー RNA,
　　　　伝令 RNA）　238, 250
　　── の安定性　246
mutation（突然変異）　54, 206

n 系列　130
N 末端（アミノ末端）　151
Na$^+$/K$^+$-ポンプ（ナトリウム-カリウム
　　　　ポンプ）　24
NAD（ニコチンアミドアデニンジ
　　　　ヌクレオチド）　90

NADP　90
NADPH　114, 115, 122, 140
ncRNA（非コード RNA）　207, 239, 244
NF-κB　248
NGS（次世代シークエンサー）　232
NMR（核磁気共鳴）　156

ori（複製起点）　224, 227
OT（オキシトシン）　179

P〜S

P 物質　182
p53　248, 277, 291
PAI-I（プラスミノーゲンアクチベー
　　　　ターインヒビター）　188
PCR（ポリメラーゼ連鎖反応）　286
PG（プロスタグランジン）　131
pH　71
PRL（プロラクチン）　167, 179
PRPP（ホスホリボシルピロリン酸）　167
PTH（パラトルモン, 副甲状腺ホルモン）
　　　　180

R 因子（耐性プラスミド, R プラスミド）
　　　　233
R プラスミド（耐性プラスミド, R 因子）
　　　　233
RN アーゼ（RNA 分解酵素）　219
　　── P　239
RNA（リボ核酸）　67, 213, 237
　　── の構造　238
　　── の種類　238
RNA アプタマー（結合性 RNA）　291
RNA ウイルス　11, 12, 229, 239
RNA がんウイルス　274, 276
RNA 干渉（RNAi）　247
RNA 抗体　239, 291
RNA 酵素（RNA 触媒）　82
RNA 触媒（RNA 酵素）　82
RNA 成熟　246

RNA プライマー　230, 231
RNA 分解酵素　230
RNA ポリメラーゼ　4, 239, 240, 242
RNAi → RNA 干渉
rRNA　238

S 期　19
SAM（*S*-アデノシルメチオニン）　165
SCID（重症複合型免疫不全症）　290
SDS ポリアクリルアミドゲル電気泳動
　　　　155
SH 基（スルフヒドリル基）　153
siRNA（small interfering RNA）　247
SNP（1 塩基多型）　267
snRNA　239
SOS 修復　264
S-S 結合（ジスルフィド結合）　153

T〜Z

T_3（トリヨードチロニン）　179
T_4（チロキシン）　179
TATA ボックス　241
TCA 回路（トリカルボン酸回路）　110
TG（トリアシルグリセロール, トリグリセ
　　　　リド）　131, 137, 144, 145, 198
TNF-α　187
tRNA（運搬 RNA）　238, 250, 253
TSH（甲状腺刺激ホルモン）　179
TX（トロンボキサン）　131

UDP-グルクロン酸　116
UDP-グルコース　108
UMP（ウリジル酸, ウリジン一リン酸）
　　　　168
UTP　168

V 型プロトンポンプ　127
virus（ウイルス）　10
VLDL（超低密度リポタンパク質）
　　　　136, 145
V_{max}　84

X 線　207, 263
XP（色素性乾皮症）　265

わかる！身につく！生物・生化学・分子生物学

2011年 8月 8日	1版1刷	©2018
2017年 3月 1日	4刷	
2018年 4月15日	2版1刷	
2025年 4月10日	4刷	

著　者
　たむらたかあき
　田村隆明

発行者
　株式会社 南山堂　代表者 鈴木幹太
　〒113-0034 東京都文京区湯島 4-1-11
　TEL 代表 03-5689-7850　www.nanzando.com

ISBN 978-4-525-13142-5

JCOPY ＜出版者著作権管理機構　委託出版物＞

複製を行う場合はそのつど事前に（一社）出版者著作権管理機構（電話03-5244-5088，FAX 03-5244-5089, e-mail: info@jcopy.or.jp）の許諾を得るようお願いいたします。

本書の内容を無断で複製することは，著作権法上での例外を除き禁じられています．また，代行業者等の第三者に依頼してスキャニング，デジタルデータ化を行うことは認められておりません．